空间思维的进阶

建|筑|设|计|基|础|与|入|门

陈昌勇　戴明琪 / 编著

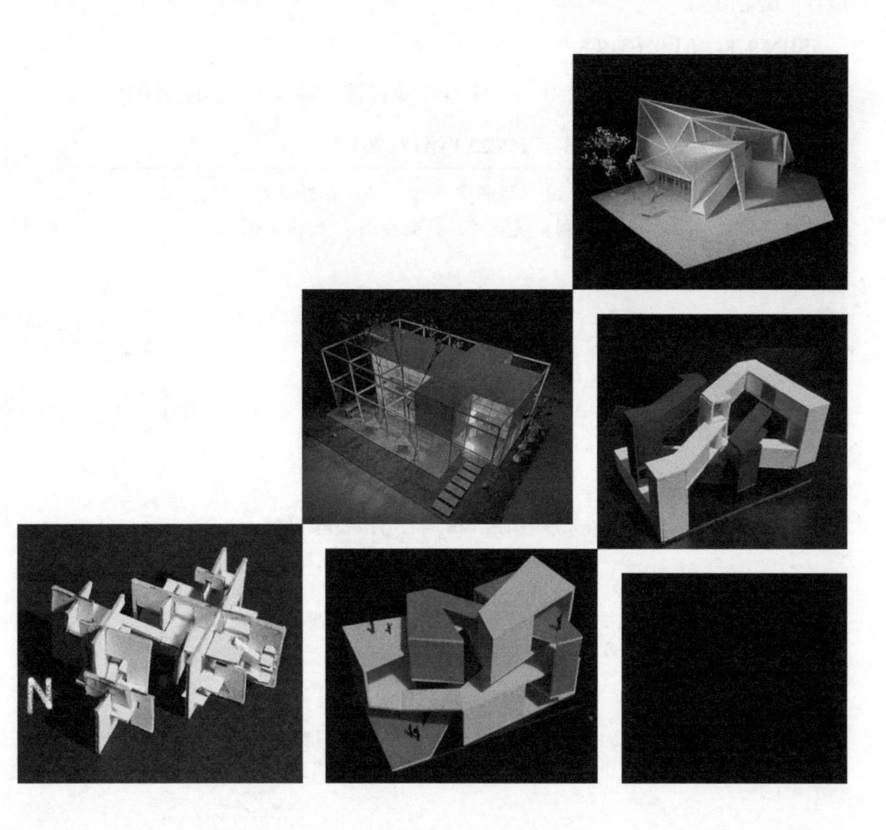

科学出版社
北 京

内 容 简 介

本书以培养学生的建筑空间设计思维和基本设计能力为目标，系统论述了建筑设计基础与入门课程的背景、定位、特色及教学理念。本书注重学生的空间认知构建，通过空间感知、想象、设计等思维训练，结合建筑设计课题进行专题和综合训练，逐步提升学生的设计逻辑和空间思维能力。全书设计了九个“进阶式”课题，全方位训练学生的建筑设计技能。

本书可作为建筑学、城乡规划和风景园林等专业的一、二年级教材，也可供相关研究人员参考。

图书在版编目(CIP)数据

空间思维的进阶：建筑设计基础与入门／陈昌勇，戴明琪编著. -- 北京：科学出版社，2024.10

ISBN 978-7-03-076319-8

Ⅰ.①空… Ⅱ.①陈… ②戴… Ⅲ.①建筑设计－基本知识 Ⅳ.①TU2

中国国家版本馆CIP数据核字（2023）第171663号

责任编辑：郭勇斌 邓新平 张 熹／责任校对：高辰雷

责任印制：吴兆东／封面设计：义和文创

科学出版社出版

北京东黄城根北街16号

邮政编码：100717

http://www.sciencep.com

北京厚诚则铭印刷科技有限公司印刷

科学出版社发行 各地新华书店经销

*

2024年10月第 一 版 开本：787×1092 1/16

2025年 2 月第二次印刷 印张：18

字数：390 000

定价：168.00元

（如有印装质量问题，我社负责调换）

前言

建筑设计基础与入门课程对建筑教育与建筑实践的发展至关重要。《空间思维的进阶：建筑设计基础与入门》主要适用于建筑学、城乡规划和风景园林等专业的一、二年级学生，也是三大专业本科阶段的核心必修专业课教材。本教材把一、二年级作为一个整体的、连贯的教学单元，整体目标是培养学生的建筑空间设计思维和基本的建筑设计能力。

本教材从人的认知规律出发，总结论述建筑设计基础与入门课程的相关情况，包括背景、定位、特色、教学理念与课程框架，总结了华南理工大学在几十年的教学实践中发展出的一套基于“进阶式”空间设计思维的建筑设计教学方法。本教材从学生建筑空间认知体系出发，培养学生的建筑设计能力，主要的内容包括培养空间思维、传授设计方法与训练基本技能。本教材由空间感知入手，逐渐加入空间学习、空间想象与空间设计等思维训练，再通过建筑设计课题进行空间专题训练，最后开展综合性的建筑空间设计训练，逐步提升学生的设计逻辑和空间思维。

本教材将“空间”主题贯穿教学全过程，培养学生空间思维和建筑设计能力，训练学生在图纸绘制、现场调研、模型制作与语言表达等方面的技能。本教材总结提出系列课题（作业），分为“空间初识”“空间初涉”“空间解读”“空间限定”“空间设计”“行为尺度”“功能组织”“场所建构”“空间综合训练”九个课题，这些不同的课题是独立的设计作业，“进阶式”地训练学生的建筑设计的思维与技能。

为保持学生作品的原始风貌，对本书中所使用的作品图片内容均未进行任何修改，包括其中可能存在的疏漏之处。

因个人水平所限，本书难免存在不足之处，恳请读者提出宝贵意见与建议，以便我们日后修改与完善。

目录

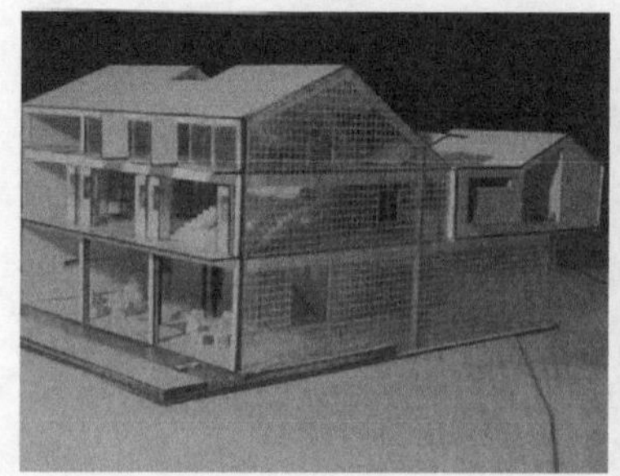
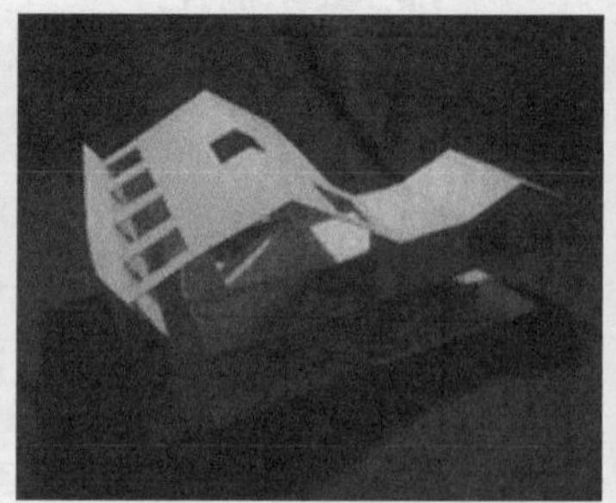

作者：

陈昌勇　戴明琪

教师团队：

彭长歆、苏平、王国光、庄少庞、钟冠球、陈建华、施瑛、莫浙娟、张颖、方小山、刘虹、魏开、郭祥、张智敏、黄翼、田瑞丰、王朔、陶金、魏成、费彦、戚冬瑾、林正豪、许吉航、傅娟、袁粤、潘莹、禤文昊、熊璐、林佳、冷天翔、张小星、吕瑶、贺璟寰、刘铮等

参与教学和教材排版（研究生）：

斯伟杰、魏子涵、陈俊池、王添翼、汪杨、周子玉

作者介绍

陈昌勇

博士，华南理工大学建筑学院教授，国家一级注册建筑师，国家注册城市规划师，国家公派加拿大卡尔加里大学访问教授，华南理工大学基建处总工程师。长期主持建筑设计基础与入门课程的教学工作。曾主持国家自然科学基金面上项目、国家重点研发计划项目子课题、广东省哲学社会科学项目和其他多项省部级项目。主持（或主要设计）完成40多项建筑设计和城市规划实践项目，建成项目包括既有建筑改造、酒店、高层办公楼、住宅、体育馆等。在《建筑学报》《城市规划》《新建筑》等学术期刊上发表了30多篇文章，出版专著1部。

第一章

Chapter Ⅰ

绪论

1.1 教材背景

1.2 教材对象与范围

1.3 教材的作用

1.4 建筑教育研究进展

1.5 教材的整体框架

1.6 教材的特色

1.2.2 教材范围

专业范围：建筑基础教育涉及的课程繁多，体系庞大，大致分为三类：理论与历史类、设计类、技术类。本教材将研究重点放在建筑设计基础与入门课程上，这门课程是建筑学、城乡规划、风景园林三个专业的通识性设计基础课程。

课程范围：国内建筑学本科学制一般为四至五年，其中华南理工大学一至三年级为低年级，进行普适性基础教育，四至五年级为高年级，进行专门化发展教育。在具体教学中，本教材将一、二年级看作学生基础入门的连贯教育阶段，进行一体化课程设计与教学指导，故本教材适用的阶段为一、二年级的设计课程，关注学生从高中到进入大学建筑专业的学习过程。

时间范围：国内对能够有效传授以空间为核心的现代建筑的教育模式都处于实践探索阶段，还没有发展到如“布扎”对古典主义建筑的传授那般的成熟模式。国内建筑设计基础课程体系的调整多受到国际的教学形式和学校间教学理念交流的影响。我国教师在这些基础上结合本土的实际情况进行的课程调整，处于动态发展与实验调整阶段。华南理工大学是我国建筑院校中较有代表性的一所高校，在长期探索中形成目前的阶段性成果，其中一些经验的总结对基础教学有一定的借鉴意义。本教材的建筑设计基础课程体系仅是华南理工大学整个建筑教育的一个局部，更多时候是作为课程发展的片段记录，供给后人参阅研究。本教材主要选取 2018 ～ 2019 学年、2019 ～ 2020 学年以及 2020 ～ 2021 学年的教学资料。

学生作业

1.3 教材的作用

对建筑基础教育的研究有助于提高建筑教育水平，对建筑师自身发展和建筑行业发展具有重要意义。许多研究发现，建筑师从业后的设计方法主要受教育时期学习的方法的影响，设计思维和习惯都与最初接触建筑专业时的学习经历息息相关。可以说建筑设计教育影响着建筑师的从业实践，以至于关系到建筑行业的未来发展。而建筑设计的基础教育阶段又是建筑教育中至关重要的阶段。基础入门阶段的学习是否扎实，训练是否有效，直接影响高年级时的设计思维与创造力，间接影响建筑教育的整体成效。建筑设计基础与入门课程是建筑学基础入门时期最重要的主干专业课，对新生有设计启蒙的作用，本教材的课程理念、课题设置与教学组织等对课程效果至关重要。

本教材阐述华南理工大学以构建“空间设计思维”为主线，遵循人类认知发展规律的“进阶式”课程设置及其具体教学过程与成果分析。建筑设计是在对建筑认知基础上的创造活动，本教材结合认知心理学和认知发展规律，从建筑设计所需的空间设计思维出发，总结课程框架的设置，对如何设置系列课程教案训练和提高教学效果具有一定的参考意义。

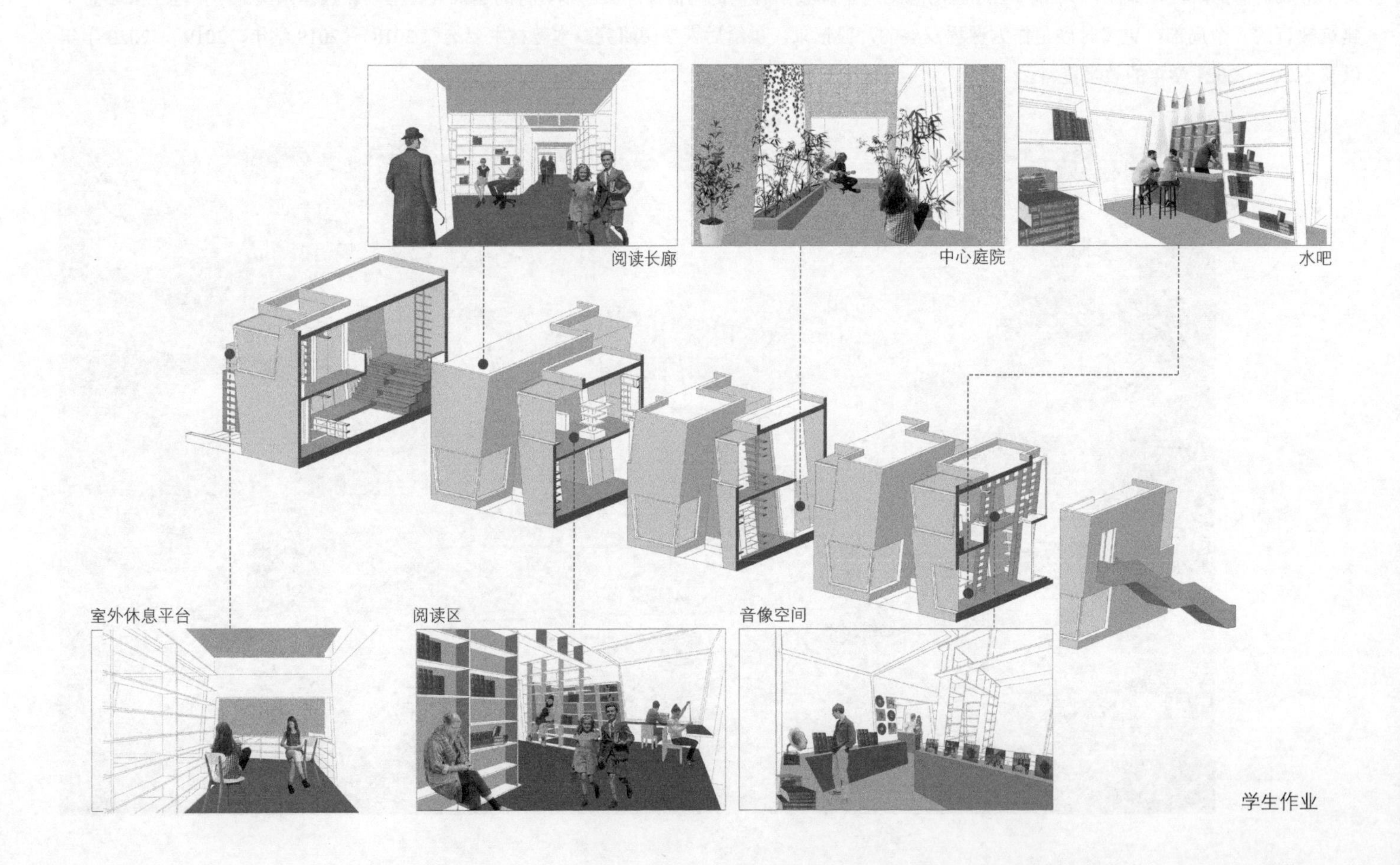

学生作业

1.4 建筑教育研究进展

1.4.1 有关国内外建筑教育发展与现状的研究

单踊的著作《西方学院派建筑教育史研究》详细地讲述了现代意义上建筑教育的起点“布扎”在法国起源，并传播到美国的历史沿革、教学模式与思想演变（单踊，2012）。王旭研究了从包豪斯、德州骑警、库伯联盟到AA建筑联盟的发展历程、课程设置与教学特色（王旭，2015）。《包豪斯——大师和学生们》一书展示了包豪斯时期的情况与史实（惠特福德，2003）。而王启瑞和徐贇对包豪斯的基础教育进行了研究（王启瑞，2007；徐贇，2006）。吴佳维对苏黎世联邦理工学院建筑系的基础教学有较多研究（吴佳维，2019）。郭兰在博士论文《现代主义以来西方先锋性建筑教育的起源与发展研究》中，对1920年以来的现代建筑教育的先锋性进行阐述，其中包含了包豪斯、德州骑警及后续等先锋性建筑教育的实验与探索（郭兰，2017）。同济大学的钱锋在博士论文《现代建筑教育在中国（1920s—1980s）》中剖析了中国建筑教育在20世纪20～80年代各阶段的教学思想、教学实践的特点，探索了学院式和现代建筑教育方式（钱锋，2006）。田勇在《基于有效目标的中国建筑教育培养模式的研究》中，首先梳理了西方的建筑教育发展过程和培养模式特点，然后对中国各历史阶段的模式和特点进行总结，重点论述了中国建筑教育在培养模式的现状、成因、影响和发展策略（田勇，2014）。朱文一在《当代中国建筑教育考察》中，从发展现状、空间分布、办学特色与国际平台四个方面，宏观介绍了中国建筑教育的现状（朱文一，2010）。李佳在《面向内涵式发展的参与式建筑设计教育研究》中，提出参与式建筑设计教育的理念（李佳，2015）。李显秋在《非主流建筑院系建筑学教育模式研究》中探讨了建筑学多样的边缘教学模式，为非主流建筑院校提供寻求自身特色的专业教学取向（李显秋，2008）。另外，还有不少学者以其学校为研究对象，论述这些学校建筑教育的发展历程与思想理念发展。如《建筑设计基础教学体系在同济大学的发展研究（1952—2007）》（徐甘，2010）、《重庆大学建筑教育阶段性研究（1952—1966）》（唐可，2018）、《华南建筑教育早期发展历程研究（1932—1966）》（施瑛，2014）等。诸如此类，许多学者都对现代建筑教育的发展与现状进行过多角度的阐述。

1.4.2 有关建筑设计基础课程的研究

建筑设计基础教育作为建筑设计教育中特殊的教育时期，长期受到研究者的关注。在许多学校出版的本校教案与学生作业相关书籍中，都有对建筑设计基础课程的详细介绍，如《清华大学建筑学院设计系列课教案与学生作业选——一年级建筑设计》（朱文一和郭逊，2006）、《东南大学建筑学院建筑系一年级建筑设计教学研究——设计的启蒙》（龚恺，2007）、《同济建筑设计教案》（同济大学建筑与城市规划学院建筑系，2011）等，顾大庆教授与柏庭卫教授出版的《建筑设计入门》讲述了他们在香港中文大学实施的一年级设计课程的理念与课程内容（顾大庆和柏庭卫，2010）。诸如以上的一类著作，都可以从教案设计中看出其教学特点与理念。在基础课程改革方面，陈永昌在《建筑设计基础课程教学改革初探》中，探讨了建筑设计基础课程的改革思路，提到了从认知入手，引导学生进行建筑空间体验（陈永昌，2005）。吕元等人在《面向创新实践能力培养的建筑学低年级基础课程教学改革》一文中，提出了在低年级基础课程教学阶段，培养学生创新实践能力，强调学科前沿引导、设计实践与基础教学一体化，提高学生对学科前沿的敏感度与工程实践意识，具备较强的创新思维能力与实践操作能力（吕元等，2014）。

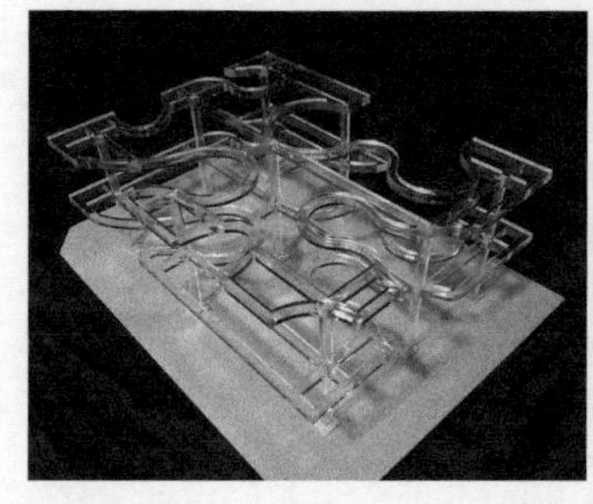   

另外，很多学校的教师与学者对本校的课程进行研究分析，如华南理工大学的王璐、施瑛、刘虹老师在《基于建筑学的平面构成教学探索——华南理工大学建筑设计基础之形态构成系列课程研究》中，阐述了形态构成学与建筑学基础教育的关系以及发展动态过程，同时指出课程动态发展中，教育思路和双向信息反馈在教学体系建立和完善过程中具有重要作用（王璐等，2011）。《初看建筑课程教学改革探索》总结了华南理工大学建筑设计基础课程中关于初看建筑课题的改革路径，提出课程定位清晰与学生主导的方式是提高课程效果的手段（潘莹等，2017）。赵斌、侯世荣、仝晖在《基于“空间 • 建构”理念的建筑设计基础教学探讨——山东建筑大学“建筑设计基础”课程教学实践》中，系统完整地介绍了山东建筑大学基于“空间 • 建构”理念的“建筑设计基础”课程，包括课程体系、课程构成、课题设置、教学方法、训练模式等，并进行思考和经验总结（赵斌等，2016）。张嵩在《东南大学建筑设计基础课程中的“设计—建造”练习》中，介绍了东南大学建筑设计基础课程从“布扎”教学体系向“建构”教学体系的转化，以及“设计—建造”类型的题目与评价（张嵩，2015）。《回归本质——西班牙建筑学本科设计基础教学》研究了西班牙两所学校的设计基础课程，从而体现其教育架构与思路（田唯佳等，2019）。

总地来说，关于建筑设计基础课程的研究可以分为三类：一是教案类研究，常以著作的形式呈现，包含教案设计理念、课题周期与学

1.1 教材背景

建筑教育中，基础课程以上的设计课程能更迅速地接受新的观念和方法，而基础课程是配合当下建筑设计理念、设计方法和设计实践而设置的，是反应链的末端（顾大庆，2015）。“布扎”体系下建筑与艺术同源，注重古典主义形式美，构图、比例、柱式是关注重点。它的建筑基础教育主要训练绘图技能和古典建筑语言。绘图技能训练包含草图、制图、渲染等。经典的练习是构图练习，即包含绘图技能，同时学习古典建筑语言，训练内容是古典柱式的局部构图，并做渲染表现。之后，以小型的建筑设计作为基础训练的结束。包豪斯的建筑理念是追求艺术与技术的统一，他开设“初步课程”作为学生进入工作坊学习艺术与工艺的前期基础课程，更多的是培养学生的艺术感知素养，解放艺术天性（顾大庆和柏庭卫，2010）。训练内容有材料拼贴、立体主义绘画、古名画赏析、多种材料的造型训练等。德州骑警批判纯粹追求形式主义的模仿，认为现代建筑的核心问题是空间，为了实现现代建筑的“可教”，建筑基础教育也应以“空间”为核心。他们改革了建筑基础教育的内容，加入更多与空间相关的练习，如经典的“九宫格练习”。德州骑警的成员海杜克在库伯联盟进一步发展了“空间”教学，加入许多空间基础训练，并将“九宫格练习”发展为“立方体问题”，成为被广泛采用的现代空间形式的经典练习。霍伊斯里则在瑞士苏黎世联邦理工学院将以现代建筑流动空间为核心的基础教育设计成一系列结构严谨的序列练习。

中国现代建筑教育于20世纪20年代由国外引进，改变了传统营建体系的师徒制，转变为“布扎”模式，进行以折中主义为特征的古典建筑设计教学。尽管建筑设计方面逐渐接受现代主义，建筑教育也受到了包豪斯的影响，但“布扎”经过一段时间的本土化，已经占据了中国建筑教育的主流地位。80年代受到苏黎世建筑教育模式的影响，我国建筑教育开始向以空间为核心的现代建筑教育模式转型。21世纪，教学转型与课程改革成为大势所趋，各院校纷纷对现代建筑教育进行改革，探索新的教学模式与课程内容，促使入门训练与现代建筑教学更好地接轨。最为常见的做法是把国外带回来的构成训练融入传统教育模式，形成一种折中的教育模式。有的高校加入单纯的空间操作训练，提高学生对空间形式的把控力。近年来，不少高校采取通过建筑设计来训练空间设计的方法，将空间训练融入更多“生活”“认知”“体验”“人居”“环境”等建筑要素。华南理工大学经过多年来的实践探索，不断改善课程理念、课题框架与内容、教学组织，形成了基于“进阶式”空间设计思维的建筑设计基础课程。它基于学生从认知建筑空间到设计建筑空间的思维发展过程，设置一系列科学合理的“进阶式”课题，有利于提高建筑设计基础和入门的教学效果。

1.2 教材对象与范围

1.2.1 教材对象

本教材适用于建筑学专业一、二年级的建筑设计基础课程，同时也适用于城乡规划和风景园林专业的设计基础课程。第二章通过教学背景、教学定位、教学组织、教学核心理念与课程框架等内容，重点论述课程如何通过一系列“进阶式”课题的设置，训练刚进入大学的学生具备初级设计能力，初步建立学生的建筑空间认知体系，培养学生具备良好的空间设计思维，形成科学的工作习惯，掌握基本的设计技能，提高学生专业素养。

生作业等内容，侧重介绍总结；二是对基础课程改革方向与思路的研究，侧重分析基础课程的目的与特点，然后提出自己的见解；三是对基础课程中某一课题或训练的研究，将视角聚焦在更小的范围，侧重课题的实操与效果。三类研究对研究建筑设计基础课程有不同的作用，都十分有意义。

1.4.3 有关空间设计与空间教学的研究

我国最早对空间设计的研究是冯纪忠先生在 1978 年发表的《“空间原理”（建筑空间组合设计原理）述要》（冯纪忠，1978）。之后彭一刚教授的《建筑空间组合论》（彭一刚，1998）、鲍家声和杜顺宝教授的《公共建筑设计基础》（鲍家声和杜顺宝，1986）、田学哲教授的《建筑初步》（田学哲，1999）等著作，系统地研究建筑与空间的问题。朱雷教授在 2010 年出版的《空间操作——现代建筑空间设计及教学研究的探索实践》总结了自现代主义以来建筑空间设计的模式发展，空间操作的要素与机制，以及一些教学练习实践（朱雷，2010）。闵晶教授的《中国现代建筑“空间”话语历史研究（20 世纪 20—80 年代）》梳理了 20 世纪 20 ～ 80 年代，空间概念进入中国，并对现代建筑实践和理论引起的影响（闵晶，2017）。崔鹏飞的博士论文《空间设计基础教学研究》对空间基础课程的理论与实践方面进行研究，并与建筑领域有广泛的结合（崔鹏飞，2010）。《空间感知与操作——建筑基础教育中的装配部件教学方法研究》研究了装配部件教学方法，为我国建筑基础设计课程改革提供完善方向（徐亮，2014）。《空间、建构和设计——建构作为一种设计的工作方法》一文，从教学命题、教案设计、练习要点与意义四个方面介绍了建构作为设计的工作方法，在教学中如何应用（顾大庆，2006）。周瑾茹在《空间建构理论方法在我国建筑教学中的探索实践》中，系统地研究和阐述了空间建构教学方法，并详细介绍了其在本科三年级快题课题中的运用（周瑾茹，2006）。随着我国建筑教育改革大趋势的发展，关于空间教学的研究逐渐受到青睐。

1.4.4 有关认知规律在建筑教育领域应用的研究

教育领域对认知规律的应用普遍停留在“由浅入深”“手脑并用”“因材施教”等粗略的原则上，有待更深入地研究和应用。正如袁振国教授所说：“我国到目前为止所有关于教育规律的认识大都是经验性的原则性的，还没有达到科学的层次。”（袁振国，2018）在建筑教育领域，与认知相关的研究不多，笔者找到以下部分研究。天津大学的崔轶在博士论文《因材施教，因材施评——基于理性思维的建筑设计教学与评价》中，提出基于理性思维的教学思想和基于认知理论的教学过程与评价方法（崔轶，2016）。以二年级的设计课程为例，引用麻省理工学院的组织行为学教授大卫·科尔布提出的经验认知模型的概念，通过科尔布的学习模式测试学生的学习类型，从而针对学生不同的认知倾向与学习类型因材施教，因材施评。曾思颖的硕士论文《“认知理论”视角下数字技术手段在建筑教育中的应用探析——以广州中职建筑教育为例》研究了“微课平台”和“BIM 技术”两种助学手段如何符合认知理论学习规律地在建筑教育中发挥作用（曾思颖，2017）。缪军与田瑞丰在《建筑形式认知教育课程结构探索——基于关联主义学习理论的启示》中，从学习模式入手，在新媒体时代知识半衰期加剧缩短的背景下，分析建筑形式认知教育的课程结构及底层逻辑，提出教学组织方法及教育内容的目标层次（缪军和田瑞丰，2017）。周春艳在《基于认知规律的建筑设计基础课程框架构建探索》中提出要训练学生自主构建认知体系，并搭建出一套认知训练的框架：表达认知训练、建筑空间形态认知训练、技术认知训练、城市空间形态认知训练与综合训练（周春艳，2020）。唐云在《浅谈认知策略训练在建筑设计教学中的运用》中，对认知策略应用在建筑设计教学中的可行性进行分析，提出方法策略（唐云，2017）。研究多从学习理论出发，依据关联主义理论或构建主义理论的特点，分析教学达到传授知识最佳效果的方式。构建认知体系的研究与本教材有相通之处，但本教材讨论的认知体系更侧重“空间设计思维”这一概念。

1.5 教材的整体框架

第一章为绪论，介绍教材背景、教材对象与范围、教材的作用、建筑教育研究进展、教材的整体框架和教材的特色。第二章开始为教材的主要内容，先介绍课程的教学背景、教学定位与教学组织特点。阐述分析本教材所涉及的理论部分，包括“空间设计思维”和“进阶式”所依据的认知规律。论述核心理念与课程框架，即如何通过“进阶式”的课题设置来逐步培养空间设计思维。贯穿两年时间的教学对进阶思维的发展与具体操作过程在第三、四章详细展开，包括课题的设置、内容、安排、要求、作业成果分析与评价。其中，第三章论述针对一年级的设计基础训练部分，以空间认知训练为主，包括“空间初识”“空间初涉”“空间解读”“空间限定”“空间设计”；第四章论述设计入门训练，以空间设计训练为主，包括三个“空间专题训练”和一个“空间综合训练”。第五章对教学过程和技能进行论述，完善课程教学的全部内容。最后，对课程进行总结与展望。

1.6 教材的特色

（1）本教材引入认知心理学范畴的学习理论与认知规律的概念，将建筑设计视为基于建筑空间认知的创作行为，认为教案设计应符合空间认知的发展规律，建筑设计基础课程先构建学生的空间认知体系，进一步开展创造性思维的训练。

（2）本教材总结提出了建筑设计基础课程“宽基础、大通识”的教学特点，将一、二年级视为整体的建筑设计基础教学时期来研究。以空间作为核心，为三个一级学科的相关专业提供通识性基础教育。教材阐述其一体化的课题设计，分析课题的系统性和它们之间的进阶关系，以及课题设置的目的性和连贯性，实现建筑设计基础到入门的训练过程，体现了本教材基础教育的“重理性，强基本”特色。

（3）本教材阐述了“进阶式”空间设计思维的特点，总结建筑设计基础课程的系列课题的设置方法，强调课程对空间设计思维、方法与技能的“进阶式”培养，提出了进阶课题设置由建筑设计基础（一年级）和建筑设计入门（二年级）组成。建筑设计基础（一年级）包括“空间初识”“空间初涉”“空间解读”“空间限定”“空间设计”五个阶段。建筑设计入门（二年级）以类型作为基础，由三个“空间专题训练”和最后的“空间综合训练”四个阶段组成，实现了建筑空间思维由初级认知训练到高级认知训练的进阶过程。这种进阶式的思维训练方式在教学实践中取得一定的成效，对于初学者的建筑基础学习具有一定帮助。

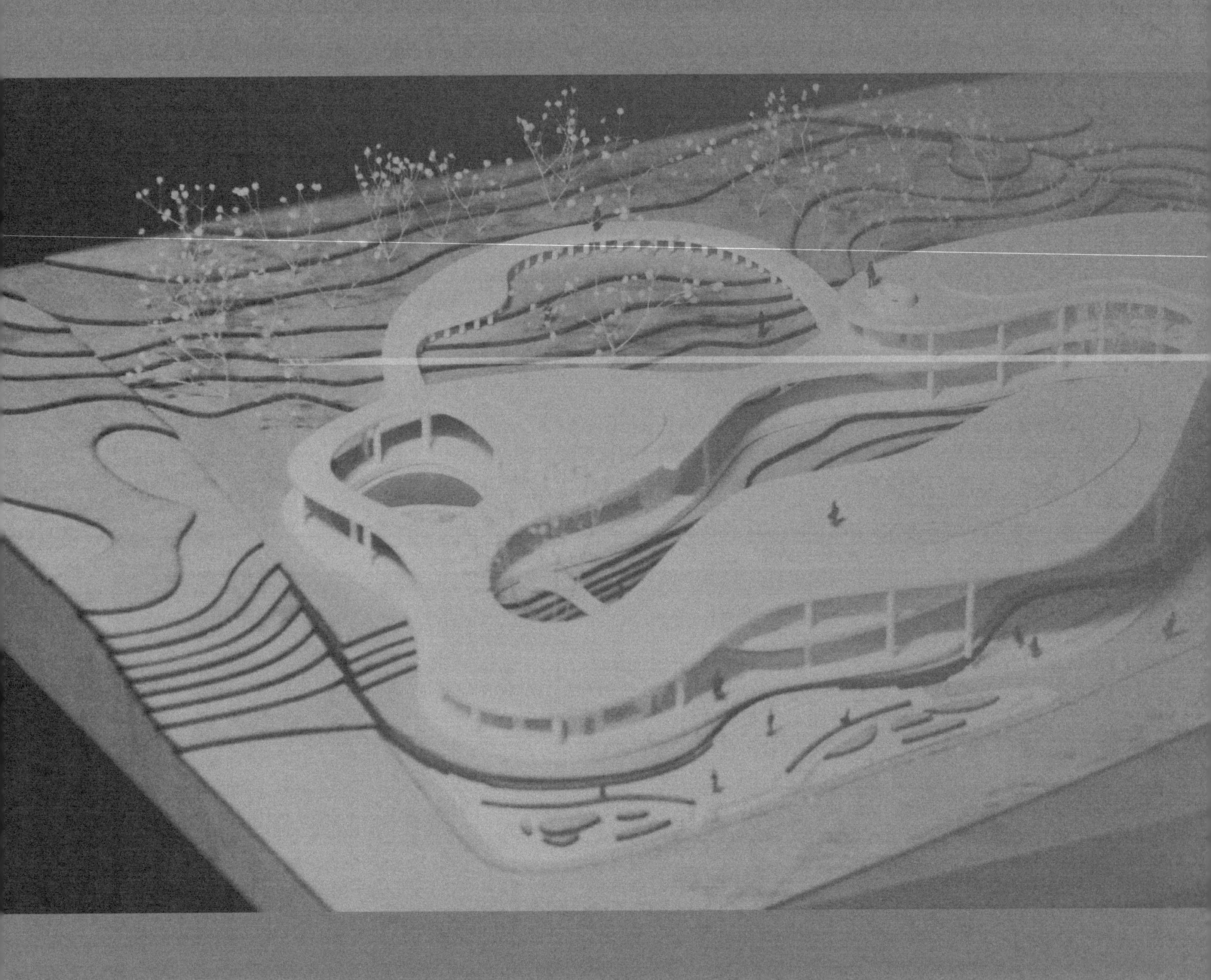

第二章

Chapter Ⅱ

华南理工大学
建筑设计基础教学概览

2.1 教学背景

华南理工大学建筑学院的前身为20世纪30年代创建的勷勤大学的建筑工程系，1938年并入中山大学，1952年调整入华南工学院（1988年更名为华南理工大学），是我国最早期创办的大学建筑系之一。创始人林克明教授曾于1921～1926年就读法国里昂建筑工程学院建筑系，该学院虽属于法国“布扎”阵营，但有一派以托尼·加尼耶（Tony Garnier，1869～1948）为首的教师，思想自由、设计方法自由，对林克明产生了深远影响。林克明认为新创建的建筑系不能照搬法国的教学方法，要结合我国实情。当时正值经济建设时期，工程技术人员匮乏，林克明在勷勤大学创办初期十分注重工程技术的培养，秉承培养综合性专门人才的理念（施瑛，2014），提出“建筑工程学为美学与科学之合体”。另一位重要人物是胡德元，他于1929年毕业于日本东京工业大学，接受过日本极为强调构造、结构和工学技术的工程性建筑教学的学习训练。曾担任广东省立工业专门学校建筑工程学系教授。他的教育经历与当时林克明的教学理念十分契合。他谈到建筑设计的美时，表达了建筑设计如果离开用途、材料，只专注其形式与样式，就是本末倒置的观点。在林克明的理念和许多留学工科学校的教师的共同影响下，华南理工大学早期建筑教学的课程十分重视材料、构造与结构设计课程，其材料与结构实验曾一度与土木专业一致。

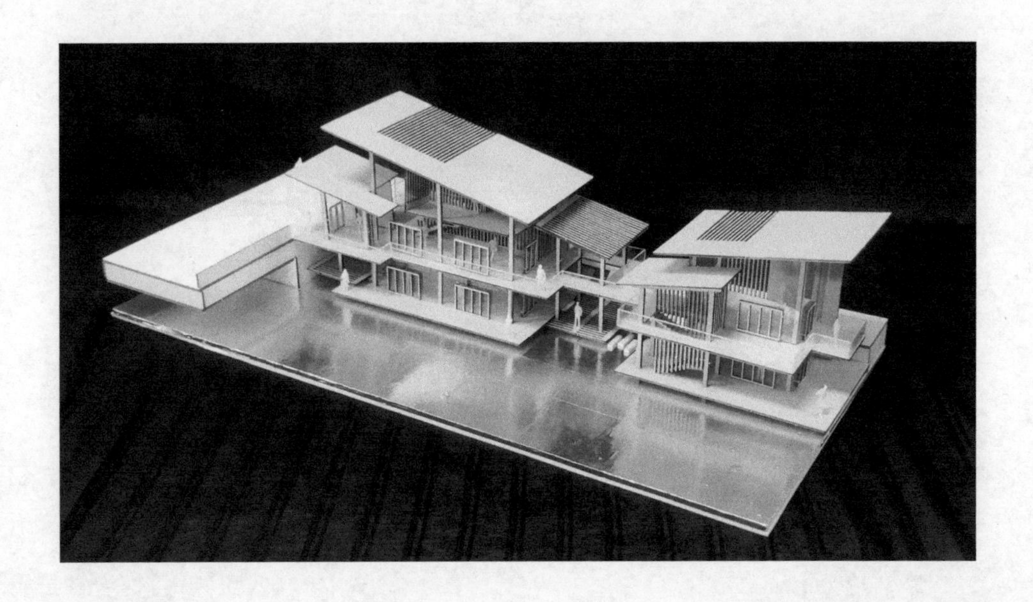

学生作业

在建筑思想上，20 世纪 30 年代现代建筑运动已经在广东酝酿发展，而林克明注重建筑技术的教学体系也受到现代主义思想的影响，他的学生创办的《新建筑》更是宣传现代主义建筑的主要阵地。在 1935 年勷勤大学建筑工程系举办“建筑图案展览会”后，更加增加了对新建筑的讨论与关注，现代主义的学术方向逐渐成形。因此华南理工大学建筑系早期是一个传播现代主义思想、秉承“技术理性”、形式构图让位于工程技术的教学体系（彭长歆，2010）。

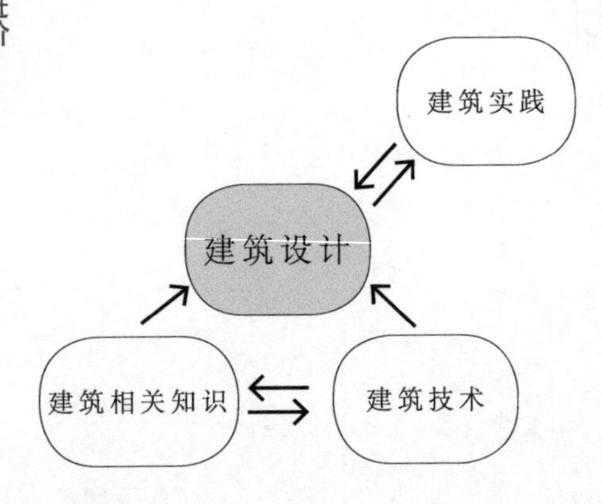

建筑设计与其他课程的关系示意图

2.2 教学定位

本课程的教学定位是为建筑学、城乡规划和风景园林专业提供设计通识教育。华南理工大学建筑设计本科为五年制，分为两个阶段，其中一至三年级为低年级，进行普适性基础教育，培养专业基本能力。四至五年级为高年级，进行专门化发展教育，培养专业研究能力与实践能力。一年级为建筑设计基础，围绕建筑认知展开，包含基础理论与基本概念、基础设计技能与基础表达技能。二年级为建筑设计入门，以小型建筑设计为载体，围绕培养学生建筑设计思维展开，包含建筑设计价值观与设计方法、建筑设计原理与工作习惯、分析问题与解决问题等。三年级为建筑设计整合，通过功能复杂、规模较大的建筑设计训练，进一步提升学生建筑设计能力，包括深化功能、技术、环境设计等能力。四年级为专业研究和实践能力培养，学生可以选择感兴趣的方向深入学习研究，并参与工作坊锻炼实践能力。五年级为实践与检验，学生通过校外实习和毕业设计，检验自己本科的学习成果，为走向社会或深造打基础。本教材适用的一、二年级阶段为本科建筑教育中十分重要的基础学习和思维形成的时期。

华南理工大学建筑学本科的培养课程包含建筑相关知识、建筑设计和建筑技术三大部

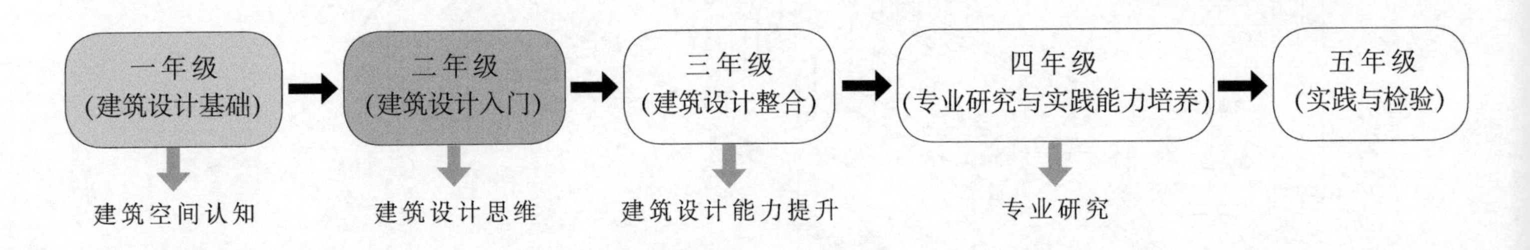

本科建筑教育阶段示意图

分。若以培养建筑设计师为最终目标，则建筑相关知识与建筑技术的课程都服务于建筑设计的教育，建筑历史、城乡规划、风景园林和美术为建筑设计提供知识基础，建筑技术类课程为建筑设计提供技术支撑，共同协助建筑设计教育达到最佳效果。而高年级的建筑实践与建筑设计相辅相成，相互促进。本教材所讨论的“建筑空间设计思维”训练的过程指一、二年级的建筑设计课程，如图中虚线框所示，位于课程体系的核心地位，是对学生教育起关键性作用的教育阶段。

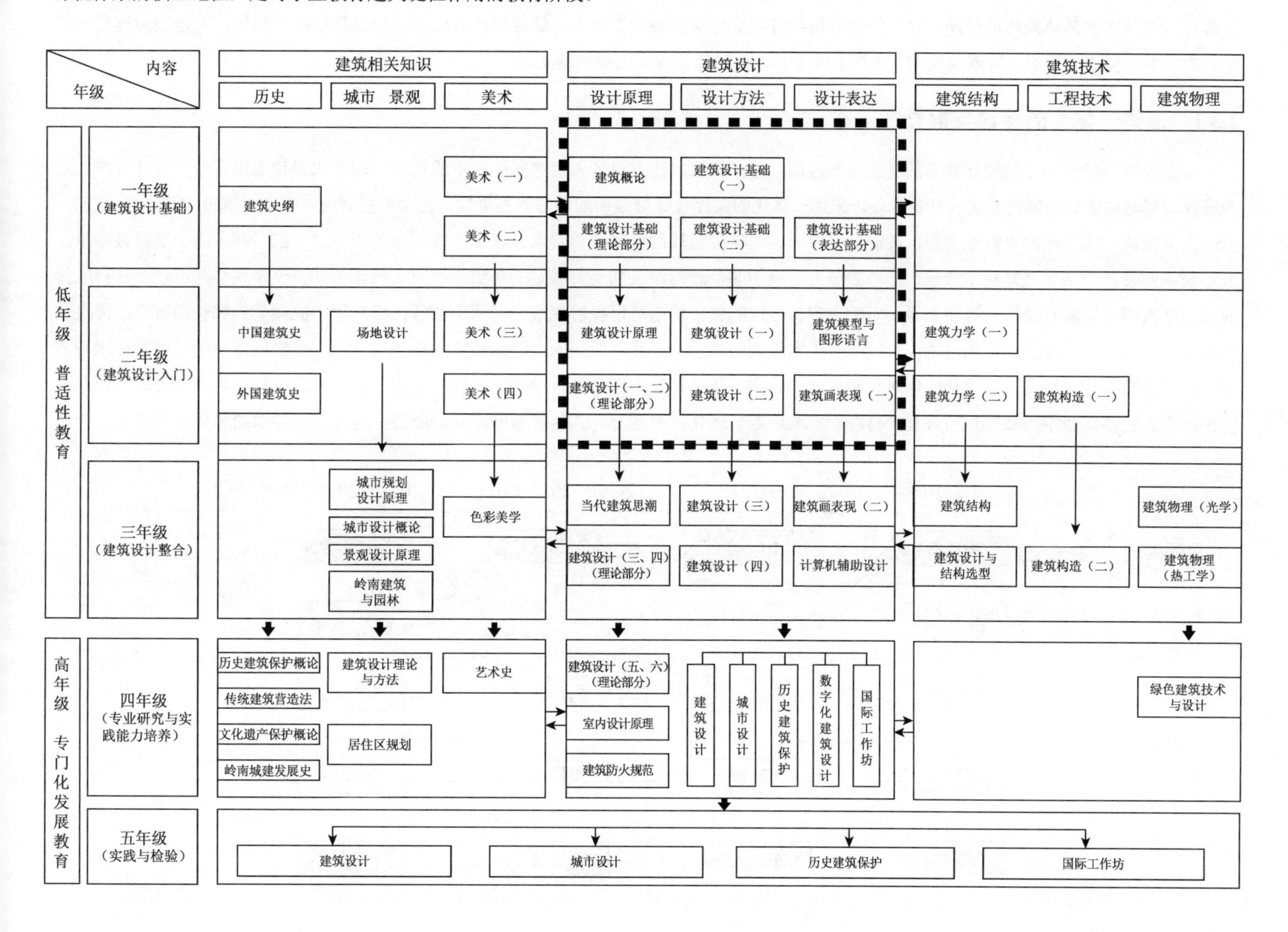

建筑学本科课程培养结构图

2.3 教学组织

建筑设计的课程一般由多位教师共同完成，因此教学组织显得非常重要。教学组织是教学工作顺利进行的重要保障，同时教学组织也是教育理念落实到具体操作的体现，良好的教学组织可以更好地挖掘师生潜力。建筑设计基础与入门课程采用宽基础、大通识和连贯一体化的教学组织模式，并通过管理架构充分发挥教师专长，保障教学理念的顺利落实。

2.3.1 连贯一体化的课程与指导

本课程的一年级为建筑设计教学的基础训练时期，与二年级的建筑设计入门都属于学生的初步形成建筑设计思维、学习设计方法、培养设计习惯与探索如何学习建筑设计的阶段，采用一体化的课程设计增强初期学习的连贯性，使学生更好地从基础训练过渡到设计入门。

为了保证一体化课程更好地实施，教师组采取一、二年级轮换的制度。负责本科教学的教师分为一、二、三、四共四个年级教师组，五年级毕业设计的指导教师从中选取，不单独分组。早期四个教师组长期负责固定的年级，不会大规模调动，仅个别教师流动。这样安排的优点是教师对课题有长期的经验积累，对学生容易出现的领悟偏差可以提前规避，有利于教师在相对集中的教学领域长期研究，促进教学发展与改善。但也存在一定的问题，长期专注于本年级的教学，导致年级间的过渡衔接被忽略，这点在一年级向二年级过渡时体现得较明显。二年级教师发现学生很难从一年级相对分散的认知型基础训练中顺利进入到建筑设计的状态，而教师组的独立导致这种断层现象变得更严重。在本课程中，教师组与课程安排统一实现连贯一体化，打通一、二年级教师组间的断层，将一、二年级的教师分为两组，一组

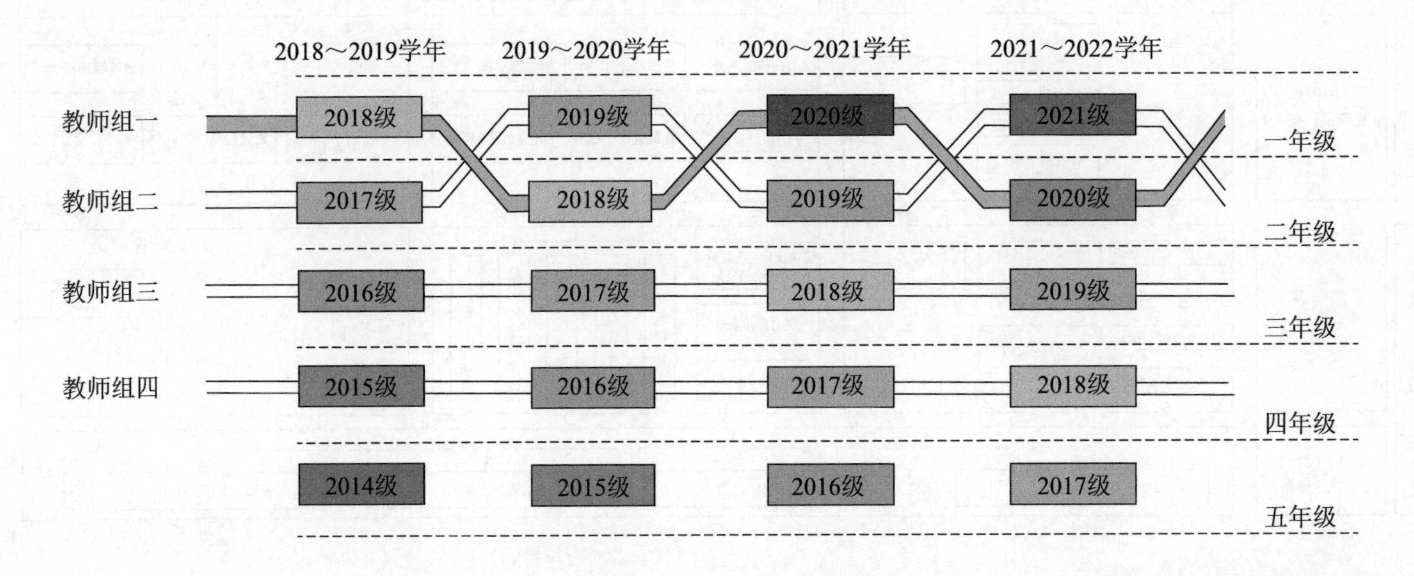

连贯教学教师组安排示意图

教师带同一届学生的一、二年级，两年后再轮换回一年级。这样，学生在前两年的设计课程中跟随着同一教师组，课程设计更加连贯，避免年级组指导思想的偏差和教学观点不统一，减少学生建筑设计入门时的阻碍，从而使学生从建筑基础进入建筑设计时的学习更加连贯流畅，达到更好基础教育的效果。

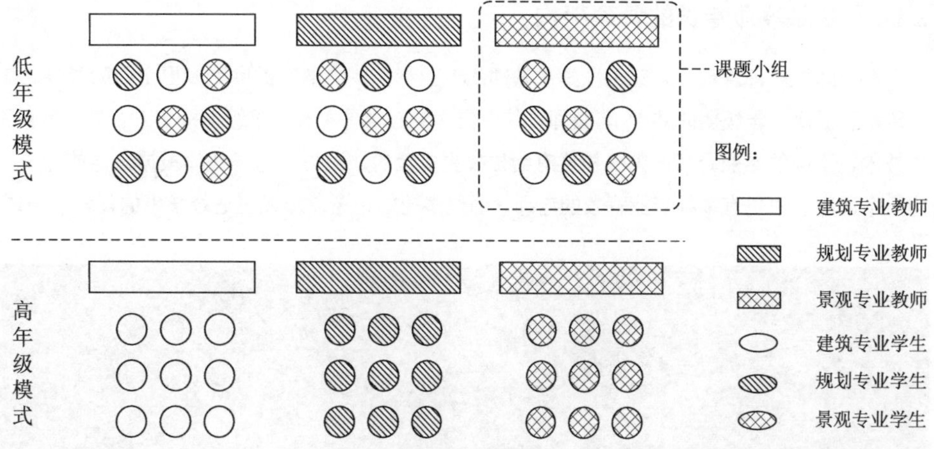

宽基础示意图

年级大课

小组教学

现场教学

2.3.2　宽基础、大通识的教学模式

课程采取宽基础、大通识的教学组织，旨在培养建筑学生的创造力。学生需要培养开拓思维意识并积累大量的相关知识。尤其在基础教育阶段，不应过早地将教育局限在狭窄的专业范围内，而应广泛学习相关学科的知识和思想，拓宽基础，实现三大学科的通识性教育。

因此，本课程在普适性的基础教育阶段不分建筑学、城乡规划、风景园林的专业，进行无专业差别的通识教育，实现全了解、广接触、多交流的宽基础教育。在教学内容上，以空间为基础，涵盖三个专业的基础训练内容。在教师与学生的分配上，每个课题都会在三个专业中随机分配学习小组，每个小组都有三个专业的学生，8 ～ 11 人一组，老师也是随机分配的，所以一位学生可能会遇到不同专业背景的指导老师。在各个课题中，学生通过接触不同专业的同学与老师，学习三大专业的基础知识，为未来专业化发展打下厚实的基础。

2.3.3　灵活多样的课堂形式

课堂是教学最直接的形式，教师通过课堂布置任务，指导训练，讲评作业。课程根据课程需要，采取灵活的上课形式。开题、讲座、作业点评等内容需要全体师生一起参与，是年级大课的形式；而平时课堂指导是教师与其负责的小组在教室或其他相对独立空间进行的，像实地调研、测绘指导则更多的是在现场进行直观讲解与指导。课程形式、空间、地点不受限制，以达教学需要为目标。

2.3.4 发挥教师专长的管理架构

在教师组内部管理上，充分发挥了教师的专业特长，给学生提供更多更全面的指导。年级团队把控大的教学框架和课程体系，具体工作落实到板块。年级团队共 16 名教师，其中包含核心成员 4 人，年级主持 2 人。教师来自不同的专业背景，包括建筑、规划、景观、历史和技术，不同的专业背景的师资构成有助传授更多元的知识与理念。教师根据自己的专长，组成 4 个课题组，分别主导 4 个课题的设置，同一个课题组中也有多种专业背景的老师，通过多轮的讨论，形成更适合学生的任务书与课程计划。

学生作业

课题内容和实施过程是在课题负责人的带领下，年级组教师共同商讨制定。老师们以课题指示书和教学大纲为基础，明确原则性、关键性要点和教学目的，在保持大框架统一不变的前提下，允许个体理解存在灵活性，保留指导老师自由发挥的空间。这促使各个小组的教学更具特色，也能发挥各教师优势特点。比如“空间初涉”阶段的“教室空间的分析与营造”课题，有的老师对调研报告格外重视，强调调研过程和方法；有的老师更注重调研结果对后期设计的影响。又如。建筑设计训练中，不同专业背景的教师会对自己的研究领域有更多的关注。这些不同的小组特色与老师的专业背景、个人关注点以及对建筑的见解有关，学生会逐渐了解到建筑学的多元性和复杂性。

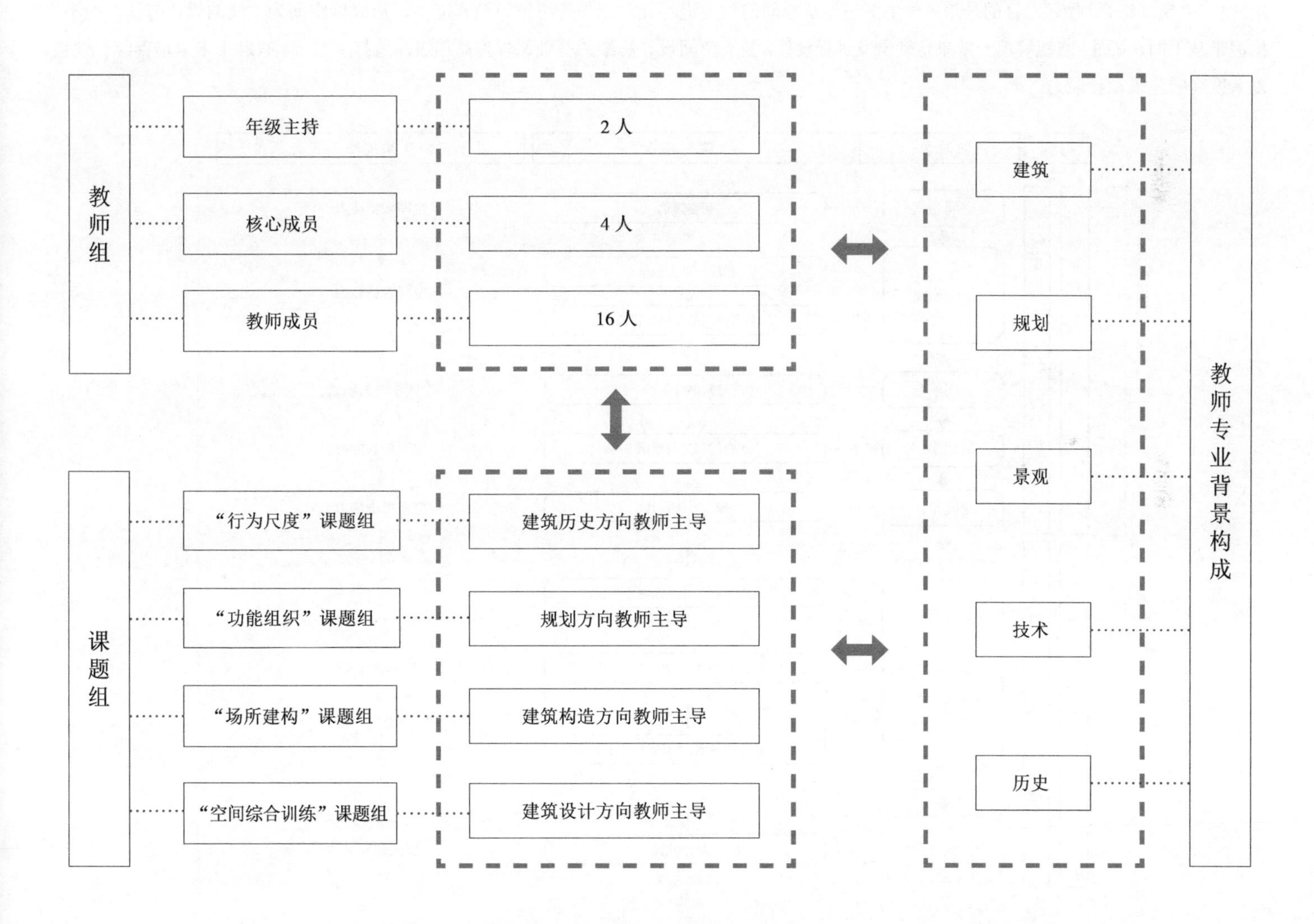

教师组管理架构

2.4 教学核心理念与课程框架

建筑设计理论是建筑课程体系的设置依据和最终目标。现代建筑理论的核心是“空间”，所以建筑设计课程也围绕空间训练来设置。本课程的核心理念是培养学生的空间设计思维。新生最初习惯于关注看得见摸得着的实体而非空间，所以空间设计思维的形成需要逐步锻炼。目前分为了九个“进阶式”的阶段来逐步训练：“空间初识”“空间初涉”“空间解读”“空间限定”“空间设计”“行为尺度”“功能组织”“场所建构”“空间综合训练”。目的是培养学生渐进地从空间的角度进行建筑创作的思维习惯和能力，形成以空间为主线的设计方法，而不再拘泥于从平面、立面、透视等单一效果角度出发进行设计。基于空间设计思维的基础课程为高年级深造打下基础，有助于未来培养综合性强、复杂度高的建筑设计能力。

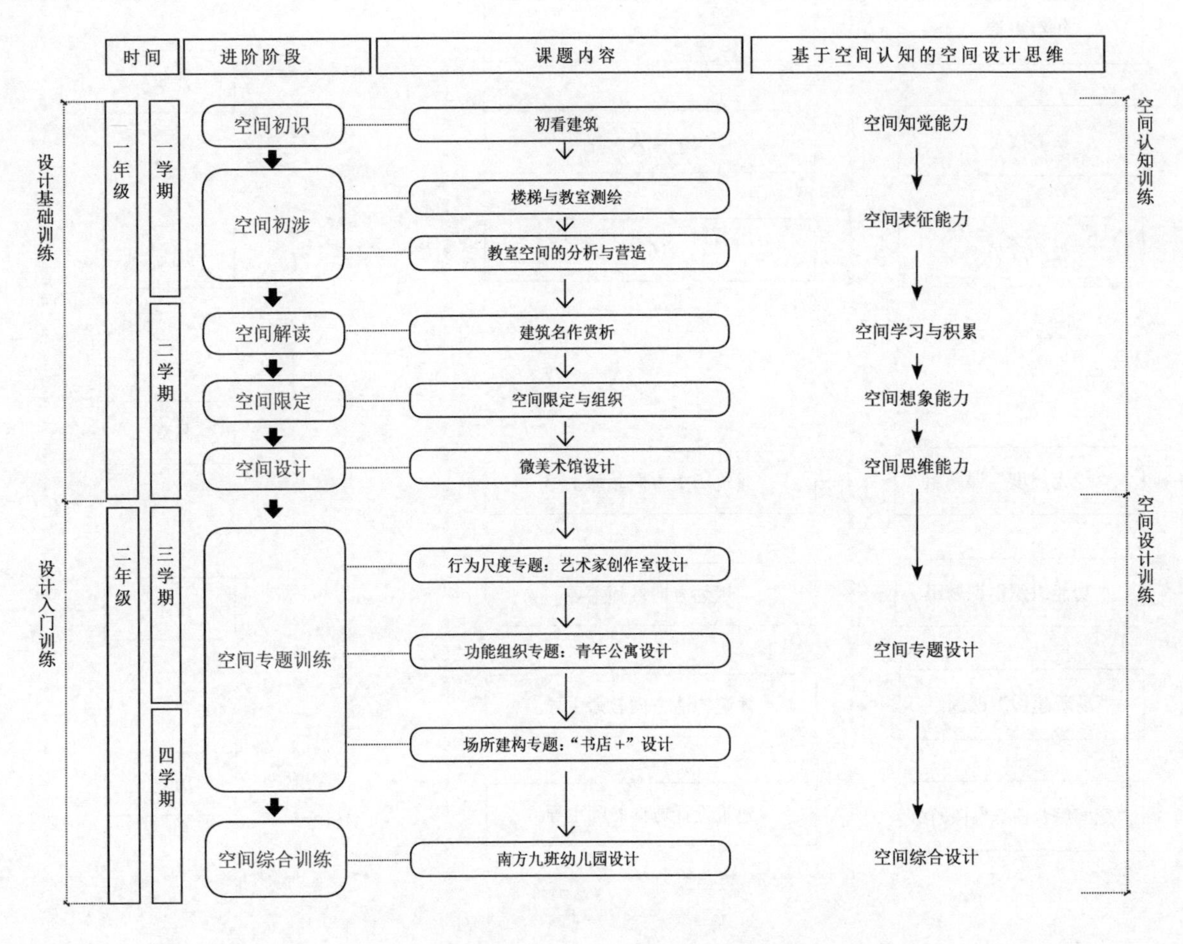

“进阶式”空间设计思维阶段、课题、培养过程的进阶示意图

本教材采用不同的课题来进阶式地培养学生建筑空间设计思维："空间初识"属于空间知觉层面的训练，通过"初看建筑"课题，让学生有目的地观察、体验空间与场所，表达感受与观点，从而提高对建筑空间的敏锐度，形成主动注意的意识；"空间初涉"侧重空间表征能力的训练，有"楼梯与教室测绘"和"教室空间的分析与营造"两个小课题。学生更加深入、细致、专业地观察空间，初步学习分析空间问题的方法，学习规范的建筑制图表达方法；"空间解读"侧重对空间的学习，通过"建筑名作赏析"课题，了解流派与优秀建筑师和他们的理念，学习优秀的建筑空间处理手法，也是掌握一种分析与学习的方法，树立评判空间优劣的价值观，增加学生对基础知识的积累；"空间限定"阶段通过手工模型的制作，拓展空间想象力，也是学生经过对建筑空间的了解、接触、学习后，由完全的输入状态转为输入与创作输出同时存在的状态;"空间设计"是初级空间思维训练，通过"微美术馆设计"，让学生在处理空间时必须对诸多因素进行综合考虑，属于较高要求的空间能力认知训练；"空间专题训练"将空间设计与建筑设计中的基本问题相结合，设置了三个专题，分别是"行为尺度专题：艺术家创作室设计""功能组织专题：青年公寓设计"和"场所建构专题：'书店+'设计"，培养学生从空间的角度处理建筑问题的能力，协调建筑空间与行为尺度、功能流线、场所环境、结构、构造、材料的关系。最后，"空间综合训练"以"南方九班幼儿园设计"课题为载体，对空间设计思维在建筑设计中的应用进行综合训练。整个课程训练的设置由接收信息到处理和学习信息再到操作运用学习成果，层层递进，顺应人类认知过程，逐步培养学生的建筑空间设计思维。

关于培养空间设计思维的具体步骤、课题训练内容、教学过程、技能培养等问题，第三章论述设计基础训练部分，以空间认知训练为主，包括"空间初识""空间初涉""空间解读""空间限定""空间设计"。第四章论述设计入门训练，以空间和建筑设计为主，包括"空间专题训练"和"空间综合训练"。第五章对教学过程和技能进行论述。学生作业资料以 2018 ～ 2019、2019 ～ 2020、2020 ～ 2021 三个学年的学生作业为主。

2.5 本章小结

本章首先讲述了华南理工大学基础课程的教学背景、定位与教学组织特点，引出本教材研究的核心内容：基于"进阶式"空间设计思维的建筑设计基础课程，包含了教学理念与课程框架两个方面。

本教材的实施主体华南理工大学建筑学院，它是在现代主义影响下成立的，具有重视结构、构造、材料的理性思维的工科特征，正在积极进行现代建筑教育的探索实践。建筑学本科学制为五年制，分别是一年级建筑设计基础、二年级建筑设计入门、三年级建筑设计整合、四年级专业研究与实践能力培养、五年级实践与检验。本教材的一、二年级建筑设计课程位于本科课程体系的基础与核心位置。建筑设计基础与入门课程采用一、二年级连贯一体化的课程设计与教师指导，强调宽基础、大通识的教学模式，灵活多样的课堂形式，发挥教师专长的管理架构。核心理念是培养学生的空间设计思维，分为了"进阶式"的九个阶段："空间初识""空间初涉""空间解读""空间限定""空间设计""行为尺度""功能组织""场所建构""空间综合训练"，每个阶段有不同的课题作为载体，逐渐构建空间认知并培养学生的空间设计思维。本教材系列课题的设置符合人的认知规律，其具体课程内容与思维进阶过程、教学过程与训练技能，在第三、四、五章展开论述。

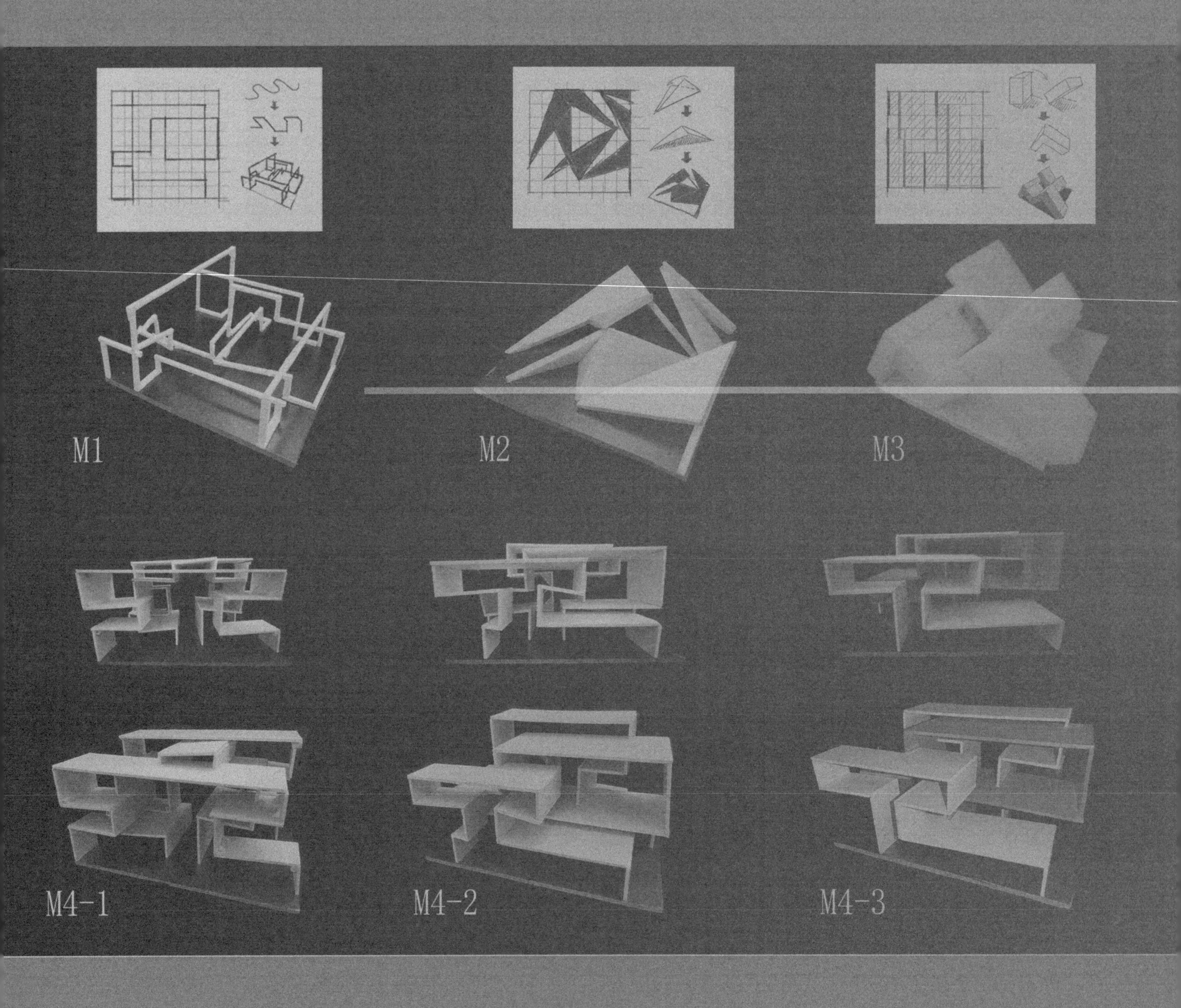
M1
M2
M3
M4-1
M4-2
M4-3

第三章 Chapter Ⅲ

建筑设计基础

建筑设计基础一般是在一年级的课程里面完成，主要传授学生建筑设计的基础知识，包括：建筑的基本概念、建筑制图、模型制作、人体尺度、空间构成和单一功能的建筑设计。本课程比较强调基本功的训练，课程设置大量的草图、模型、正图等作业。课程最基本的目标是传授基本知识和技能，激发学生对专业的热情。近年来，随着专业的多元化的发展，这部分内容也在调整，在已有的严谨的基本功训练的基础上，也融入了很多建筑设计及其思维的训练的内容。

《初看建筑》微电影视频截图

3.1 空间初识

3.1.1　进阶思维

“空间初识”是专业学习的第一个作业，也是“进阶式”构建建筑空间认知结构的第一步，属于培养空间设计思维的起步阶段。因此，这个作业并不需要传授系统的专业知识，而是学生先去感知城市与建筑。本作业面向未受过建筑专业训练的新生，从基础的建筑空间知觉能力入手，初步涉及到学生的空间初步印象，即对物体的尺寸、形状、方位的感知能力。建筑空间知觉能力指人对建筑实体与其内外空间的感知能力，包括建筑空间的尺度、形态、围合结构与材料、内外关系、朝向、开敞与封闭等。

每个人的成长环境和经历不同，导致对世界的先备知识不同，在面对相同的物理环境刺激时，会有不同的感受，产生不同的认知。受过建筑专业训练的学生和新入学的学生在面对同一建筑空间时，对空间的知觉必然有所差异。受过专业训练的学生，受到先备知识的影响，会关注到建筑的更多内容，如建筑的空间效果、材料或功能流线。而新生容易忽略这些，关注内部装饰、人的交谈等。这些差异也会进一步积累，形成专业差距。所以，需要引导学生真实地描述建筑带来的感知，进行初始的建筑知识积累。

通过课题的任务要求，引导学生主动通过视觉、触觉、听觉来感知、注意、观察，并思考、分析、讨论进而得出结论，形成自身对建筑空间的初步理解。从认知心理学的角度，学生通过实践经验产生真实的心理感应，并主动解释这些感应，是对建筑空间经验主动积累的过程，有助于提高建筑空间敏锐度，也有助于后期建筑空间心理图像的生成，为以后的学习打下基础。

3.1.2　课题内容

“空间初识”阶段的课题载体是“初看建筑”，这一课题从1994年开始设置，课题内容经历过“校园认知地图”和“经典建筑概览”两个时期，现在更注重“学生主导认知”（潘莹等，2017）。2019～2020学年，“初看建筑”以“透过建筑看社会，透过社会看建筑”为主题，培养学生认识建筑空间不是孤立存在，而是与社会密切相关的。

老师上课、点评作业照片

1. 教学目标

首个作业的教学目标不是传授具体的建筑知识和技能，让学生对整个学科有个总体的印象，而是引领学生走进建筑的世界。其中，培养学生对建筑的专业热爱，是非常重要的。学生需要养成关注建筑，分析问题，发掘建筑魅力的习惯，为以后长期的学习和职业道路做好铺垫。本次作业主要培养学生三个方面目标：

（1）学习习惯培养：培养学生主动学习的学习习惯，既要有独立的思考、又要善于合作交流，以适应现代社会的工作学习模式。

（2）专业技能培养：激发学生对建筑学习的热情，从多角度观察、体验和思考建筑，学会提出、分析和解决建筑问题。

（3）学生素质培养：培养学生勇于表达自己观点的能力，培养学生用包括多媒体在内的多种方式展现自己观点的能力。

2. 教学过程

教学总共历时四周，大致可分为开题与讲座、教师指导、展示与点评三个阶段。从开题到作业提交，真正留给学生构思、拍摄

初看建筑课题教学安排时间轴

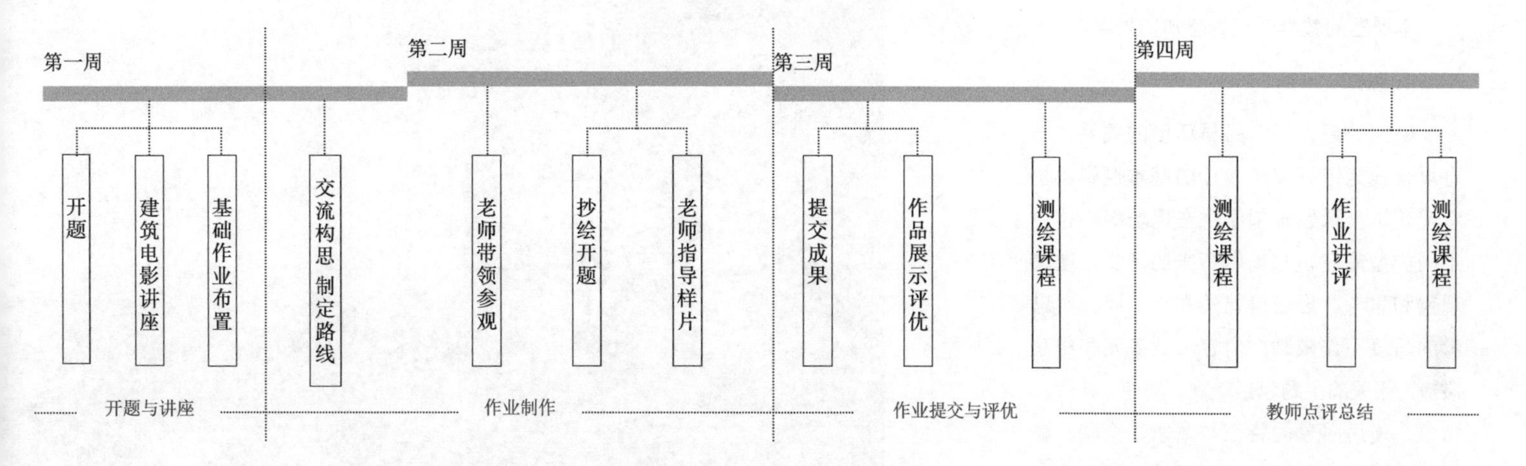

和剪辑的时间共两周左右。课题后期与“空间初涉”阶段的课程穿插衔接，使课程安排更加紧凑合理。

1）开题与讲座

开题以年级大课的形式进行，教授整个课题概况和具体要求，并通过任务书的方式进行详细的作业安排。课题要求 5 ～ 6 个学生为一组，自由选取广州及周边地区的建筑与场所参观体验，选择的案例均衡建筑学、城乡规划、风景园林三大专业的需求，包括城市旧区、城市中心区域、城市公园、城市建筑遗产、典型建筑物等。学生在现场用心体会不同类型的建筑与场所带来的感受，通过观察和思考，形成自己的观点，并与同学和老师交流讨论。在课程中，思考的角度不作限制和否定，内容尽量多元和相互碰撞，相关的主题包括美观性、功能、好坏的评价标准、在社会中扮演的角色、使用对象的特征与需求、空间设计解决了什么问题、地域差异以及自己与建筑的联系等。作业要求用镜头记录感受的来源和观点的依据，最终剪辑出 5 分钟的视频。重点表达其中的一至两点思考，或者发现建筑中的问题，清晰阐述自己的观点。

开题后进行专业讲座，传授与本课题相关的知识。比如，课程邀请了毕业于荷兰代尔夫特理工大学和北京电影学院的建筑师、电影导演、城市研究学者张为平先生做讲座，介绍了建筑电影、纪录片相关内容，比如蒙太奇剪辑法、用镜头表达内涵、拍摄技巧等，让学生掌握如何通过视频的制作来表达自己的观点。

2）教师指导

每位指导老师负责指导十人左右即两个小组。参观是在老师和助教的带领下进行的，地点由学生讨论决定，老师介绍建筑基础知识，与学生进行开放式的讨论，引领学生进入思考状态。视频的构思和拍摄需要较长的时间，需要学生后续调查和补拍，这也是反复思考和实践的过程。学生普遍出现感悟多而杂的现象，五分钟的视频表现需要进行取舍。课题建议学生进行深度思考，不需要面面俱到，可以重点表达 1 ～ 2 个观点。

3）展示与点评

小组播放和解说最终成果视频，要求每个同学都需要参加演讲，教师进行互动点评，教师和学生可以自由表达看法。通过开放性的互动讨论、提问和回答，解决学生刚进入专业学习时的困惑，加强对学生的专业引导。老师进行讨论和投票，选出年级优秀作业。负责教师整理各组作业及教师点评，在后续年级大课上进行作业的总结，及时反馈相关的专业知识。

3.1.3 教学要点

本课题的教学要点为感知、兴趣。

1. 感知

如何处理人、空间与环境的关系，一直以来成为审视建筑设计的基本逻辑。初看建筑这一课题希望学生在现场用心体会不同类型的建筑与场所带来的感受，通过观察和思考，形成自己的观点。课程对思考的角度不作限制，内容尽量多元和相互碰撞，相关的主题包括美观、功能、社会、角色、使用对象的特征与需求、空间、地域差异以及人与建筑的联系等，从而提高学生对建筑空间的感知能力。

学生作业《老广·新城》视频截图

学生作业《南华西街—市井生活》视频截图

2. 兴趣

初看建筑希望学生通过调研、讨论以及拍摄视频的方式，激发学生对建筑学习的热情，从多角度观察、体验和思考建筑，学会提出、分析和解决建筑问题。培养学生勇于表达自己观点的能力，培养学生采用包括多媒体在内的多种方式展现自己观点的能力。

第9组《追》视频截图

3.1.4 教学成果

学生作业可以反映学生掌握方法与技能的程度，是判断教学效果的重要依据。通过分析学生课题训练作业，可以看出教学思想与目标是否落实到学生身上。

1. 整体概况

学生对这项课题有较高的热情，能够积极参与视频的构思、讨论，剧本编写，道具制作与头脑风暴式地提出创意表现手法。视频成果百花齐放，各具特色，虽然很多同学是临时学习的视频剪辑软件，也基本达到了制作精良，可以看出学生们为此付出了不少心血。

2. 特点与问题

整体分析这项作业的成果，可以看出以下几个特点：

1）善于从社会视角分析建筑或场所

多数小组都以表达社会性问题为主，有些是思考建筑或社区在城市中承担的角色，比如几个组都表达了类似的观点：城中村拓展了城市的生存下限，为底层劳动人民提供庇护所，在城市中有重要意义。也有些组会关注建筑对于人的意义，如第13组《安能城市复山林——走近沙面堂》，认为建筑应为人提供安宁的感受，为快节奏生活的人带来慰藉。还有的通过观察和体会建筑，得出对于社会和人的思考，如第8组《新生》，在感悟仓库经过改造迎来了新生之后，主人公也放下了过去，勇敢

第13组《安能城市复山林——走近沙面堂》视频截图

第8组《新生》视频截图

地迎接自己的新生。这些都是对建筑与社会或人之间很好的思考。但也出现了只表达社会或人的问题，忽略了对建筑的关注的情况。如第9组的《追》，虽然故事完整，表达了建筑学生对建筑理想的追求，但故事发生与建筑的关系不够紧密，没有体现建筑在其中的作用，仿佛仅仅提供了一个背景。

作业整体上明显侧重社会问题，与任务书中副标题提出的“透过建筑看社会，

第30组《小鸡和小绿的骑楼奇遇》视频截图

学生作业《漫画天环》视频截图

透过社会看建筑”有直接关系，但教师普遍认为作业成果对于建筑的观察和分析不够深入，这恰恰反映出新生的特点，也是这个作业的出题意义所在。人从小就生活在社会中，对社会和自身的感悟颇多，加上刚刚经历过的高考作文训练，学生对于社会和人的反思驾轻就熟，仅需加上对建筑的初步理解，便可完成整套逻辑架构。然而，“建筑”对于这时期的学生来说，是一个空泛而没有细节的概念，没有过多的知识储备可供使用，若能通过老师的指导，较完整分析建筑的某一问题已经是很大的突破。如第30组《小鸡和小绿的骑楼奇遇》，对骑楼退让出的走道空间进行了分析，骑楼住户将门前空间当作自己家的拓展，刷牙休息晾衣，骑楼商户也把售卖的物品摆在这里，而路过的人则把走道当作公共交通空间。一个简单的走道发生着公共与私人的多项活动，是骑楼中界限模糊的空间。

2）缺乏对建筑细节与空间的深入观察分析

在对建筑观察与分析中，学生会侧重分析人在其中的生活或使用状态，以及对整体环境氛围的描述，但对于产生这些氛围和活动的建筑因素，难以深入探讨。对于未经过训练的新生，这是完全可以理解的。不过有些组有这方面的意识，如第2组的作品《老年人的幸福生活》，说明了老年人选择某个广场晨练的原因可能是因为南向阳光好，绿树环绕，场地开阔。第23组的作品《漫画天环》则很好地分析了“逛街人”由建筑或空间因素引起的心理感受，如“这里所有的墙面都做成了曲线结构，让建筑变得温柔了，没有了生硬的棱角和单调的墙面，又有创意又让人愉悦，就是我有点绕晕了，我们先上去吧。”（引自《漫画天环》组同学自创的剧本）

3）选题具有集中性，视角具有多样性

建筑的选择是小组讨论后自由决定的，却呈现了一定的集中性。在32组作业中，有4组选择了城中村作为主题来表现，6组选择类似新旧城区对比或城市发展更迭作为主题，4组选择了创意园或者恩宁路永庆坊这种改造建筑群体，由此可见学生对此类建筑群具有更强的兴趣，或认为此类选择更容易达到作业要求。除此之外，还有4组选择骑楼、西关大屋或老旧城区这种历史类建筑。剩余较为独特的有盲道、图书馆、公园、美术馆等。有趣的是，有12组全部或部分采用粤语来展示广州老城区，这几乎是涉及到老广州的所有组，反映出建筑氛围与地域语言文化的紧密关系。

尽管选题有集中性，但学生选取的视角却有多样性的特点，会设身处地感受城市中各种角色在建筑环境中的生活。不仅有学生、白领、开发商、房东、老伯等人类视角，还有鼠、蛙、神仙等假想视角，也有地铁、建筑的拟人视角。说明学生意识到建筑存在不同的使用人群，而不同身份的人看待社区有不同的观点。这为以后的设计中分析使用人群和社会价值打下基础。

3. 初看建筑优秀作业赏析（一）

《居》

作者：海亦婷、何沁珏、花雨田、黄炜庭、刘乐轩、李佳仡

班级：2019 级建筑学 2 班

指导老师：田瑞丰

点评：学生既有对空间的感知和观察，也有对问题的发现与思考，对于巷子和街道的尺度也有了初步感知。学生对旧巷不再遵从规范形式的现状进行了思考，并提出了自己的观点：或许这种临街而居、商住结合的聚居形态，才是赋予这片老街区的最具情怀与活力的终极规划方案。

物居于世，靠的是脚下的土地
人居于世，靠的是头上的砖瓦

4. 初看建筑优秀作业赏析（二）

《东山之口》

作者：邹雨恩、钟婧、佟劲燃、蒯浩然、周辰

班级：2019 级建筑学 1 班

指导老师：陶金

点评：将东山口这一街区拟人化，分别对工作、生活在东山口的青年艺术家和老人进行深入访谈，从他们的视角来看东山建筑群，来讨论社区文化发展过程与空间重塑、人员流动的关系。认为建筑是一面镜子，它反映感知空间的人，艺术、生活、思想在这面镜子中一览无余。

3.1.5 课题总结

作为第一个课题，教材采用“非专业”的形式，可以激发学生的专业热情。学生在老师指导下主动观察和体验建筑，对建筑与场所的空间有了初步认知，明显对比出新与旧、现代与传统、精致与简陋等空间的区别与形成因素，也有部分学生更进一步分析了建筑内部的空间感受，基本达到指导学生主动观察和思考建筑问题的目的。学生能从社会的角度思考建筑的作用、建筑与人的关系是很好的现象，但也出现的只重故事情节，忽略其与建筑空间的关系的问题。总之，通过课题，学生对专业有一个初步的感官认识，提高了建筑敏锐度，开始关注建筑空间、材料、功能、人和社会的关系等问题。

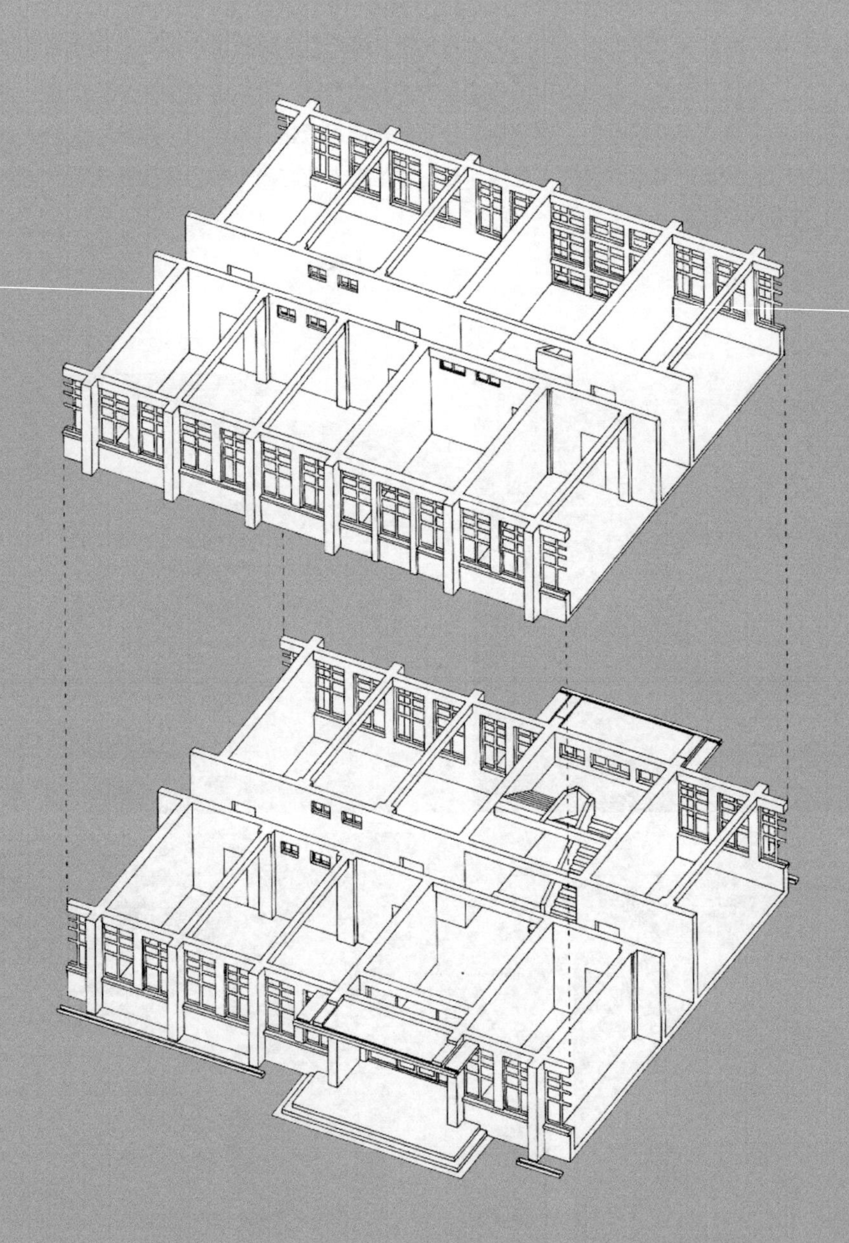

3.2 空间初涉

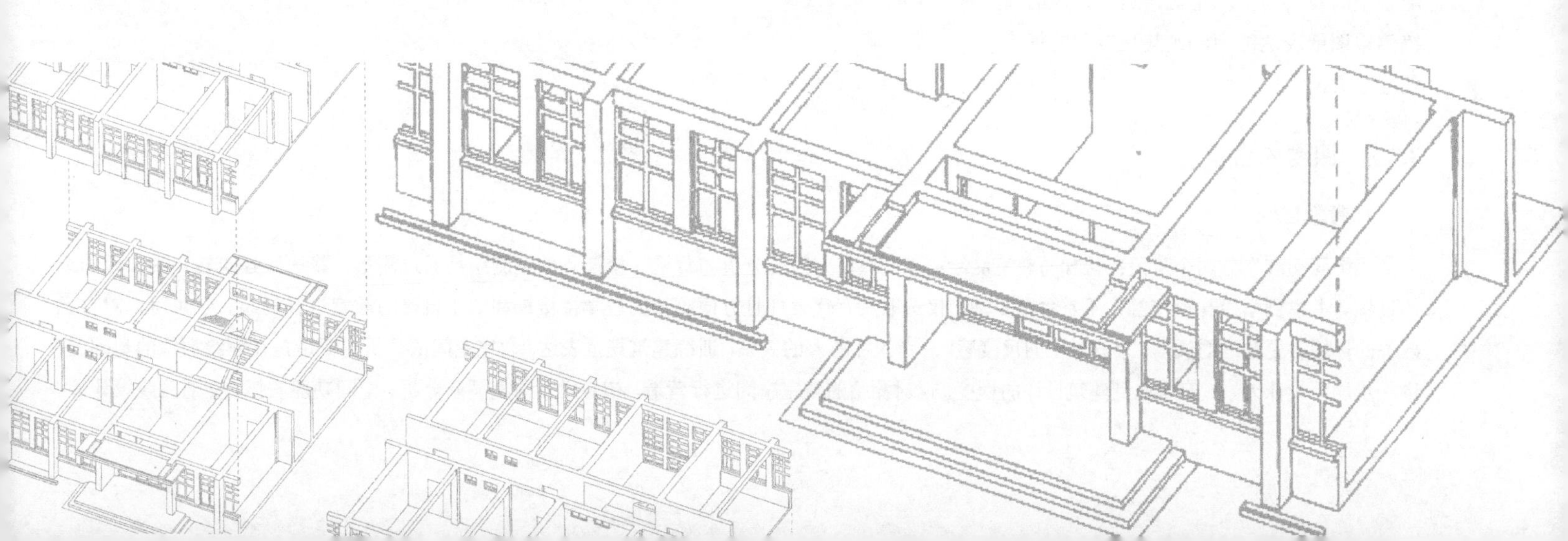

3.2.1 进阶思维

空间初涉是课程的第二个课题，包含测绘与营造两个阶段的内容。“空间初涉”是在“空间初识”的基础上，进一步构建和发展建筑空间认知结构，是对建筑空间表征能力的专业化训练。空间表征能力，即人通过观察，对空间信息进行编码和储存，以备在需要时呈现在头脑中或用语言表达出来。建筑空间表征能力可分为建筑空间的观察、记忆和表达能力。这一阶段的训练更具专业性，不再停留在大众体验的主观感受上，而是将空间落实到建筑结构、尺度比例等客观细节及数据上。首先，空间观察更加深入具体；其次，通过建筑在三维空间与二维图纸间的转换，学生在学习制图规范的同时，构建对建筑空间记忆的编码模式，形成建筑空间在记忆中的符号表征，增强空间记忆能力；最后，建筑空间表达包括语言表达、图纸表达、模型表达和前一课题提到的多媒体表达等，配合空间观察与空间记忆，这一阶段的训练侧重图纸表达能力，尤其是专业的规范表达方法。

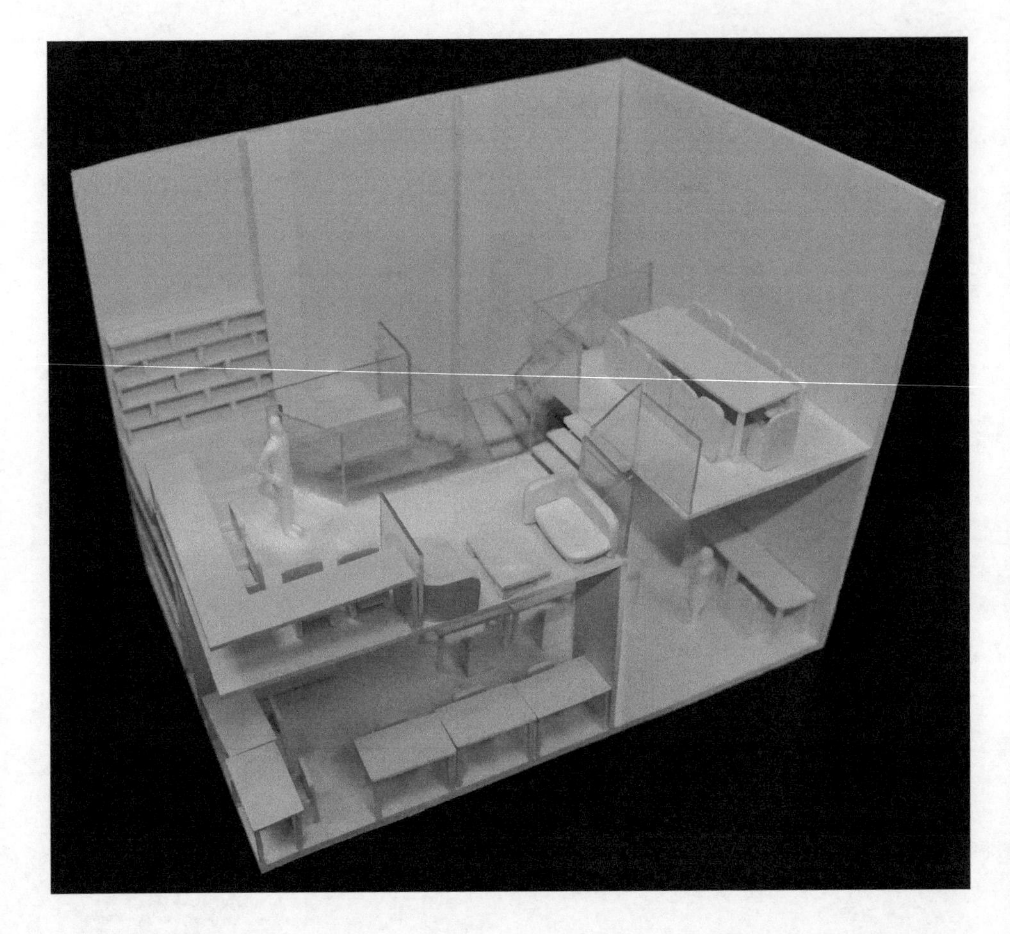

3.2.2 课题内容

1. 教学目标

“空间初涉”分两个阶段：楼梯与教室测绘，以及教室空间的分析与营造。楼梯与教室测绘是通过测量，将三维建筑转化为二维图纸的过程。考虑到学生初次接触，不宜贪图复杂，仅选取具有代表性且方便测量的教学楼楼梯和学生自己的教室进行测绘。学生可以对自己熟悉的环境有更精确的认知，培养学生的尺度感，思考尺寸与人的关系，训练建筑规范表达。教室空间的分析与营造是在测绘训练的基础上，进一步加上设计因素，但未达到建筑设计的程度，仅对测绘的教室空间进行营造，初步学习前期调研分析、空间功能安排、交通流线设计等。

2. 教学过程

教学楼楼梯与教室测绘课题教学历时 7 周，与其他课题存在交错穿插的情况，主要是填补学生等待老师整理总结作业的时间，确保学生训练的连续性。课题划分为开题、草图、修正草图、正图和评图五个阶段。除去开题和教师评图的两周多，学生集中作业的时间 4 ～ 5 周，也就是草图、修正草图、正图阶段，可看出对图纸表达训练的侧重。测量及草图以小组合作的方式来开展，修正草图与正图需要独立完成，3 ～ 4 人一组，每位教师负责 10 名左右的学生（三小组）。测绘选择班级所在的教室和教学楼的任意楼梯，方便教学实际操作。

教室空间的分析与营造训练共 6 周时间，分为开题、调研与分析、草图、正图、评图五个阶段。调研与分析阶段 3 ～ 4 人一组，共同完成调研并绘制调研报告，草图与正图为个人设计阶段，根据小组调研后制定的计划书完成个人方案，最终提交自己的设计图纸。2021 级教室空间营造课程无组队调研阶段，提交成果增加了模型制作要求。

3.2.3　教学要点

本课题的教学要点为测量、分析、营造。

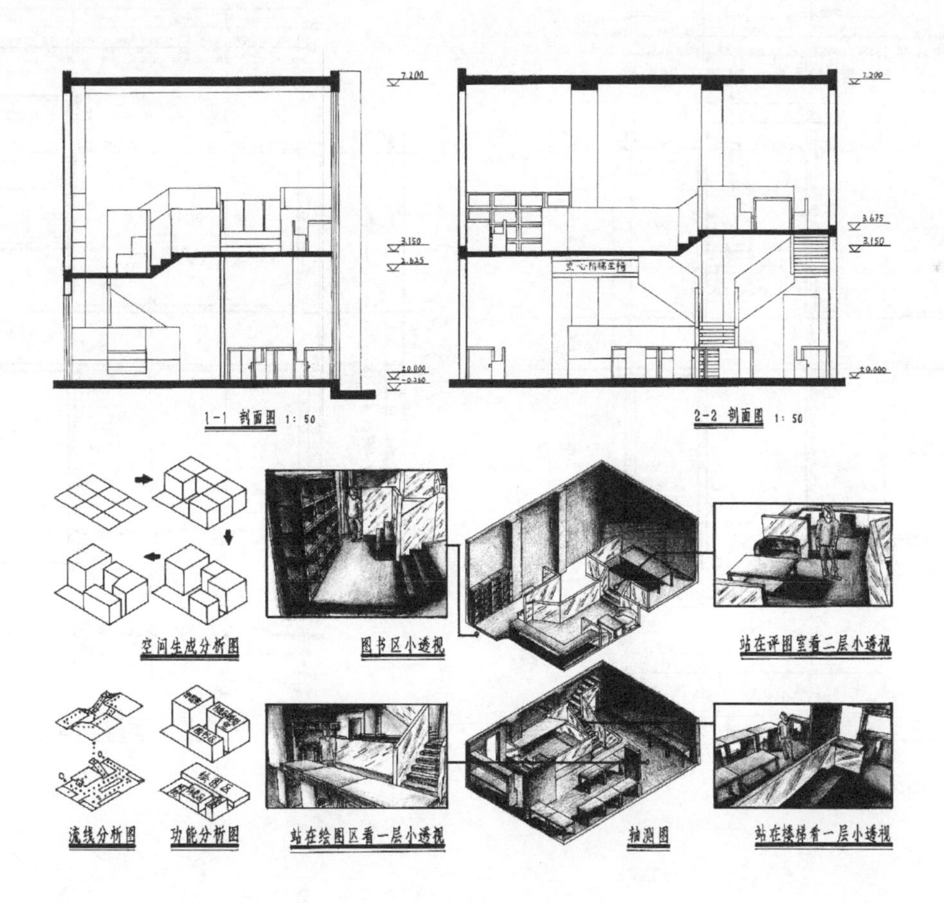

1. 测量

测绘课题希望学生在学习建筑测绘的基本技能的同时，学习建筑图纸专业表达方法，通过将建筑空间落实到图纸上，让学生进一步理解三维的建筑是如何规范地用二维图纸表达的。通过测绘，促使学生更加细致地观察建筑，从而提高学生对建筑构建梁、柱、楼板的理解。测绘得到的具体数据可以培养学生的尺度感，这也是让学生初步接触建筑空间与人体尺度的关系。

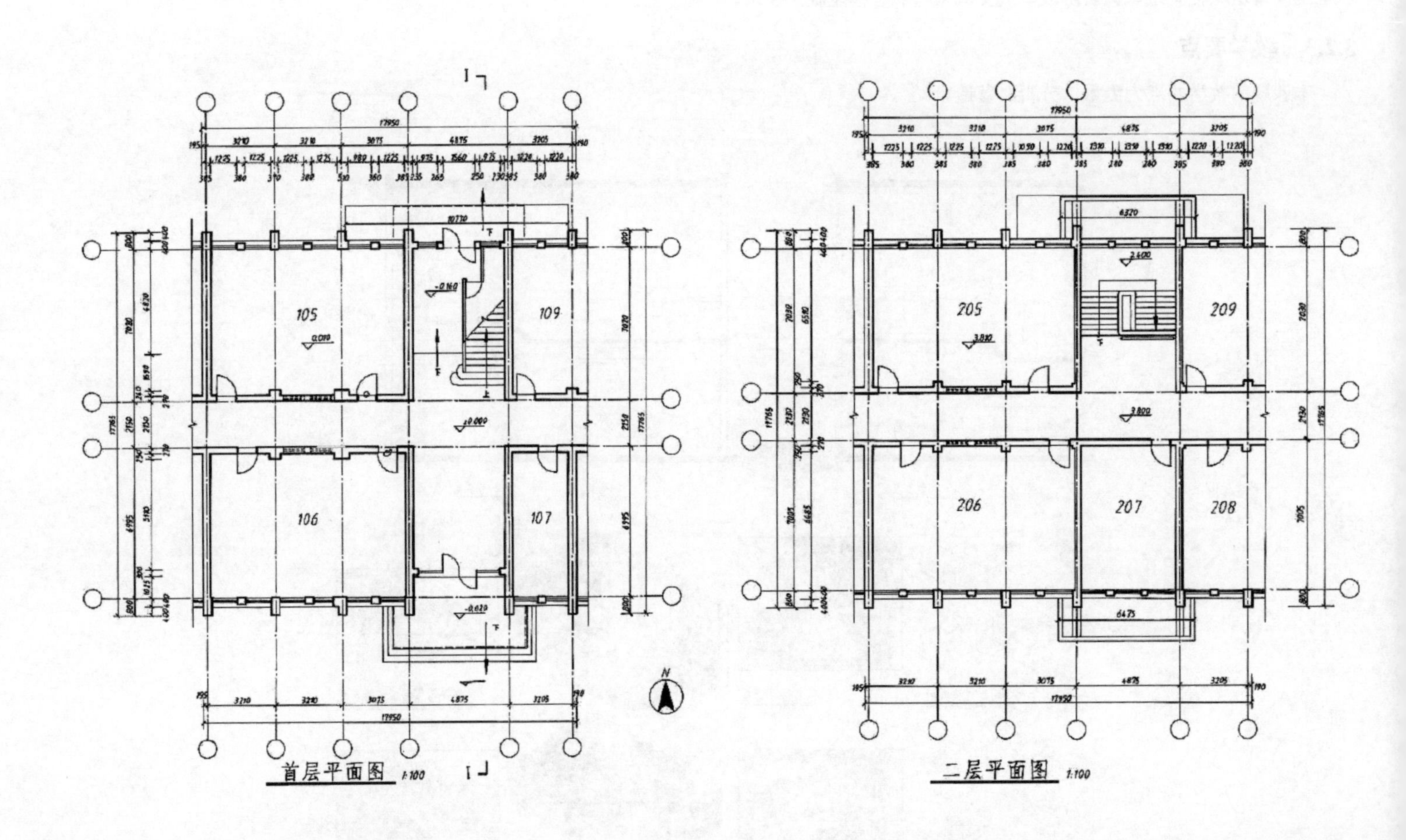

首层平面图 1:100

二层平面图 1:100

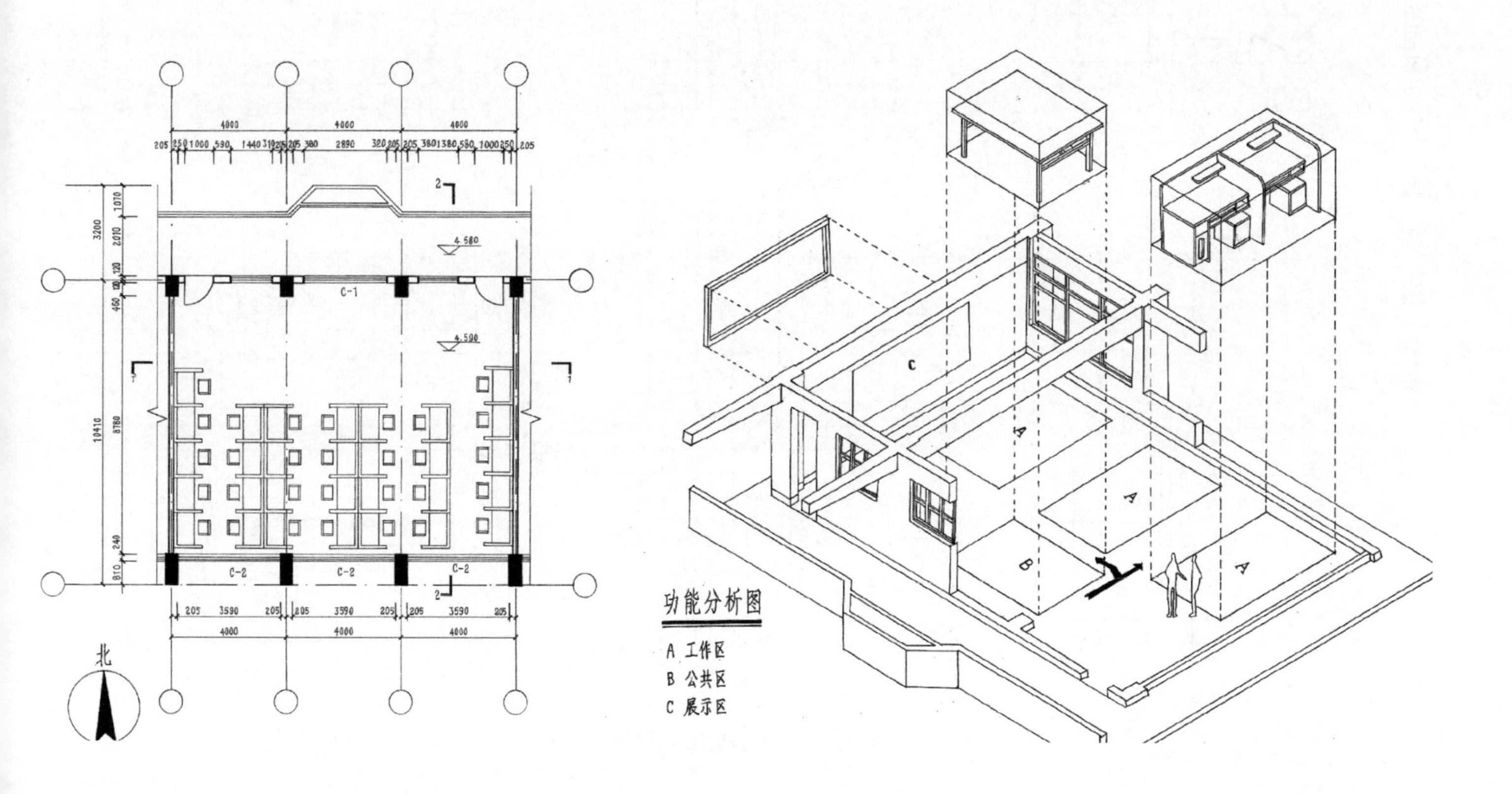
功能分析图
A 工作区
B 公共区
C 展示区
北
C-1
C-2
4000
4000
4000

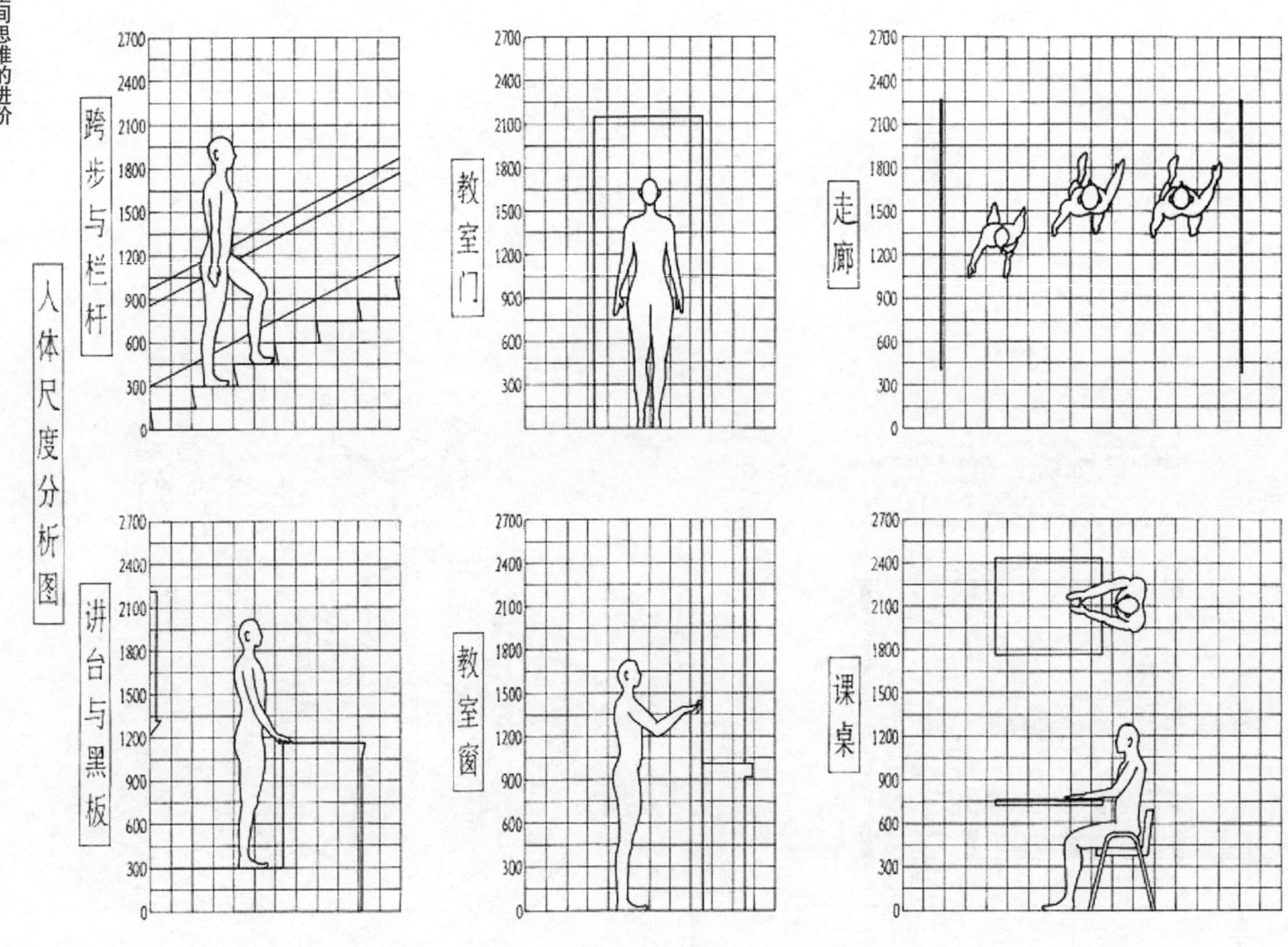

图片出处：学生作业描绘资料集

教学过程中安排“人体尺度”的讲座，讲解建筑中最基本又最重要的尺度，如人站立、行走、上台阶踏步、活动时的尺度范围，让学生有建筑为使用者而设计的意识。

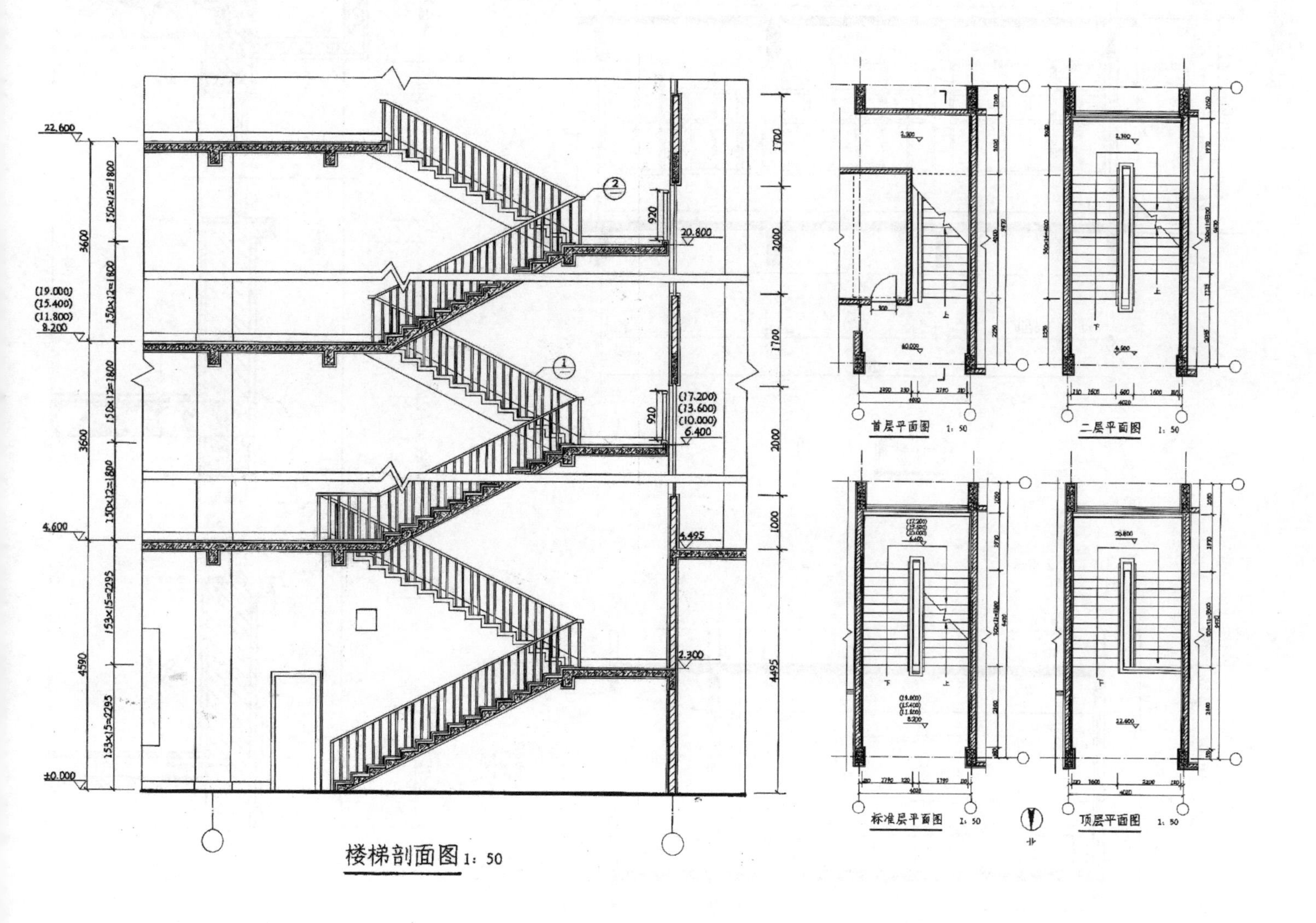

楼梯剖面图 1：50

测量过程中，除建筑图纸表达外，教学还希望通过楼梯和教室的测绘，促使学生更加细致地观察建筑，从而提高学生对建筑构建梁、柱、楼板的理解，以及对空间单元和交通空间概念的理解。

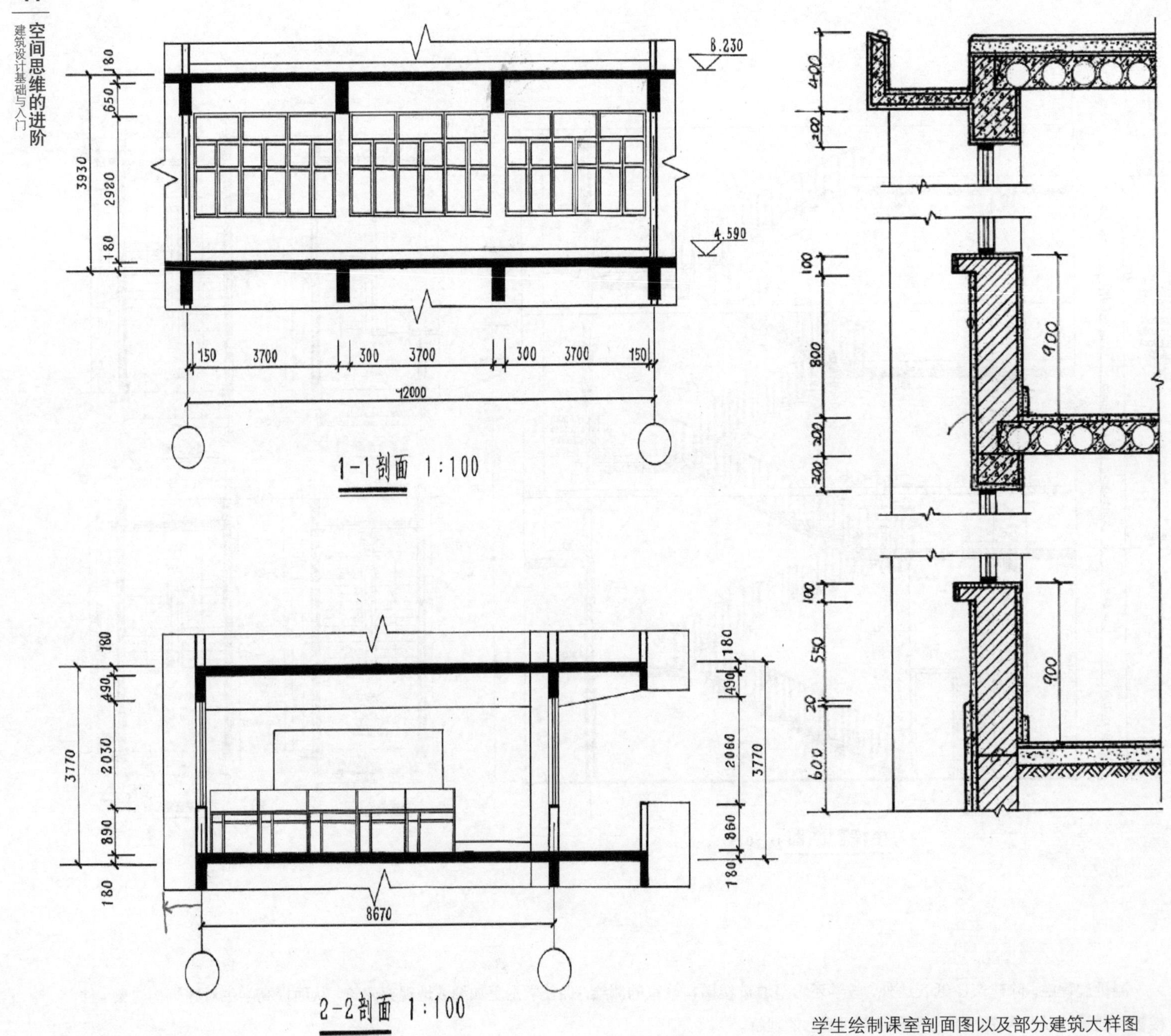

学生绘制课室剖面图以及部分建筑大样图

2. 分析

分析指的是对测绘课室各种问题的分析，包括建筑空间的尺度、人流、采光、功能等，也包括学生和教师的使用情况，以及空间与行为的关系。课题鼓励学生用多种方式进行调研，包括观察、采访、问卷等手段进行分析，并形成图文并茂的分析报告。

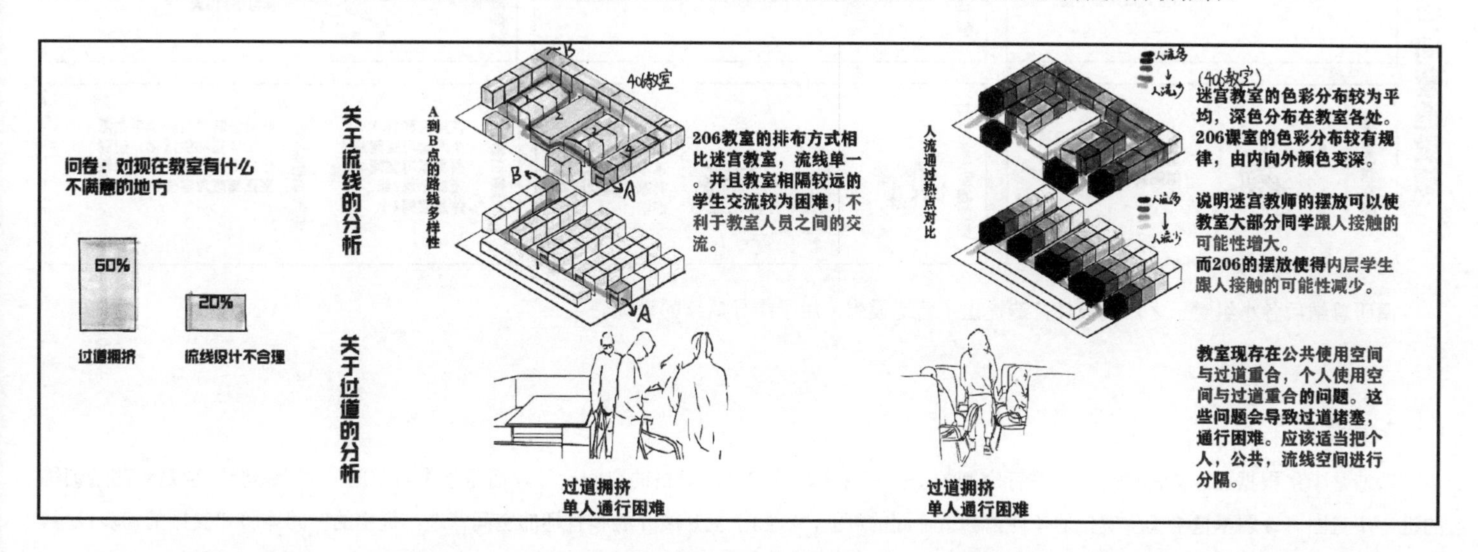

同学们对于教室流线进行了充分的调研，总体发现的问题集中在教室空间死板、座位拥挤，流线不畅通、缺乏积极的共享空间。

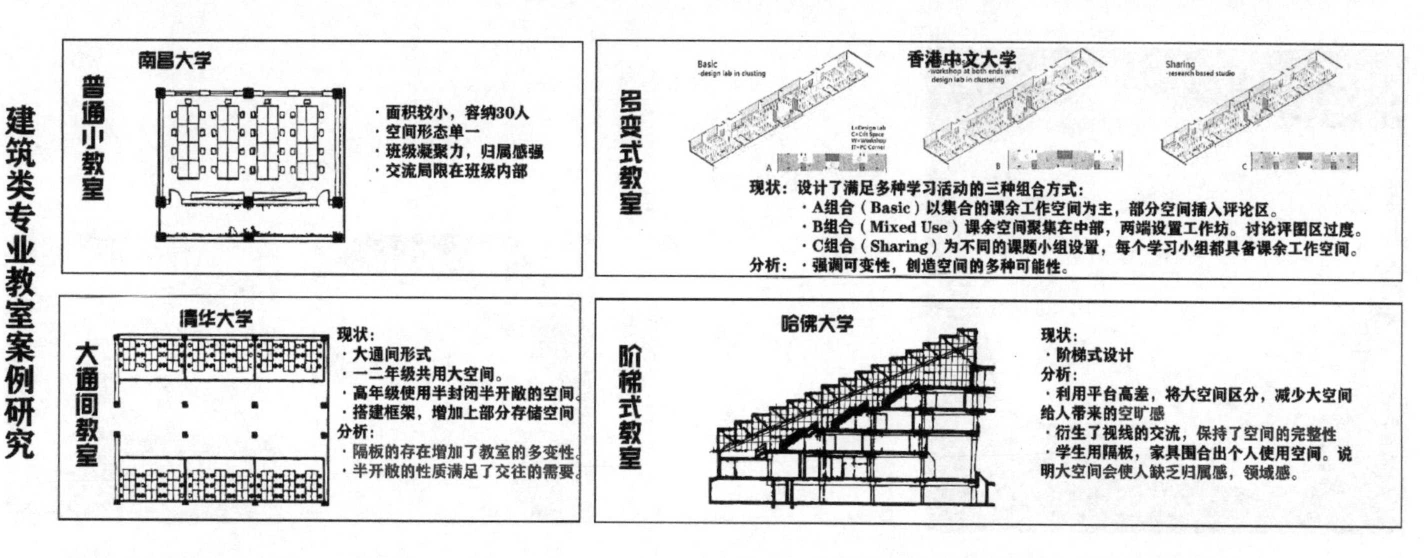

在调研过程中同学们还对现在国内外其他大学教学空间进行案例调研分析，分析其空间优劣点，为后续改造提供参考。

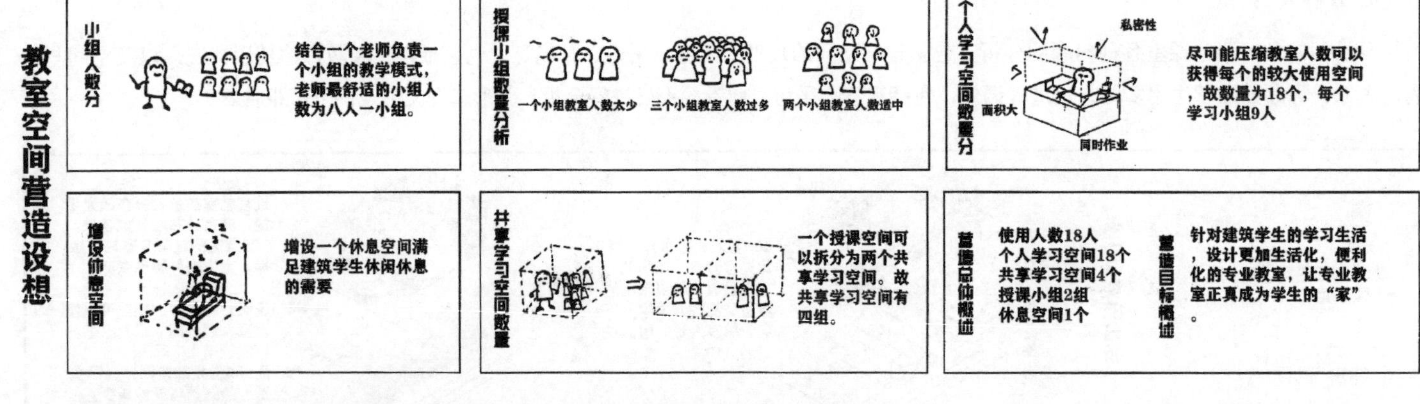

调研总结后各小组对于之后的设计营造提出了营造设想，用于指导后续的设计。

3. 营造

营造是学生根据已经实测的课室，进行空间的安排和营造，这并不是严格的空间设计，而是学生对空间的初步体验，也是对测绘训练的进一步巩固。课题尽量给学生宽松的条件去尝试不同的可能，鼓励学生开展开放和有趣的空间营造，提出的空间体验和安排的初步设想。

学生设计模型效果

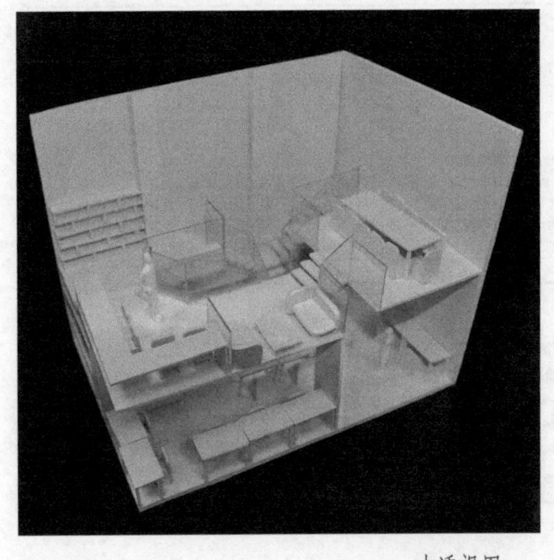

大透视图

图书区

模型室

评图室

学生设计作业效果图

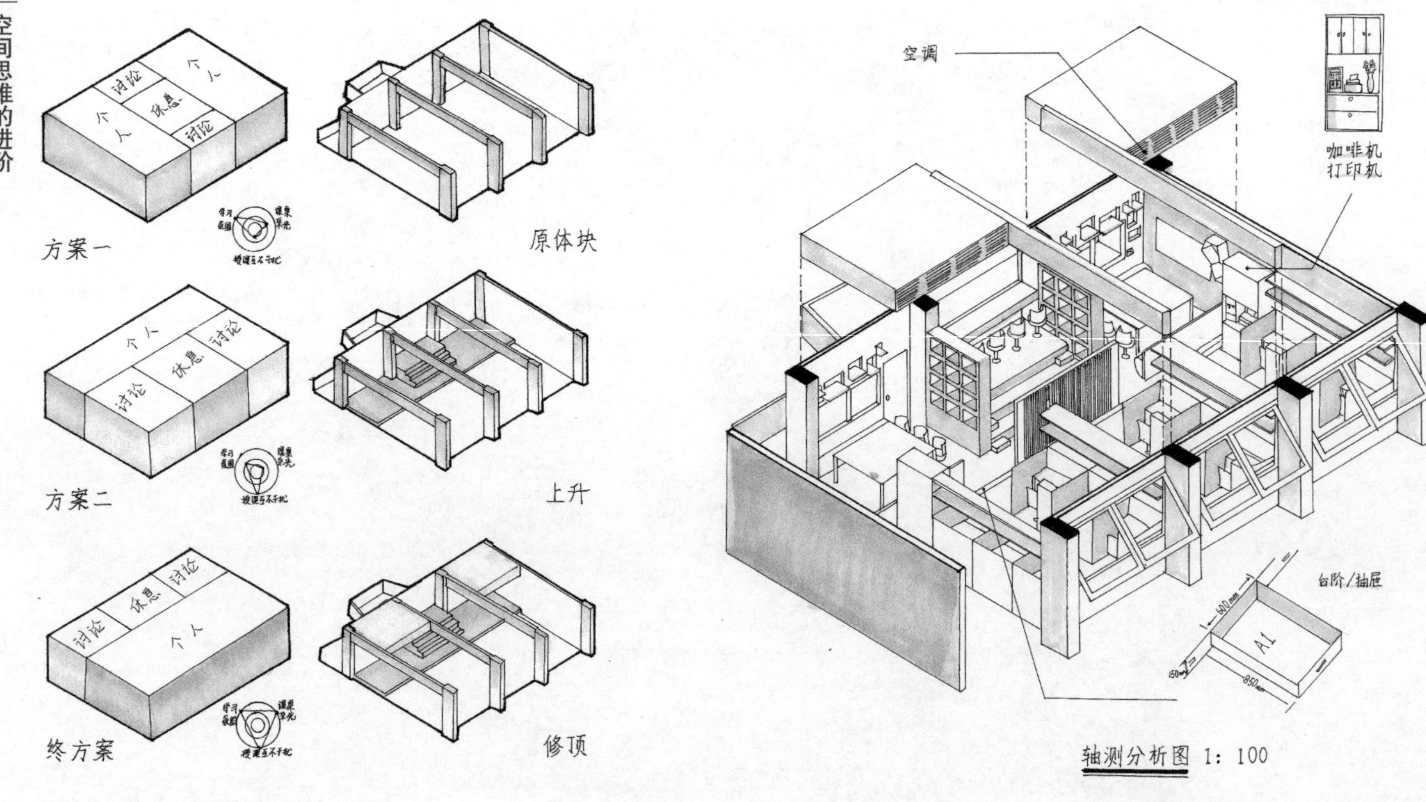

设计过程中经历多次方案推进与演化

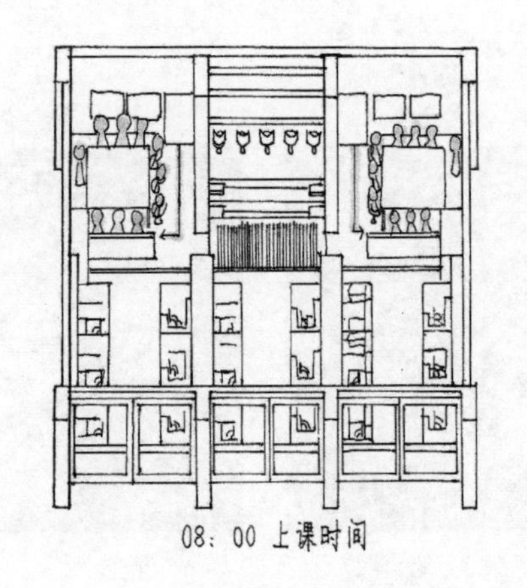

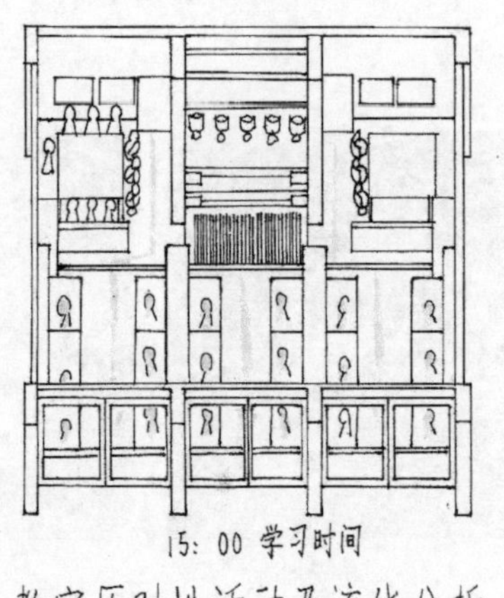

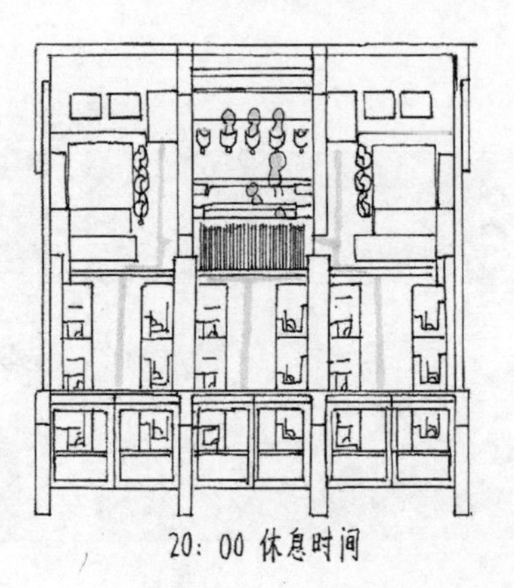

教室历时性活动及流线分析

2021级课程改革后增加了制作手工模型这一项成果要求，要求同学们在三维空间还原自己的课室营造空间，对学生的三维空间能力有很好的训练作用。

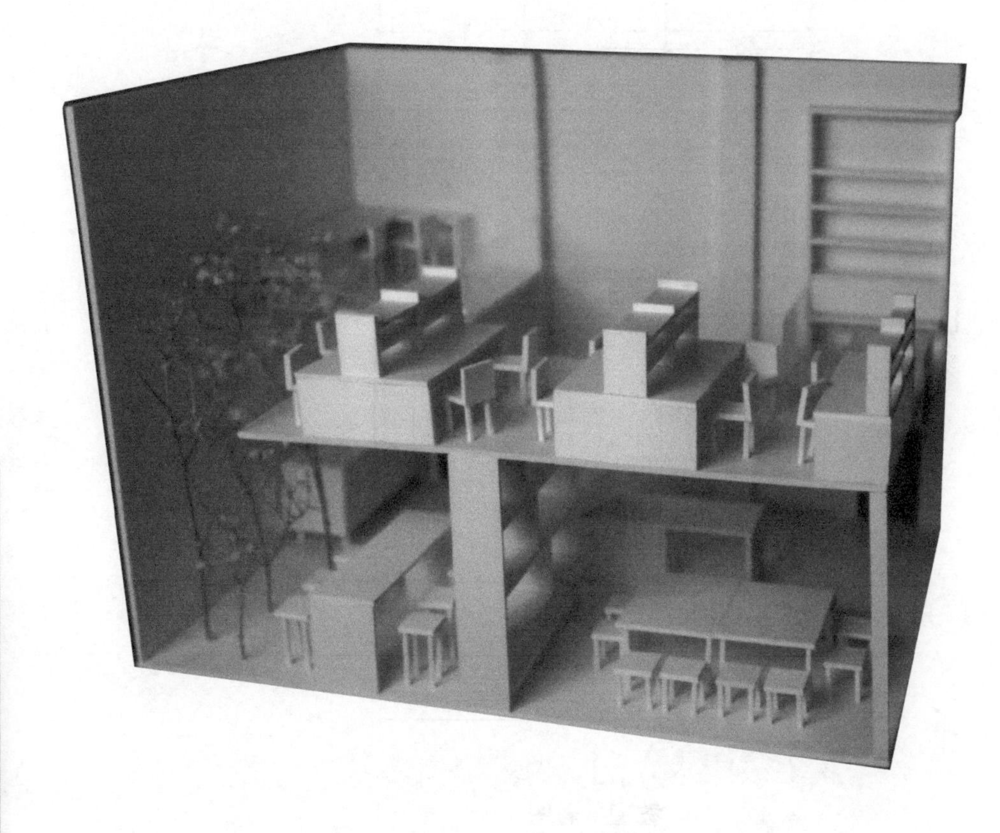

3.2.4 教学成果

1. 测绘优秀作业赏析（一）

《初识建筑——建筑测绘与认知》

作者：张羽

班级：2019 级建筑学 2 班

指导老师：陈昌勇

点评：态度认真，作图完整干净，线型明晰，排版良好，错误较少；对于课室的平面和构件能有初步且清楚的认识，平面遗漏标高，大样未标开启方向。

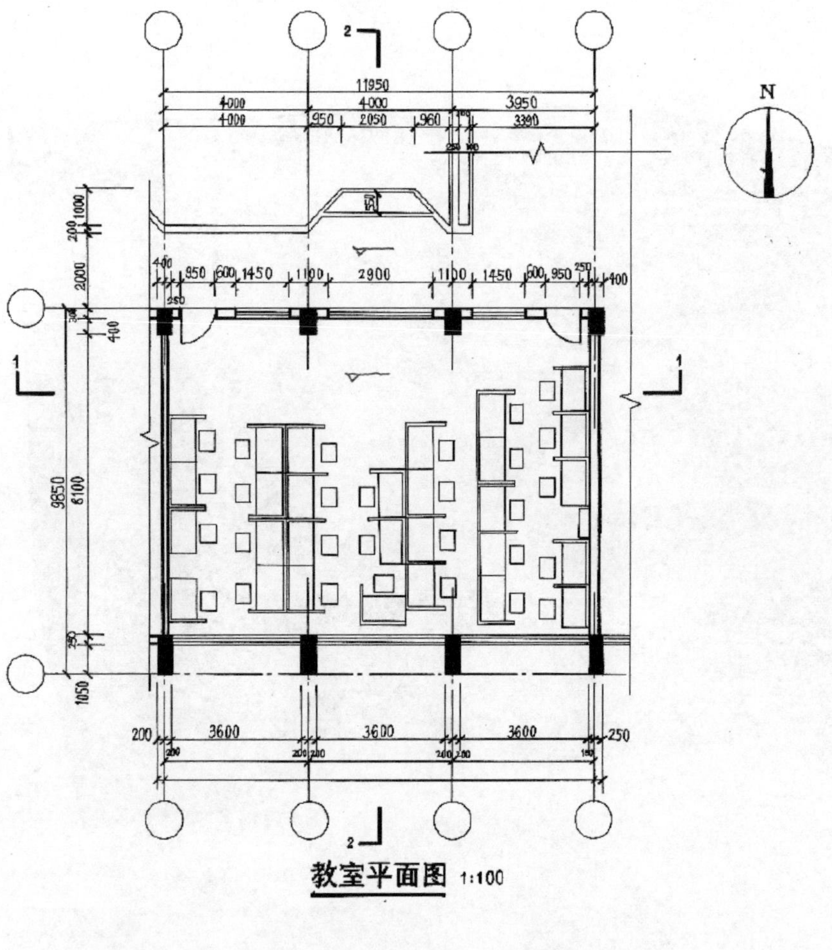

教室平面图 1:100

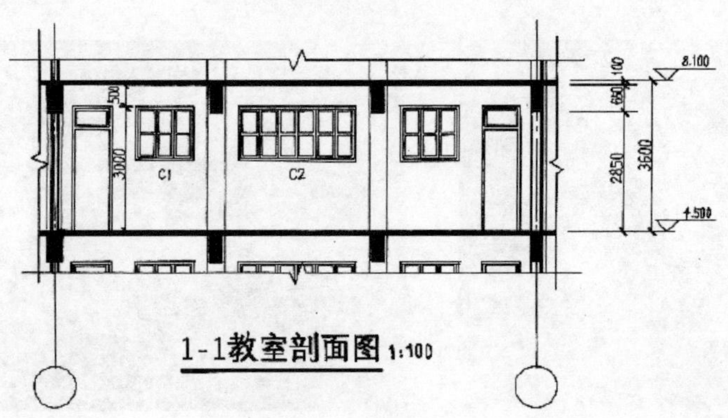

1-1教室剖面图 1:100

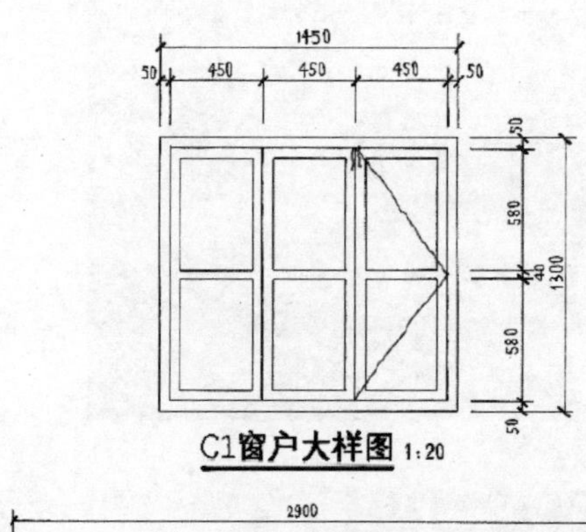

C1窗户大样图 1:20

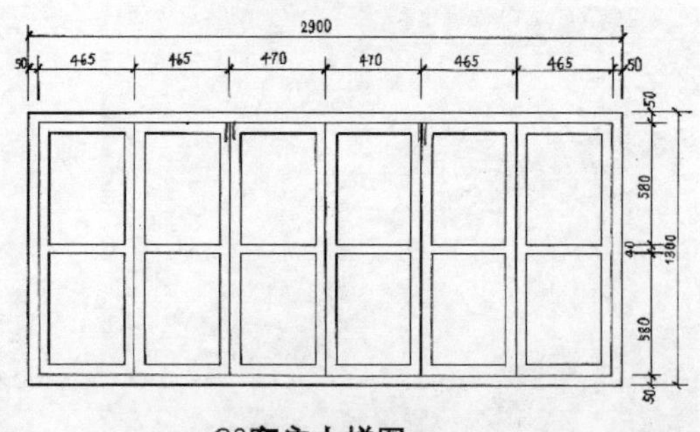

C2窗户大样图 1:20

2. 测绘优秀作业赏析（二）

《初识建筑—建筑测绘与认知》

作者：温健

班级：2019 级建筑学 1 班

指导老师：王璐

点评：很好，较为详尽地掌握了测绘知识；很好地理解了平立剖与三维空间的对应关系；存在少量错漏。

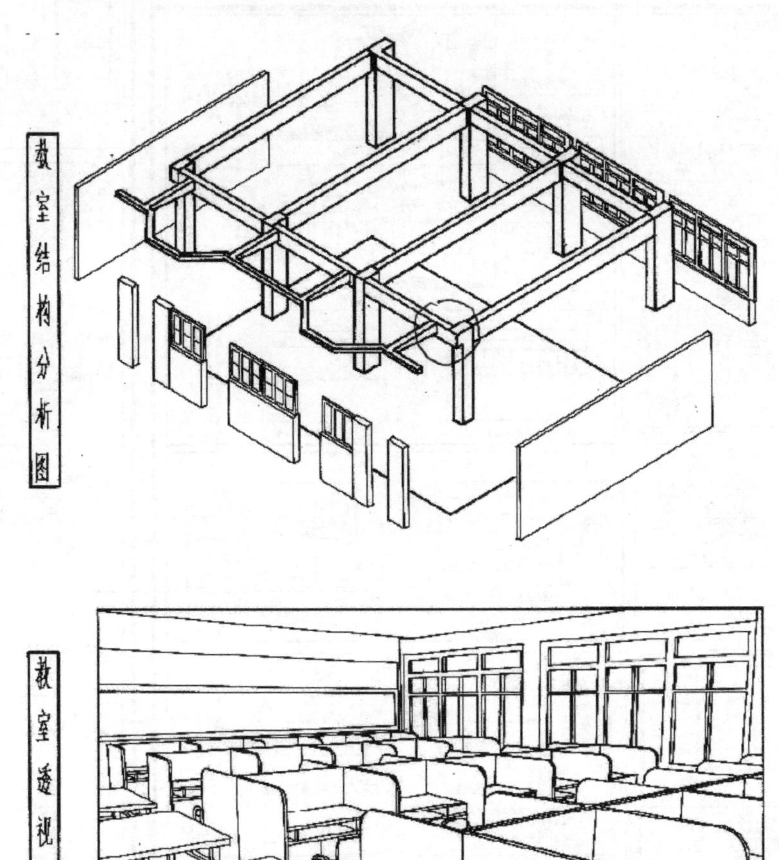

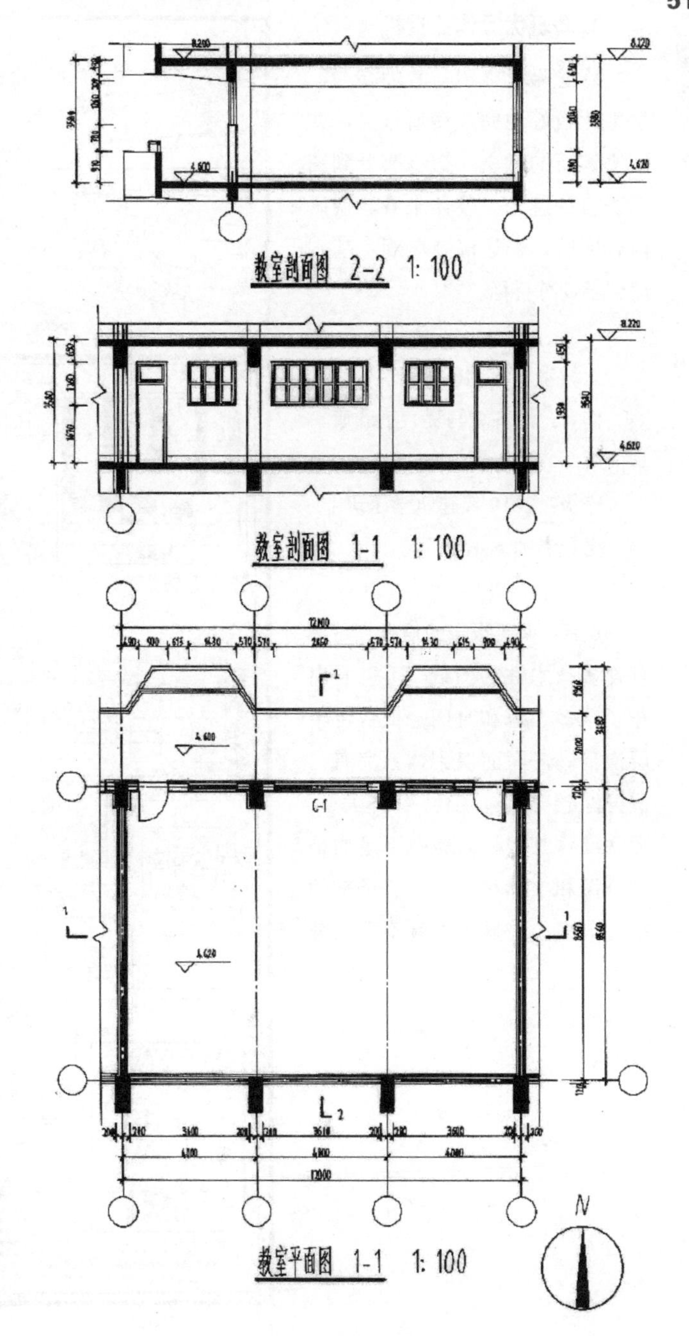

3. 调研优秀作业赏析

经过两轮草图与教师指导，学生能较好地完成调研报告，并领悟调研的意义，初步感受到图示语言的魅力。整体来看，调研内容完善，表达清晰美观，基本达到了训练目标。

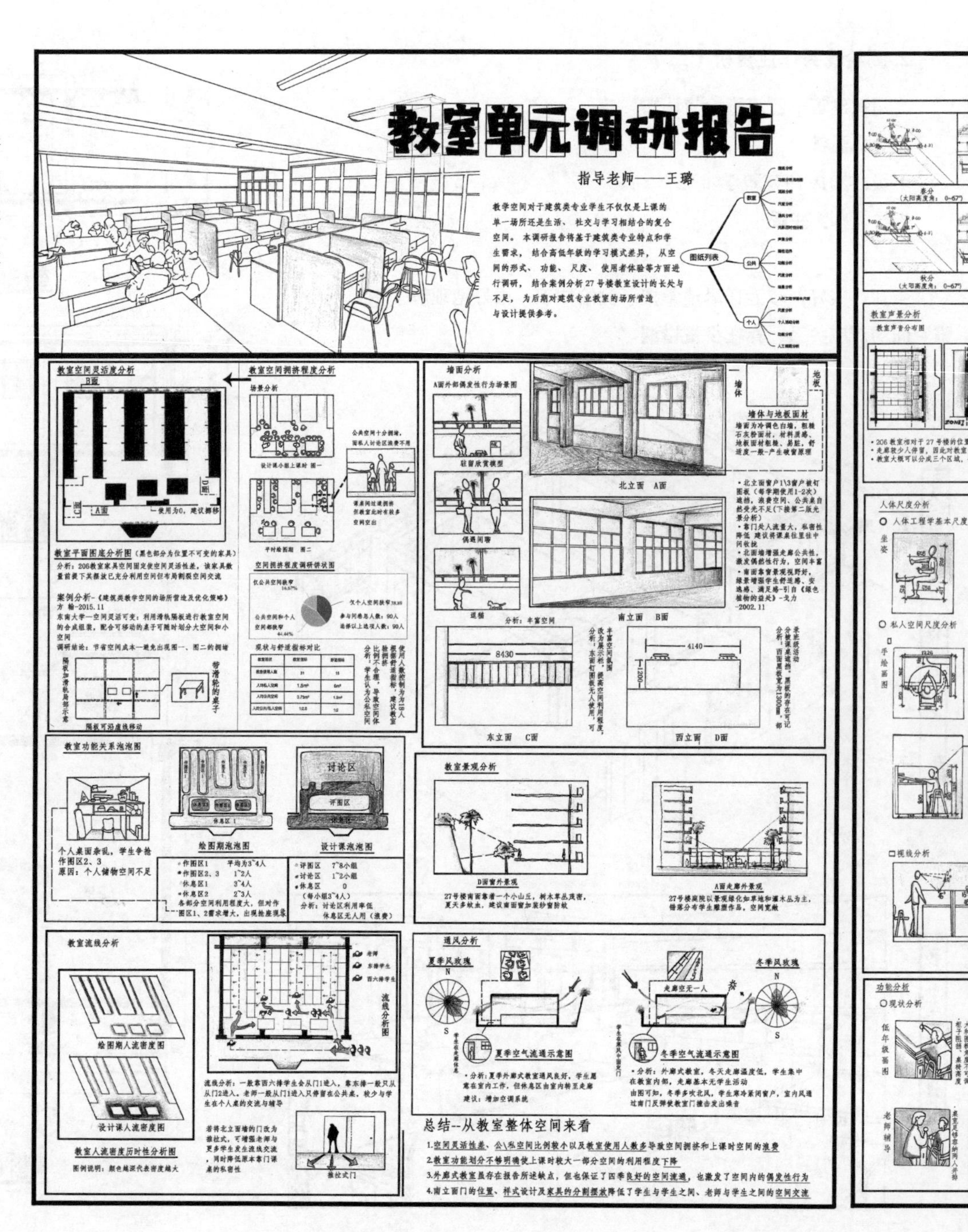

《教室单元调研报告》

作者：沈齐、马昊、王欣璇、秦倩琳

班级：2019 级建筑学 1 班

指导老师：王璐

点评：调研报告的信息充足，有许多技术性的图纸，可以看出花了很多心思和时间；报告逻辑层次清晰，面面俱到体系完善，值得肯定；排版、用色、字体大小、图文编排都很棒；美中不足的是部分图和字体稍小，想放进来的东西太多，稍显主次就不那么分明了。

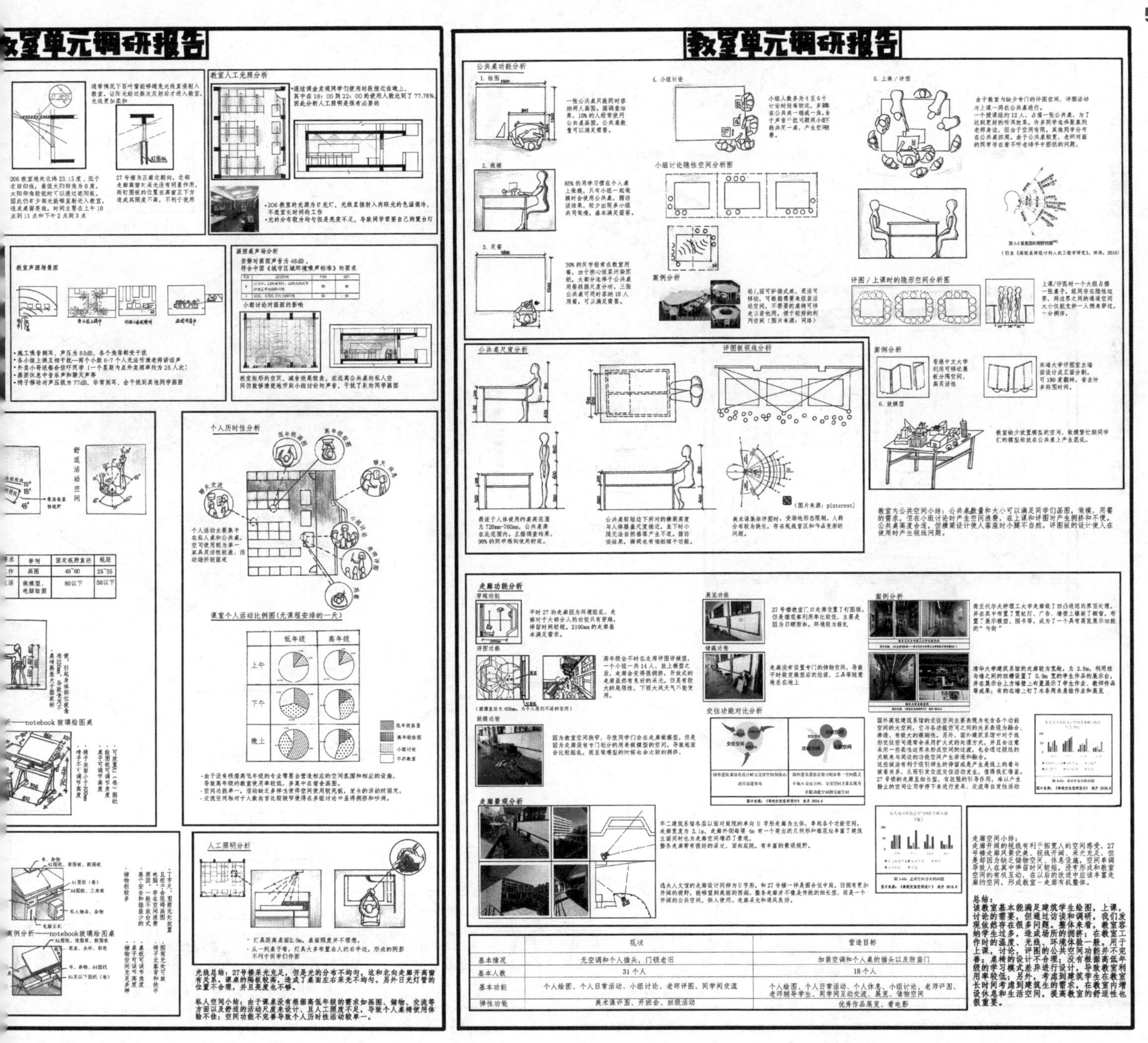

	现状	营造目标
基本情况	无空调和个人插头，门锁老旧	加装空调和个人桌的插头以及防盗门
基本人数	31个人	18个人
基本功能	个人绘图、个人日常活动、小组讨论、老师评图、同学间交流	个人绘图、个人日常活动、个人休息、小组讨论、老师评图、老师辅导学生、同学间互动交流、展览、储物空间
弹性功能	美术课评图、开班会、班级活动	优秀作品展览、看电影

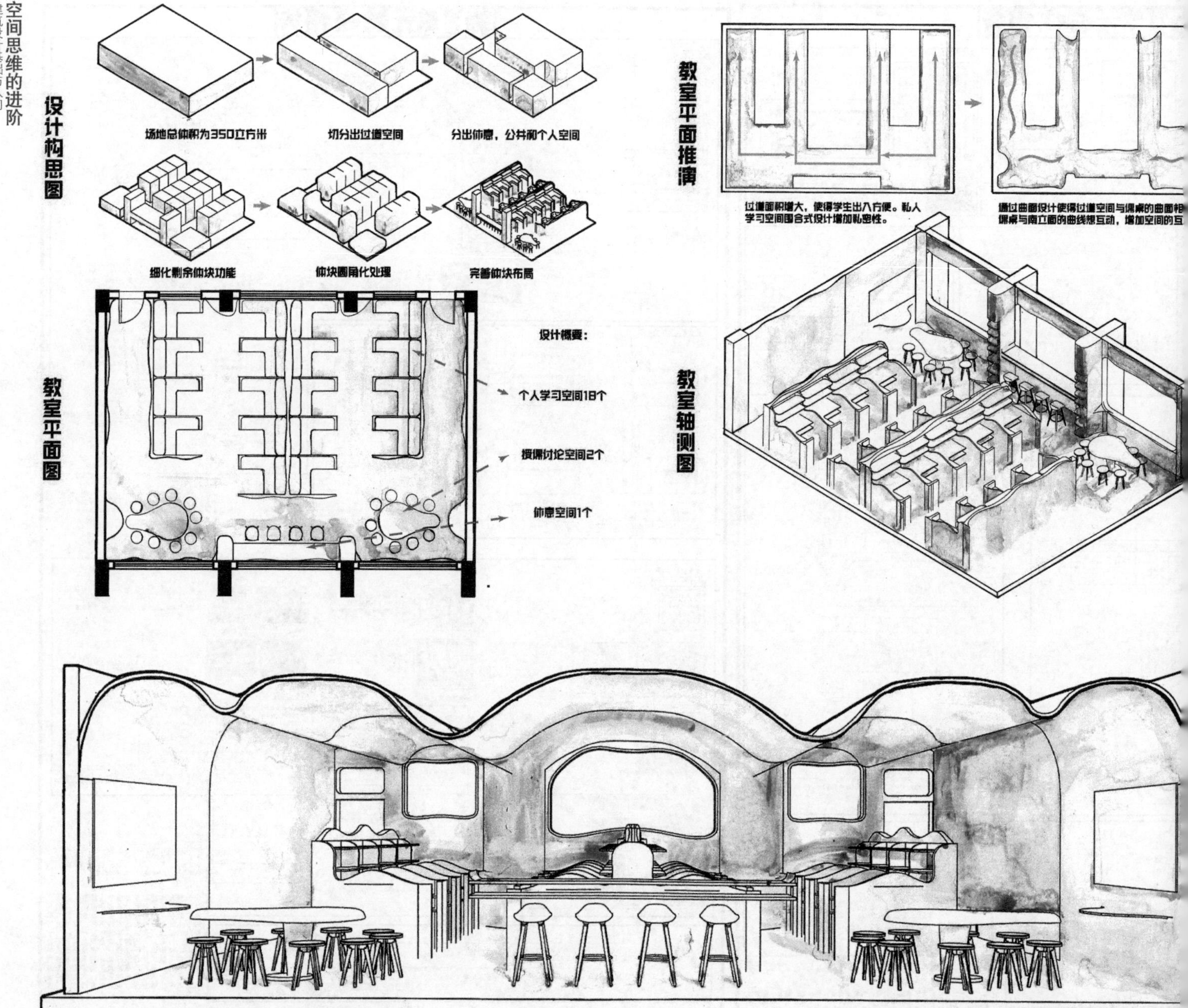
设计构思图
场地总体积为350立方米
切分出过道空间
分出休息，公共和个人空间
细化剩余体块功能
体块圆角化处理
完善体块布局
教室平面推演
过道面积增大，使得学生出入方便。私人
学习空间围合式设计增加私密性。
通过曲面设计使得过道空间与课桌的曲面
课桌与南立面的曲线想互动，增加空间的互
教室平面图
设计概要：
个人学习空间18个
授课讨论空间2个
休息空间1个
教室轴测图

4. 设计优秀作业赏析（一）

《扎哈之光》

作者：温健

班级：2019 级建筑学 1 班

指导老师：王璐

点评：表达能力值得肯定，图面整洁，主次有序，颜色淡雅；天花板很棒，对细节的思考能够感觉到；突破度足够，让人有眼前一亮的感觉；致敬大师应增加相应大师的内容。

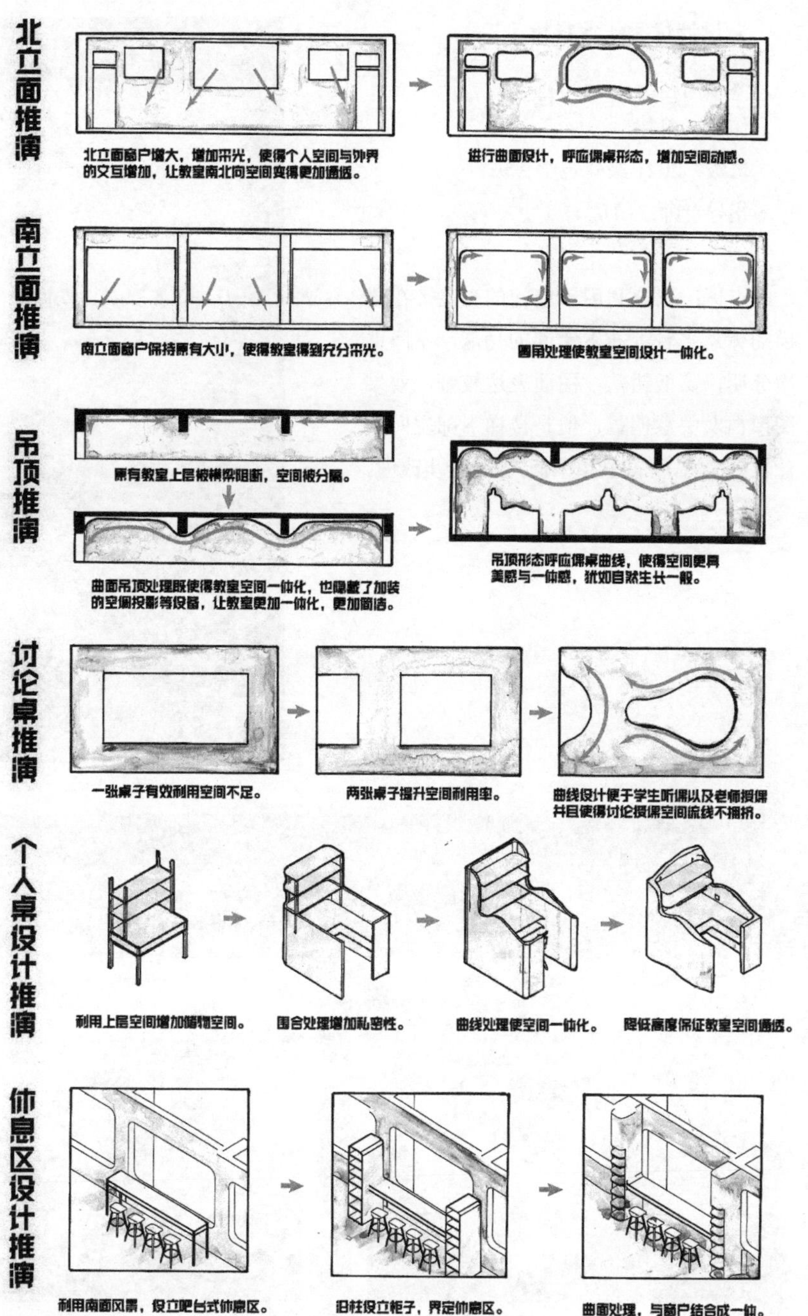

5. 设计优秀作业赏析（二）

《雁归》

作者：曾帅

班级：2021 级建筑学 2 班

指导老师：田瑞丰

点评：充分利用了空间的高度，在楼梯的休息平台处布置空间的功能，空间主次分明，高低错落；图面表达较好，效果图黑白灰关系明显，但是楼梯下部空间设计较为拥堵，空间利用率低，需进一步改进。

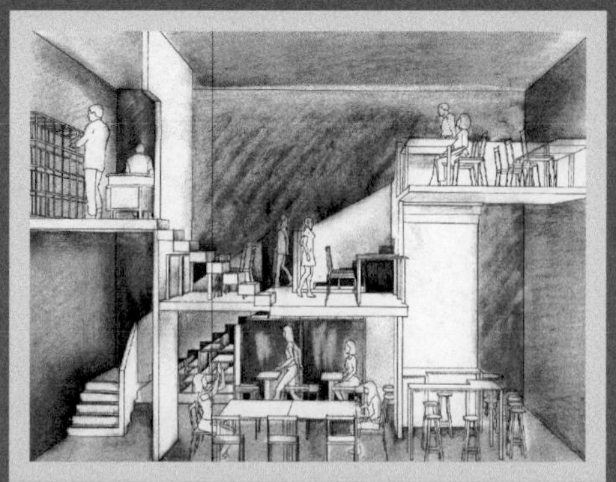

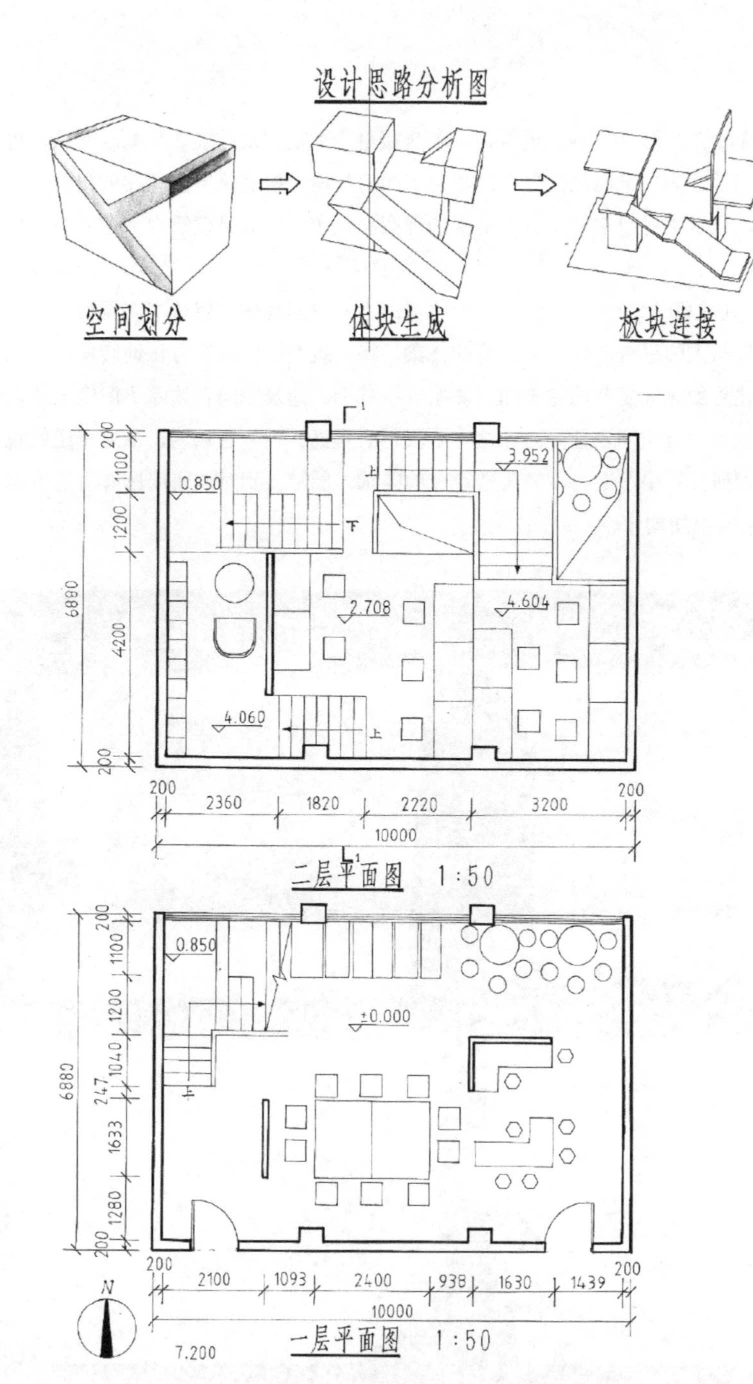

功能分区

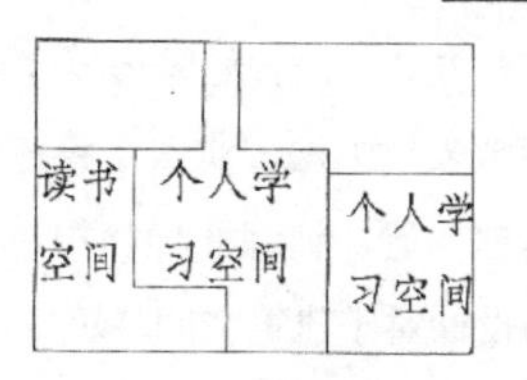

二层功能分区

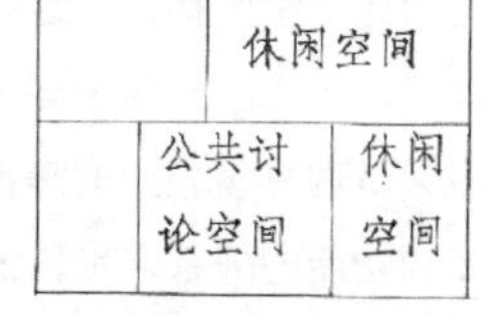

一层功能分区

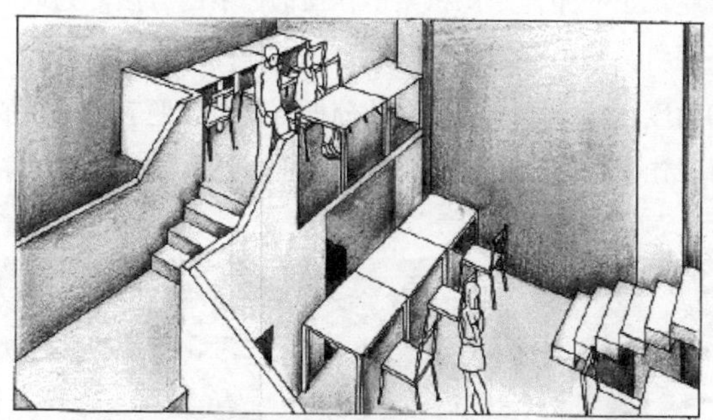

学习空间透视

讨论空间透视

休闲空间透视

3.2.5 课题总结

相比“空间初识”这一“非专业”的初始阶段，学生在这一阶段进入了 “专业”的学习，初步接触专业的建筑技能。从测绘到调研再到营造，训练了建筑空间的规范表达方法，实践了将三维建筑空间转化为二维图纸的过程，学习了如何调研分析建筑空间存在的问题，并初步尝试通过重整空间解决这些问题。训练环环相扣，循序渐进，让学生对建筑空间有了更深的理解和认识，尤其是建筑内部空间与人体尺度和功能的关系，也认识到设计对于建筑空间环境影响和改变。

通过这个阶段的训练，学生进一步构建建筑空间的认知结构，认知开始专业化。测量与调研都离不开空间观察，建筑空间观察深入到具体数据与问题分析的程度。标准制图图示符号搭建起了客观建筑与人的思维进行信息交流的桥梁，将建筑空间信息符号化地转译，提供了一种将建筑空间作为知识积累留存在记忆中的方法，为以后构建更加庞大复杂的建筑知识体系打下基础。建筑空间表达除了图纸表达训练外，还有将头脑中营造的空间通过语言与图纸表达的过程。学生的建筑空间表征能力在这一阶段得到提高。但笔者认为，从培养空间设计思维的角度，这一阶段的教室的分析与营造课题应将重点放于调研分析中，适当减轻营造设计的要求，能够做到对调研问题有所思考与回应即可。让学生充分锻炼建筑空间表征能力，不急于完成高要求的空间创作。

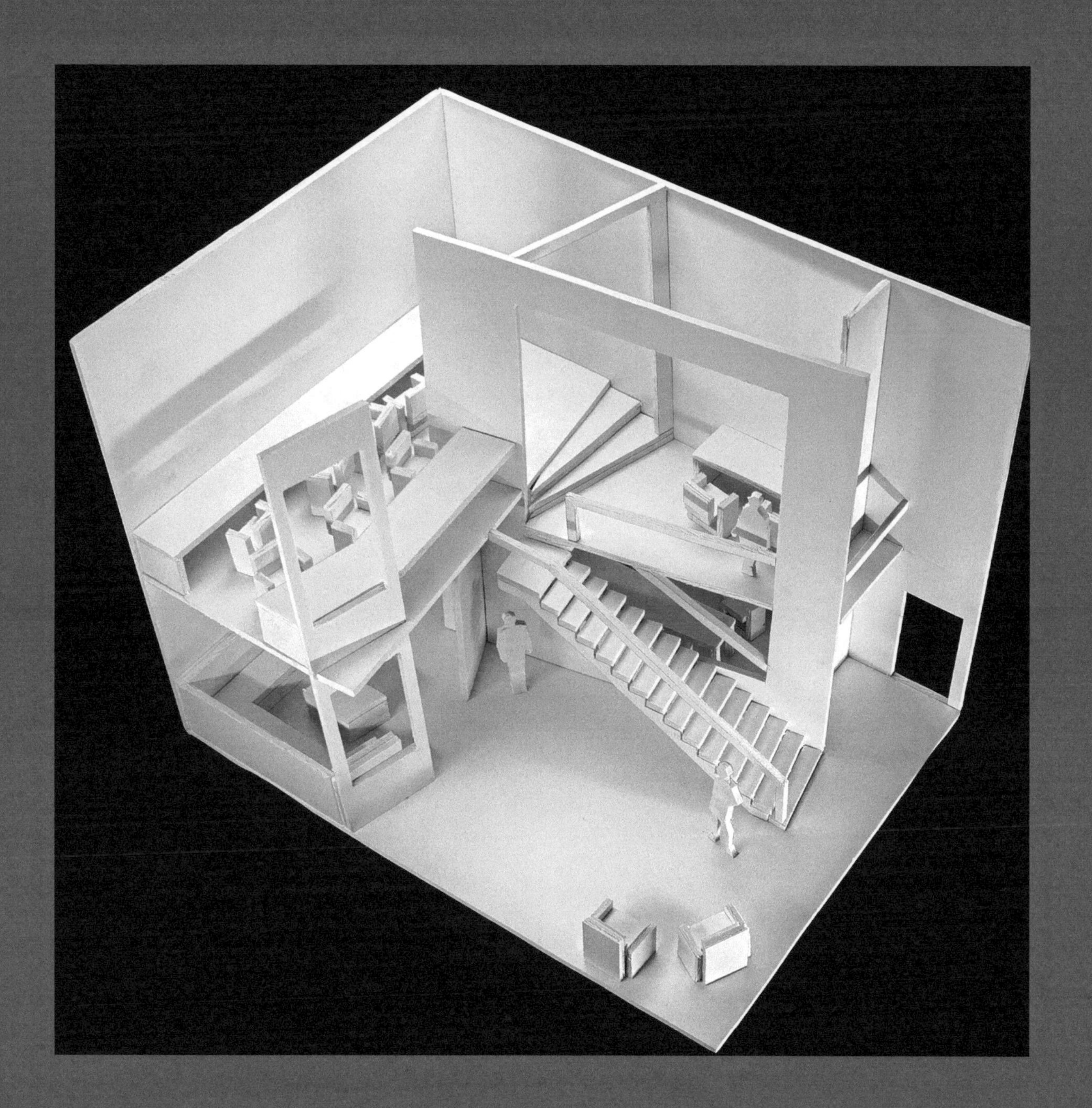

LESS IS MORE

FARNS WORTH HOUS

Ludwig Mies van der Ro

3.3 空间解读

LESS IS MORE

FARNS WORTHHOUSE

3.3.1 进阶思维

学生作业照片

依据认知规律，空间知觉与空间表征后应是空间想象与空间思维训练。空间想象与空间思维以空间记忆为基础，空间记忆需要空间学习。“空间解读”课题实际上是“建筑名作赏析”，它不仅涉及对空间的学习，更是掌握一种空间学习的方法。学生大量查找资料、阅读资料与选择经典建筑案例进行分析解读的过程，是直接学习优秀建筑空间的过程，增加了优秀空间知识的积累。通过对其空间形式、关系、限定、与功能关系等相关内容的分析，学生获得了一种学习优秀建筑的分析方法。分析优秀的建筑作品的空间特点与处理手法，分析其表达的理念与成为经典的原因，从分析中获得设计的思路，为以后的空间设计提供借鉴。运用分析的方法，对优秀建筑空间进行研究，逐渐形成评判空间优劣的价值观。

同时，经典建筑空间的学习将建筑空间观察、记忆和表达上升到更高质量的专业层面。建筑空间的观察训练从起初的“大众体验型”观察到具体尺度细节观察再到这一阶段的优秀案例观察，完成了专业化的提高。这是学生构建建筑空间认知结构非常重要的步骤，为发展高级建筑空间认知能力打下基础。建筑空间记忆以建筑空间观察为前提，是建筑空间想象和建筑空间操作的基础。从认知心理学的角度，记忆可分为短时记忆和长时记忆，存储在长时记忆中的知识才能在我们需要时被调取出来，帮助我们解决当前问题。所以课程训练应提高学生将对建筑空间认知的短时记忆转化为长时记忆的能力。长时记忆的内容在脑中以有组织的网络的形式储存，当短时记忆中有信息与长时记忆中的信息存在有意义的记忆联系，那么它就容易成为长时记忆的一部分，而毫

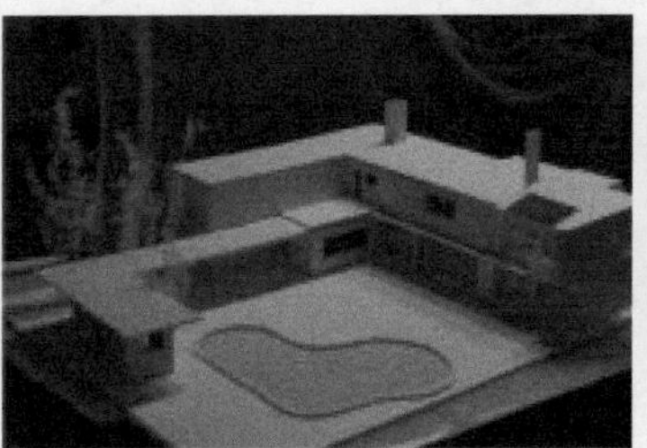
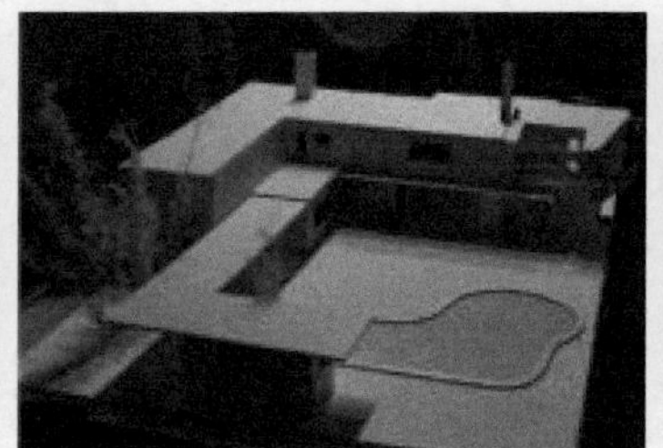
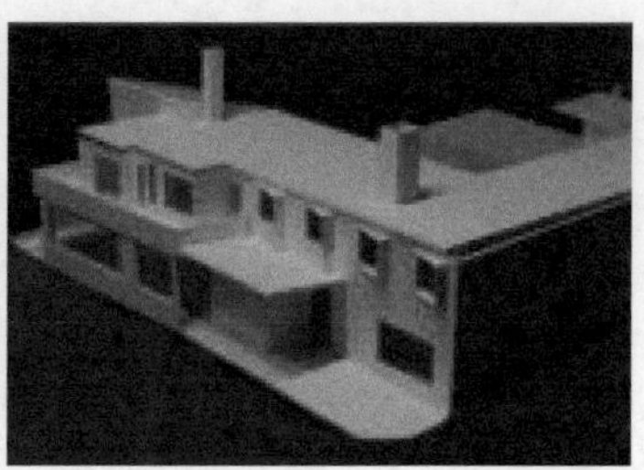

无关联的信息则容易被忘记。发现事物间的某种结构与联系，有助于我们形成记忆。上个课题“空间初涉”为建筑空间记忆提供了一种图式的符号编码，帮助记忆。这一阶段则通过对建筑流派、建筑师、建筑与环境的关系、建筑的形式与功能、设计理念等建筑概念的了解，为建筑空间记忆网络的构建提供了更多有意义的结构联系，搭起建筑空间长时记忆的网络支架，为将来的学习记忆提供潜能。空间表达不仅包括语言文字、图纸模型的表达，还包括将头脑中的文字意向用建筑空间来实现的过程，比如头脑中想要一个庄严的建筑空间，就需要用建筑空间表达能力来实现，可能是通过中心对称，可能是通过古典的立面。通过分析优秀的建筑作品，可以学习这种建筑空间表达能力，这也是形成建筑空间设计思维的重要组成部分。

3.3.2　课题内容

1. 教学目标

“建筑名作赏析”除了巩固建筑分析与表达等技能外，希望学生学习了解建筑领域的整体学术环境，包括建筑流派、建筑大师和经典建筑作品。并通过全面地研究学习经典作品，初步体会建筑设计中需要关注的问题，如设计者是如何通过作品体现设计理念、建筑的形式与功能的关系、建筑与环境的关系、自然与人文的关系、建筑构成要素等。对于建筑设计前期可能需要的环节和技能，之前侧重训练实地的调研和分析能力，本次则侧重训练通过多种途径收集资料、整理并分析资料的能力，这两项都是建筑学生应具备的技能。另外，这一课题还安排了关于建筑设计图纸排版的讲座，让学生在第一学期已经感受过排版的基础上，再次学习相关技巧，更易接受消化。

2. 教学过程

这个课程是第二学期的第一个课题，共6周时间，除去常规的开题与最终总结点评，这个训练分为两个阶段：建筑流派与建筑大师相关资料的通读与选择、经典建筑案例的解读与表达。

1）通读与选择

这部分是课题前两周完成，要求 3 ～ 4 名学生为一个小组，通过多种途径收集、整理并通读资料，学习和了解建筑流派和建筑大师，然后选取某个建筑师的一系列作品或者某种建筑风格流派的经典建筑进行通读，也可以选择不同建筑师进行对比，最终小组合作一个带有主题的演示文件来介绍选择的内容，如选择某个建筑师，可包括建筑师生平、设计理念、代表作品及作品的分析等，如选择某个建筑流派，可包括建筑风格流派的缘起、发展、特点及代表人物和作品等。在第四次课上进行汇报，每组 15 分钟时间。这部分需要收集查阅的内容较多，以小组合作的方式进行，资料共享，可以提高效率，同时培养学生多人合作的工作习惯。

2）解读与表达

在完成上一阶段后，学生对建筑流派和建筑师有了一定的了解。这部分要求学生在自己小组研究的内容中选取一个经典建筑案例进行解读，规模不宜过大。然后需要学生进一步地收集资料，使资料尽可能详尽，应包括建筑的背景、平立剖面图、文字说明、透视图、照片等，要求资料详尽，平面图至少可以辨别房间的功能。学生将技术图纸资料按中国建筑制图规范整理绘制，然后再对其进行解读分析。

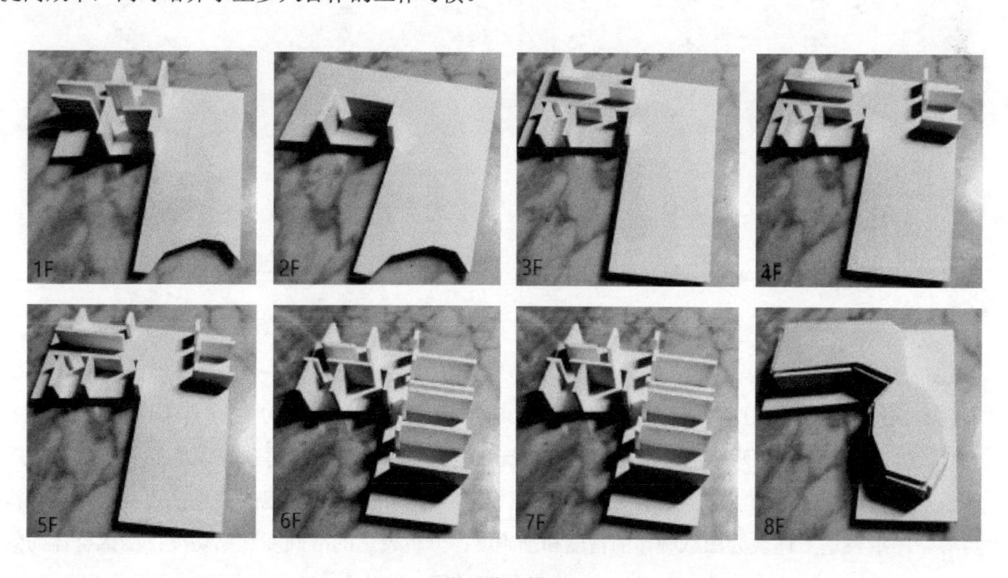

学生作品模型

解读分析是学习理解经典作品最有效的方式，也是本次作业的重点，应包含的基础分析图有：解读作品的背景（建筑师或者建筑、园林风格的整体背景）、场地分析（例如地形、周边建成环境、外部交通、景观风貌等）、功能布局分析、交通流线分析、空间组织分析、建筑主要特色分析等。还可以根据选择建筑的特点加入其他的分析图，如建筑师其他作品横向的比较分析、人体尺度分析、结构分析、立面造型分析、材质色彩分析、通风采光声学等建筑物理环境分析以及与之相关的建筑构造分析等。这期间设置了一节“怎样解读建筑：分析图的内容与绘制”课程，帮助学生准确清晰地用图示表达观点和意图。上一阶段的分析图讲座主要讲授如何用图示语言表达建筑问题和特点，侧重对现状问题的分析；这次则讲解对建筑设计产生影响的因素的分析，以及如何突出表达建筑或景观的特征，侧重对建筑设计过程和思路的分析表达。

在个人收集建筑资料阶段的前两周，也就是课题的第三、四周，学生每周要提交一张 A4 的基础作业，内容为与所选建筑名作相关的各类分析图。然后提交一次 A1 图幅的修正正图，最终提交 A1 图幅的建筑名作赏析图。图纸内容要求手绘完成，但可以将各个图纸扫描后，用电脑排版出图。

解读建筑课题教学安排时间轴

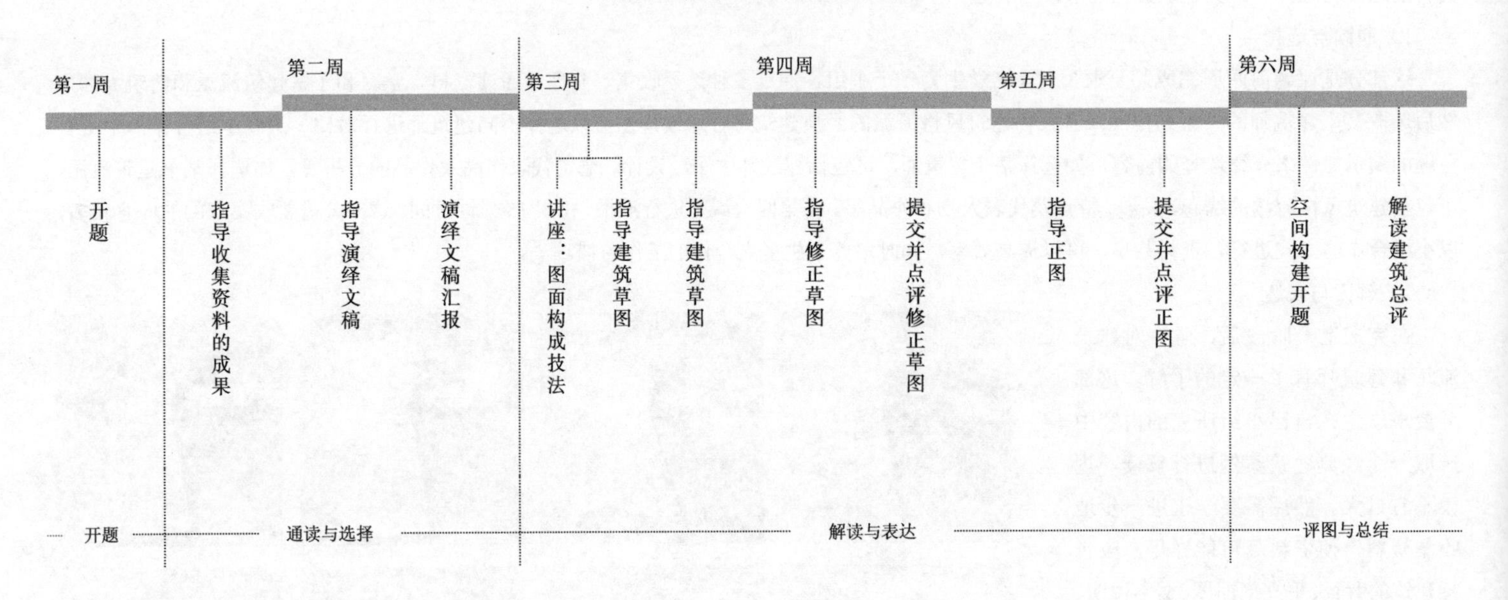

3）评图与总结

本次作业的分数由两部分组成，过程占 30%，包含基础作业（分达标与不达标）、进度控制、表达与组织能力，最终图纸成果占 70%，包含内容与表达两个部分，内容上指建筑知识的掌握程度，如对建筑风格的了解程度；是否理解了设计理念与设计作品之间的内在联系；如何认识建筑功能与形式的关系；如何认识建筑与外部空间环境的关系；还有对建筑各构成要素的认识深度，以及个人的逻辑和观点等。图纸表达上体现为图纸制作的精度和准确度；分析表达的准确度和贴切度；图纸整体的效果等。这样的评分标准避免了最终成果是唯一评价指标的弊端，让学生重视基础作业与学习过程，以及个人素养的提高和团队合作的模式。最后教师对作业整体情况进行总结点评。

3.3.3　教学要点

本课题的教学要点为解读、分析、评论。

1. 解读

了解建筑大师们的建筑思想，解读他们的作品、建筑特点、设计手法等，能帮助学生建立一个基本的建筑观。课程让学生通过多种途径收集、整理文献资料，学习和了解建筑流派和建筑大师，然后选取某个建筑师的经典作品或者某种建筑风格流派的经典建筑进行解读，通过全面地研究学习经典作品，初步体会建筑设计中需要关注的各种问题。

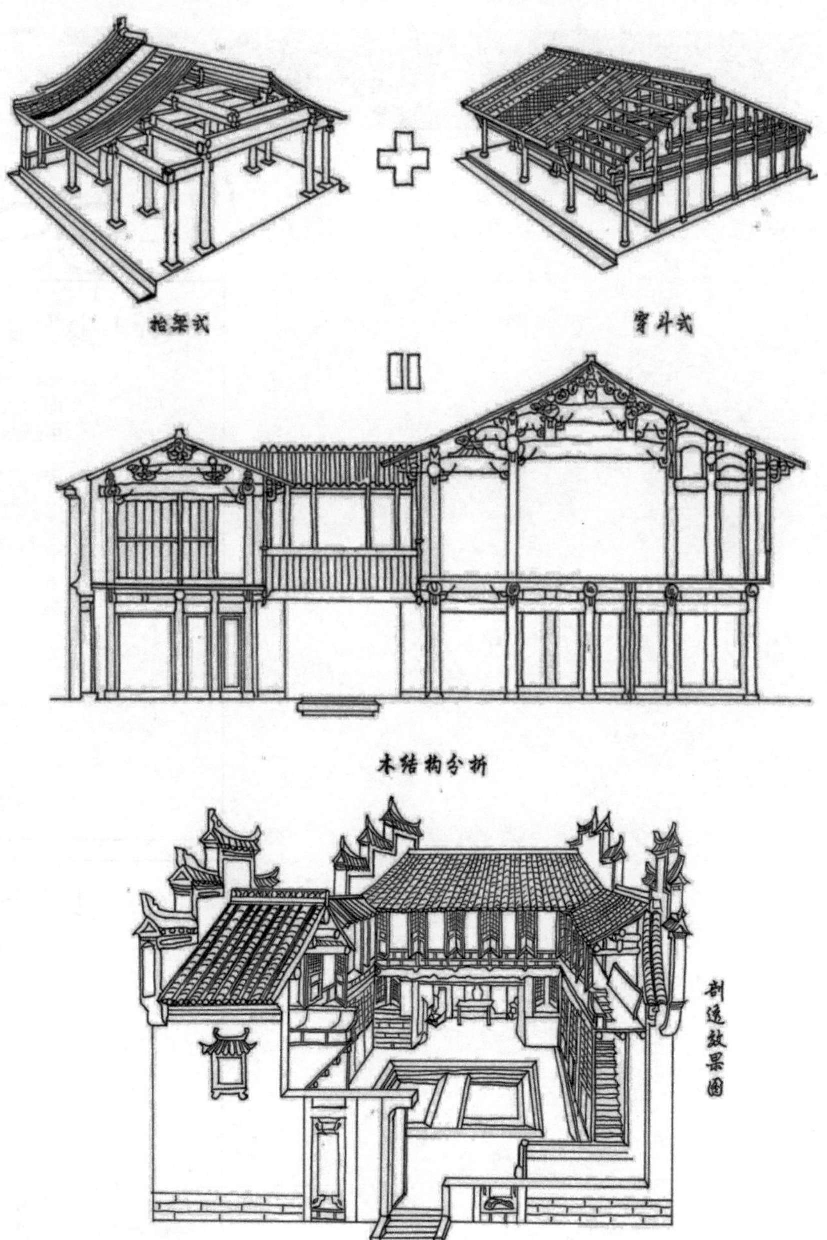

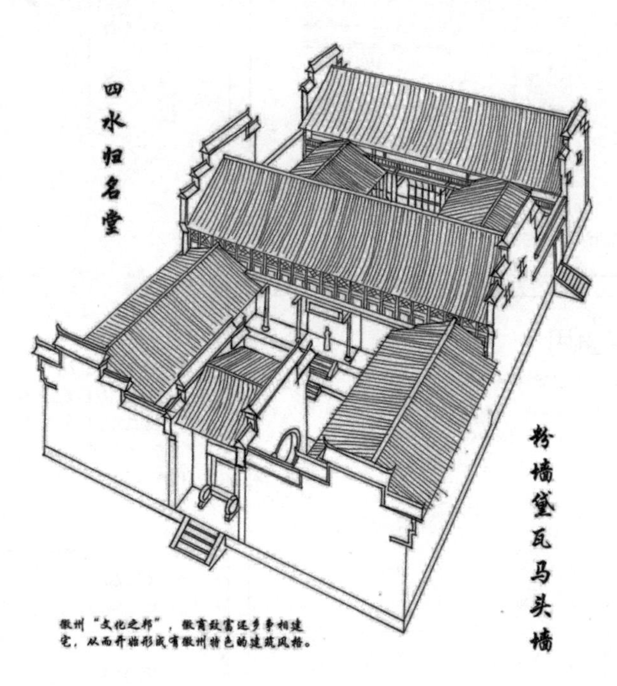

四水归名堂
粉墙黛瓦马头墙
徽州“文化之邦”，徽商致富还乡争相建宅，从而开始形成有徽州特色的建筑风格。

学生作业　对徽派民居的解读

T Farnsw

1950, b

“Less” is more “少”即

①“少”即流动

密斯先生出于“流动空间”设计理念，
使住宅内部固定家具与隔断极少，
住宅流线连通，通行无阻，流动性强。

范斯沃斯住宅流线分析图

②“少”即通用

“全面（universal）空间”理念又称“通用空间”，
在巴萨罗纳德国馆中已得到了大胆的实践。
除功能核外，其余空间并无固定划分，
改变家具设施即可改变其功能，灵活通用。

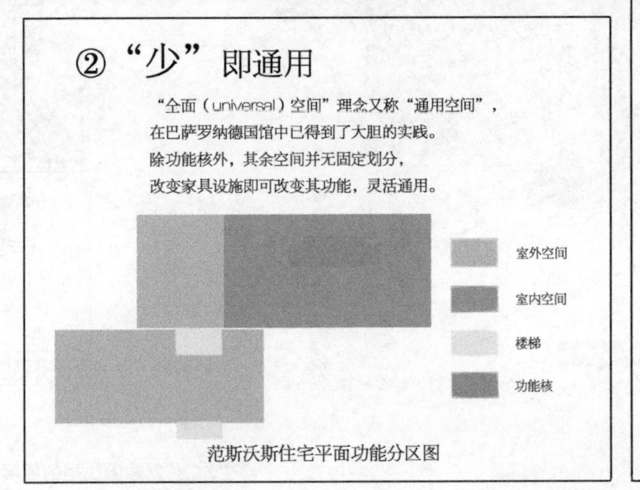

范斯沃斯住宅平面功能分区图

③“少”即

出于简化形式的目的，住
密斯先生对住宅的结构做
如使用白色工字钢架与

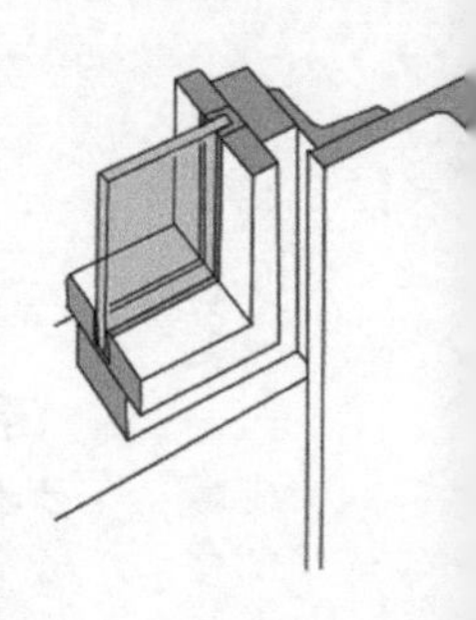

直线连

再有，将楼梯以T型支柱悬空
采用大理石材料覆盖平台表层
可以说是为了构造“少”的视
而将“多”的努力
隐藏在了不易见的位置。

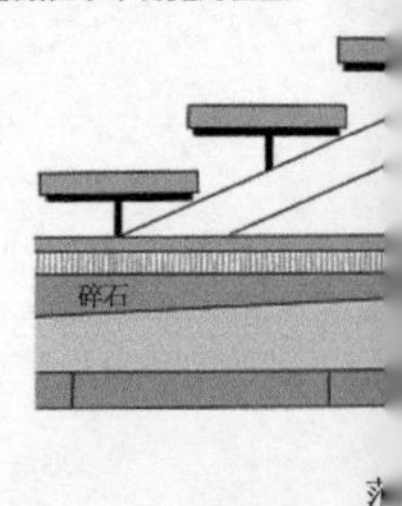

学生作业 对“少”即是多的解读

h House

Mies Van der Rohe 范斯沃斯住宅

加严谨精致，才能够不破坏建筑的整体美感。

建筑的轻盈感；

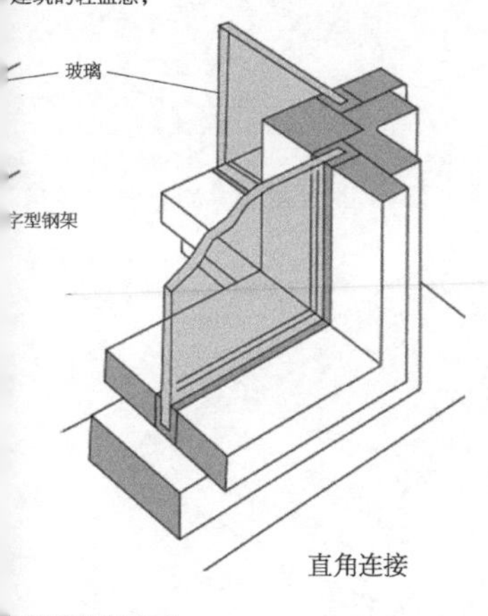

直角连接

与玻璃连接方式

性，

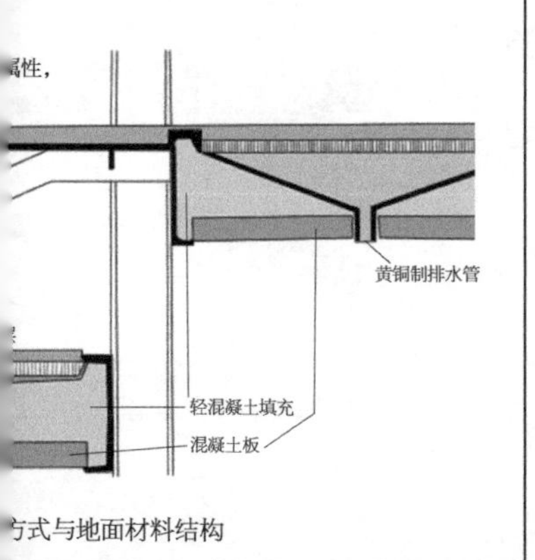

方式与地面材料结构

④ “少”即自然

极简的建筑外形与玻璃的大范围使用，使住宅与自然相融。

身处室内，
水平方向的室外风景一览无遗，
白色的支柱与透明的玻璃
宛如大自然的画框，
——至于哪个方向是画的内部，
也许范斯沃斯住宅就是画的一部分，
所以这个问题无法解答吧？

绿化
玻璃
屋顶范围
人的视线

范斯沃斯住宅视线分析图

⑤ “少”即集中

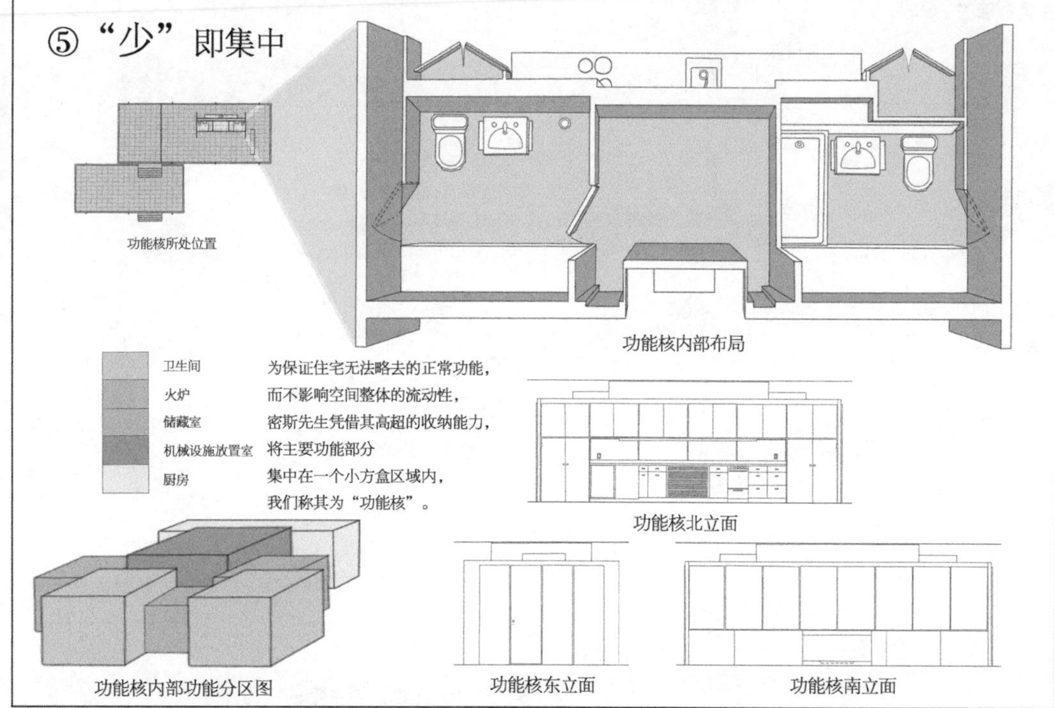

功能核所处位置

功能核内部布局

为保证住宅无法略去的正常功能，
而不影响空间整体的流动性，
密斯先生凭借其高超的收纳能力，
将主要功能部分
集中在一个小方盒区域内，
我们称其为“功能核”。

功能核北立面

功能核内部功能分区图

功能核东立面

功能核南立面

2. 分析

课程希望学生能够对建筑各种要素进行深入研究，分析它的起因、形体、空间、思想等，逐步形成对建筑的正确认识。通过对建筑空间形式、关系、限定、功能、环境、气候等相关内容的研究，学习建筑的分析技巧，并从分析中发现问题和解决问题，开拓建筑空间设计思维。

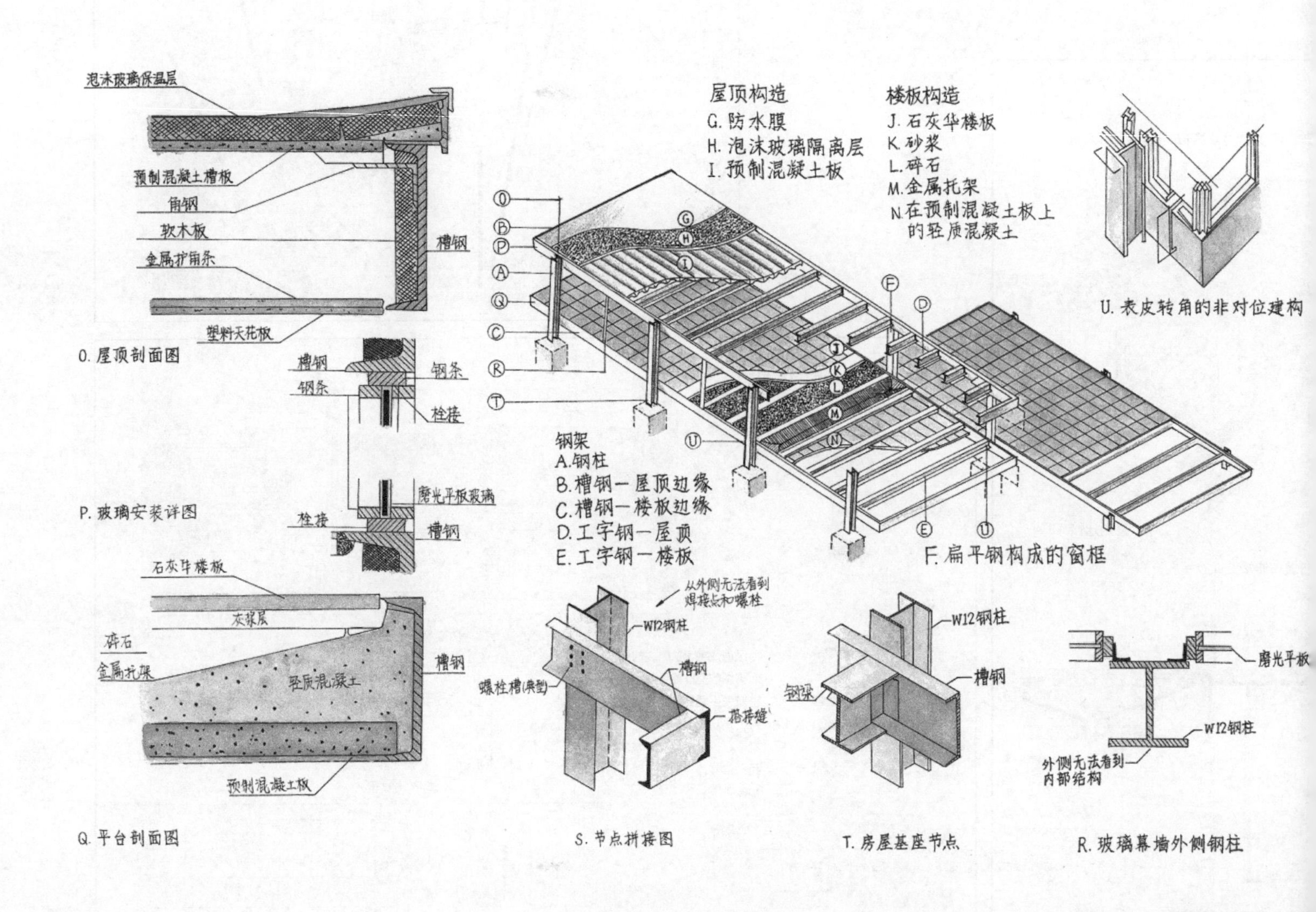

学生作业对范斯沃斯住宅的结构分析

3. 评论

建筑评论是针对具体对象的背景、思想、价值判断、驱动力等进行讨论与思辨，这有助于培养学生对建筑的基本理解与思辨能力。此课程虽然是大师名作赏析，但依旧提倡和鼓励学生对建筑作品进行批判性的思考。课程也帮助学生建立多维批评视野以及对建筑评论的理解。

学生作品模型

3.3.4 教学成果

1. 建筑师或建筑流派演示文件

这项作业中，191 名学生分为 48 个小组，有的组从流派传承发展的角度分析建筑师思想及其作品，如选择“新陈代谢派”，从菊竹清训到伊东丰雄再到妹岛和世，分析建筑思想的师承与发展关系，分析其作品。其中也包含了建筑师自身建筑思想的发展历程和前后期作品对比。更多的组专注于单一建筑师，如路易斯・康、阿尔瓦・阿尔托、勒・柯布西耶等，从生平简介、思想形成、与其他建筑师的对比、主要作品分析以及他人对其评价几个方面进行研究，对其全面了解。还有的组从某一类型的建筑出发，如住宅，分析了多个著名住宅。

通过学生制作的演示文件和汇报讲解，可以看出他们对研究内容的理解程度。学生们基本了解了建筑领域最著名的建筑流派与建筑师。并且通过公开讲解，学生们再一次学习未选择的建筑师或流派。

2. 基础作业

基础作业是在学生收集与学习资料时，对建筑名作进行分析，并用分析图表达出来的手绘作业。有的分析建筑单体，也有的选择小品景观；有的从整体分析位置环境到功能、平面和立面，也有的只分析单一问题（如通风）。角度类别不限，由学生自由选择，达到引导学生主动思考和学习的目的。右图是分数较高的部分作业。

3. 建筑名作赏析图纸

本次教学任务书本没有成果模型制作，但教学过程中加入了这一环节，学生将自己研究分析的建筑空间按比例缩小，亲手制作出来，可以更加直观地观察和验证自己分析的客观现实，有助于学生的理解和学习。在下一课题对模型的专项训练前，熟悉模型制作的方法与工具使用。所有成果为正图和模型照片排版图，正图 1 ～ 2 张，模型照片排版 1 张。共选出 54 份作业参与评优，经过教师组投票评选，最终有 10 份作业被评为优秀作业。

学生作业ppt截图

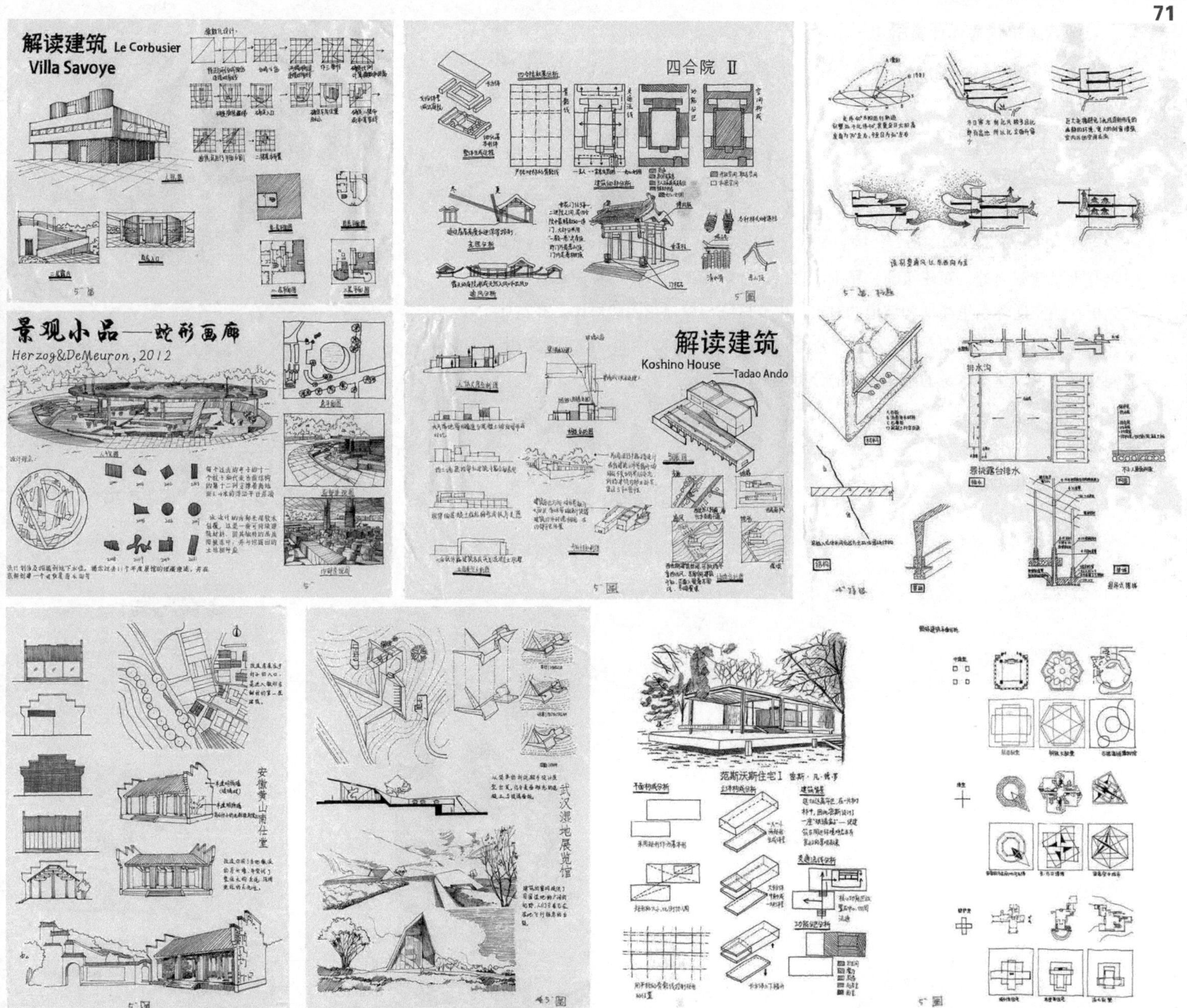
解读建筑 Le Corbusier
Villa Savoye
四合院 Ⅱ
景观小品——蛇形画廊
Herzog&DeMeuron, 2012
解读建筑
Koshino House
——Tadao Ando
排水沟
悬挑露台排水
武汉湿地展览馆

解读建筑基础作业

4. 解读建筑优秀作业赏析（一）

《解读空间——库鲁切特住宅》

作者：陈欣波

班级：2021 级建筑学 1 班

指导老师：陈昌勇

点评：图面干净，构图适宜，排版美观，表达较好。技术图纸表达较为规范，但仍有不足遗漏之处。对建筑解读精细，有自己一定的理解，在分析中进行了对比分析，如交通体系里楼梯和坡道的对比，中心庭院与屋顶花园的对比，高宽比大和高宽比小的通高空间对比。其他部分的分析也比较细致、全面，如立面作用、双向交通体系、建筑本身的结构空间的分析等。

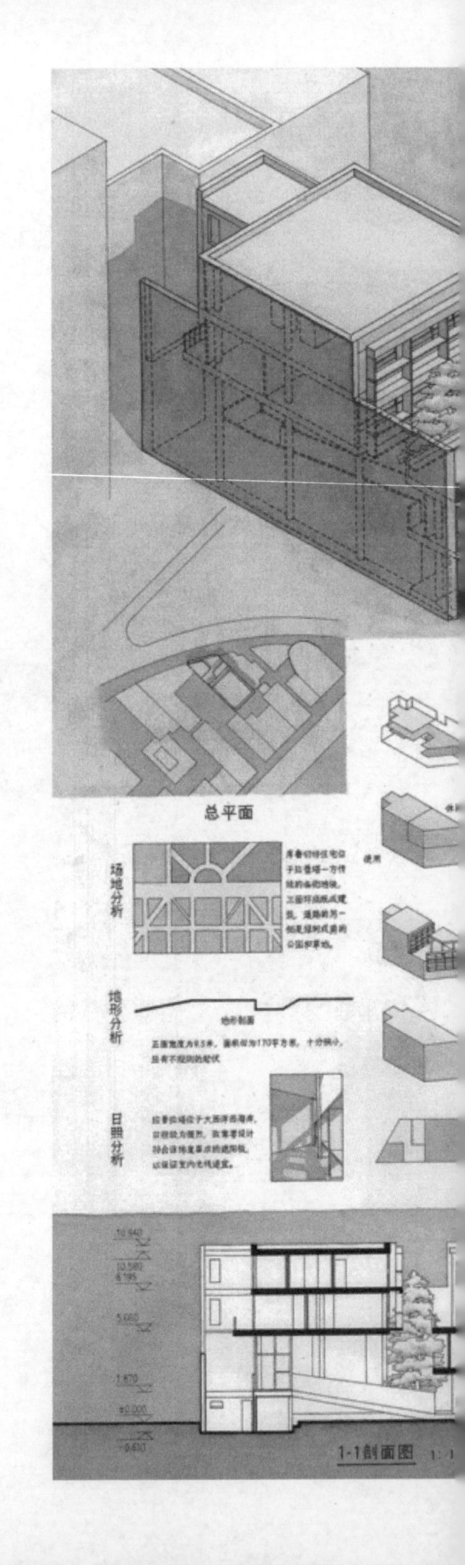

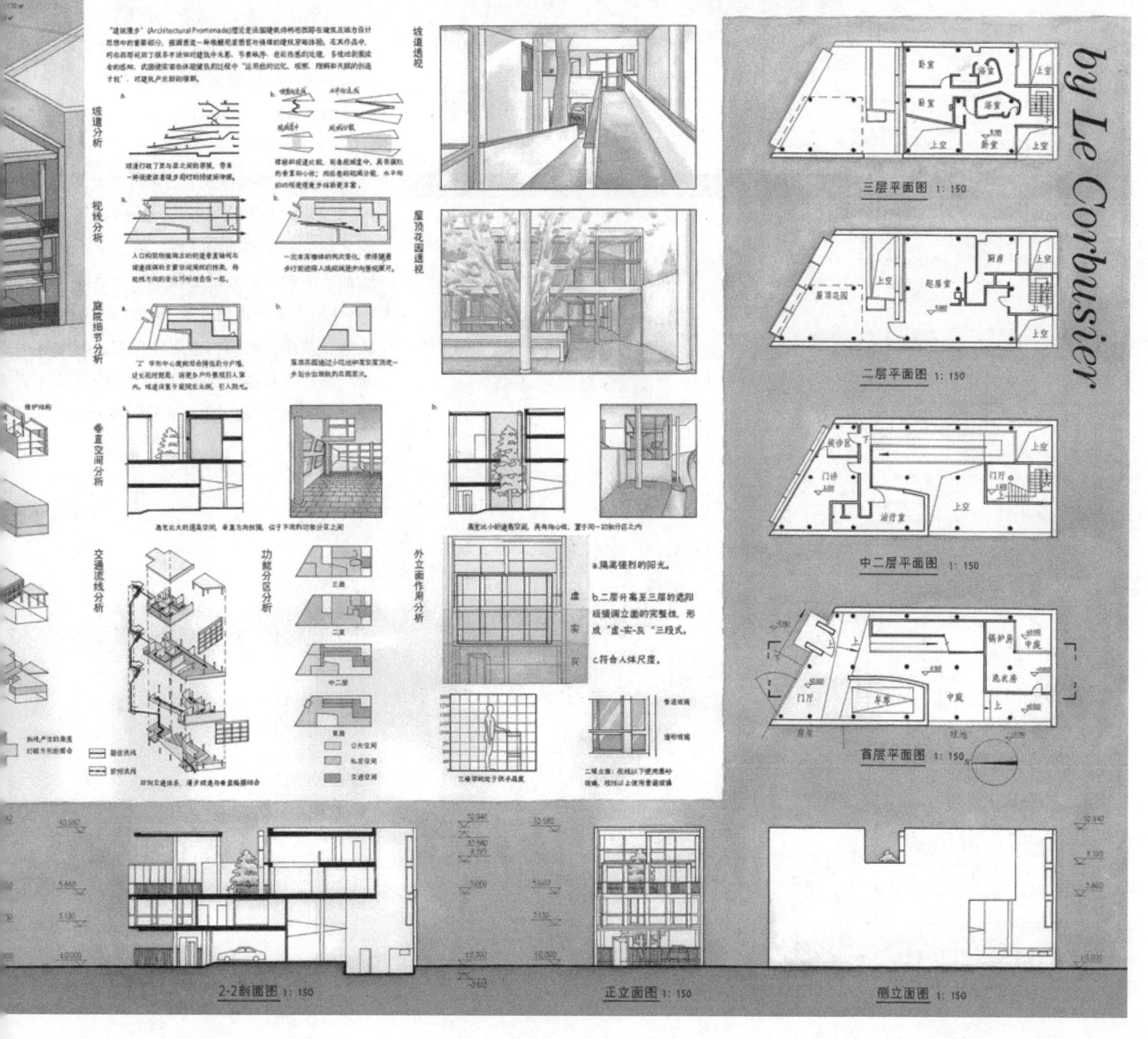
解读空间 库鲁切特住宅 Masion Curutchet
by Le Corbusier
坡道分析
坡道透视
视线分析
屋顶花园透视
庭院细节分析
垂直空间分析
交通流线分析
功能分区分析
外立面作用分析
a.隔离强烈的阳光。
b.二层升高至三层的遮阳板强调立面的完整性，形成“虚-实-灰”三段式。
c.符合人体尺度。
虚
实
灰
三层平面图 1：150
二层平面图 1：150
中二层平面图 1：150
首层平面图 1：150
2-2剖面图 1：150
正立面图 1：150
侧立面图 1：150

5. 解读建筑优秀作业赏析（二）

《解读空间——范斯沃斯住宅》

作者：牛一菲

班级：2021 级风景园林班

指导老师：郭祥

点评：图面排版及表达总体效果不错，绘图细致，上色效果好。分析内容充分，因范斯沃斯住宅的独特性，以及密斯对构造细节的把控，分析图花了不少笔墨到结构分析上，从屋顶到玻璃、幕墙，再到平台、转角及基座，将其构造研究透彻。但将范斯沃斯住宅和桂离宫进行比较有些莫名其妙，如果能给出这么比较的原因将会更好。

6. 解读建筑优秀作业赏析（三）

《解读建筑之加歇别墅》

作者：罗怡辉

班级：2021 级建筑学 2 班

指导老师：方小山

点评：排版清晰，制图规范，效果图刻画细腻，用色考究。分析内容全面，能够反映建筑设计逻辑顺序和局部设计重点问题。对建筑特色、手法、空间层次、结构体系、大样等部分有由浅入深的分析，并将加歇别墅与萨伏伊别墅串联起来，体现勒•柯布西耶的新建筑设计要素。通过简明扼要的图纸语言，清晰表达出分析的全过程。但与萨伏伊别墅的关系除了提取共同点外，有个不同点的对比会更好。

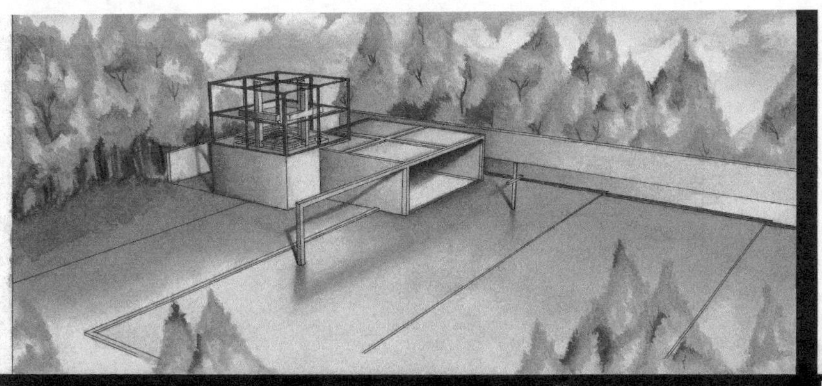

Church on the Water 水之教堂

Tomamu Hokkaido 1985-88 by--Tadao Ando

*空间处理手法

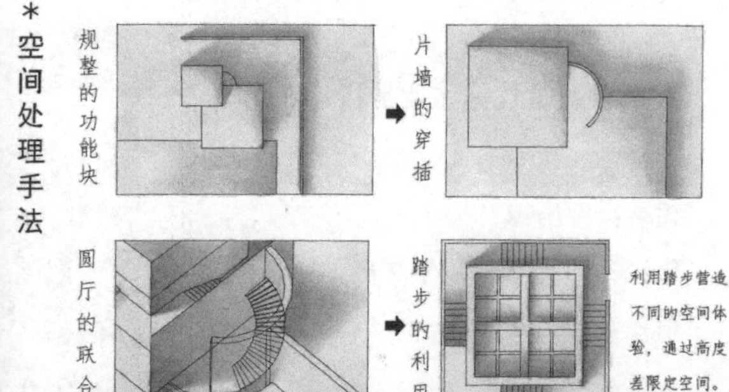

*序列高潮的塑造

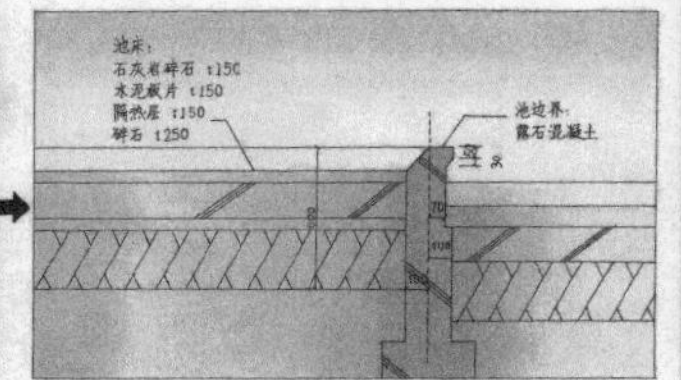

根据造景的要求，在视力所及的范围内，将好的景色组织到园林视线中来的手法，称为借景。

*池水高度经过特殊设计，水面上有一点微风都可以泛起波浪，以反映自然中"风"的存在。

*池边界存在150mm落差，以达到边界线消失的效果。

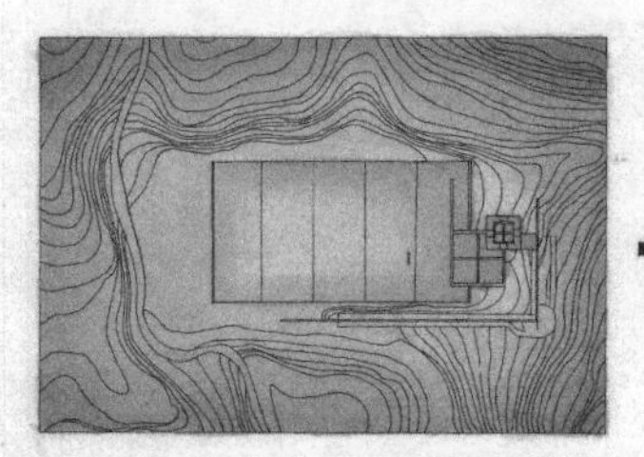

*水面为80m*50m的巨大人工池以制造浩茫之感，其与教堂东侧L形长墙的长度关系及比例的设计也有讲究。

*神域和世俗域的分隔结界，表示神域入口的一种门，称为"鸟居"。水之教堂的水上十字架和严岛神社海上鸟居有异曲同工的手法，但安藤所表达的内核与海上鸟居相同，即神圣空间与自然存在着某种联系。

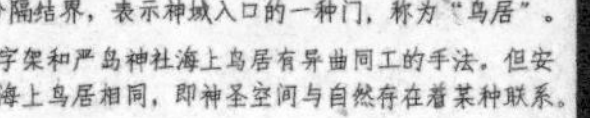

*池水每隔约15m即设计一个落差，使主礼堂内所观水面有无边无际之感。

*安藤的清水混凝土特点

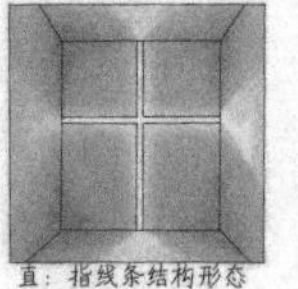

直：指线条结构形态笔直锐利，尤其是清水结构的各类阳角，要求接近手滑可以出血的状态。

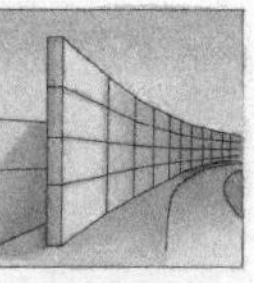

顺：指各类弧线构件，包括弧形蝉缝过度顺滑，无突变，无形态不良的部位。

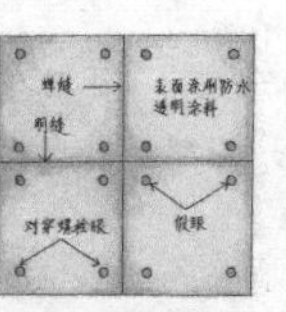

圆：指螺栓孔周边混凝土完整锐利，无漏浆导致的缺陷眼，无崩边破损。

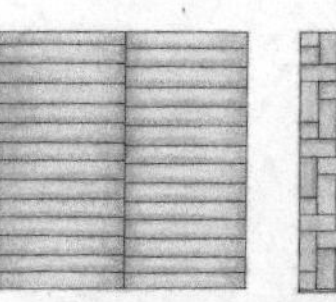

真：保持混凝土最本真的颜色和质感，接受自然形成的混凝土表面色差和斑纹。

*空间生成

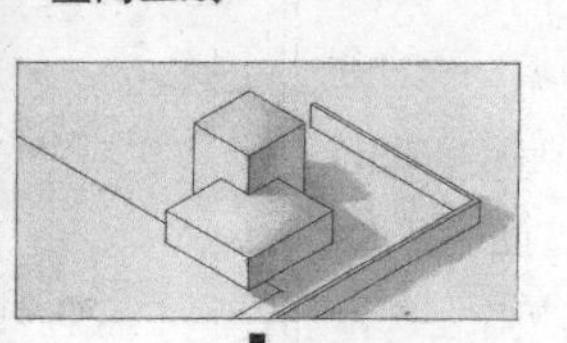

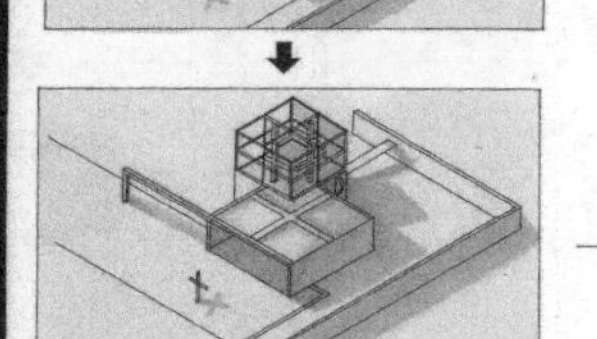

*空间分析

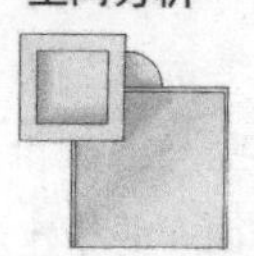

结构 加法和减法

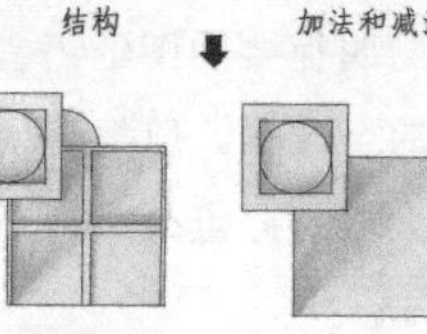

重复到独特 单元到整体

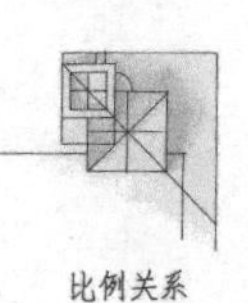

比例关系 等级关系

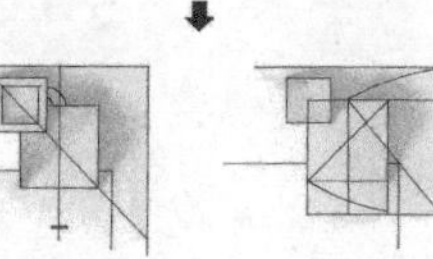

对称与均衡 几何关系

*空间区分

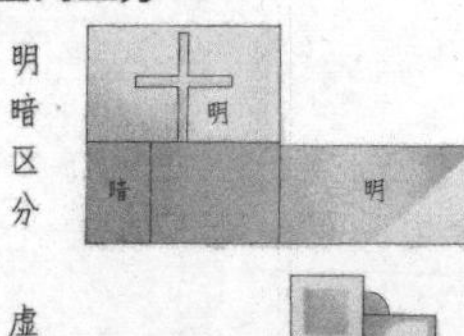

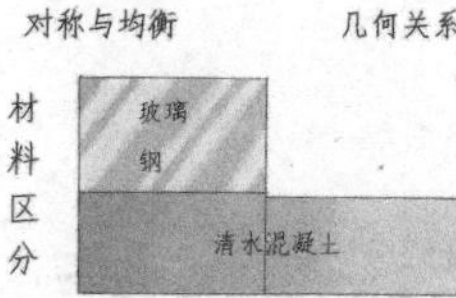

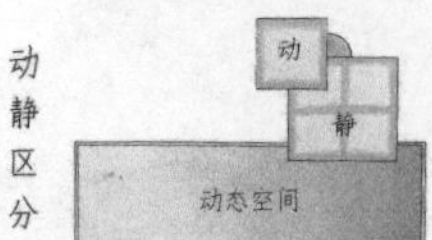

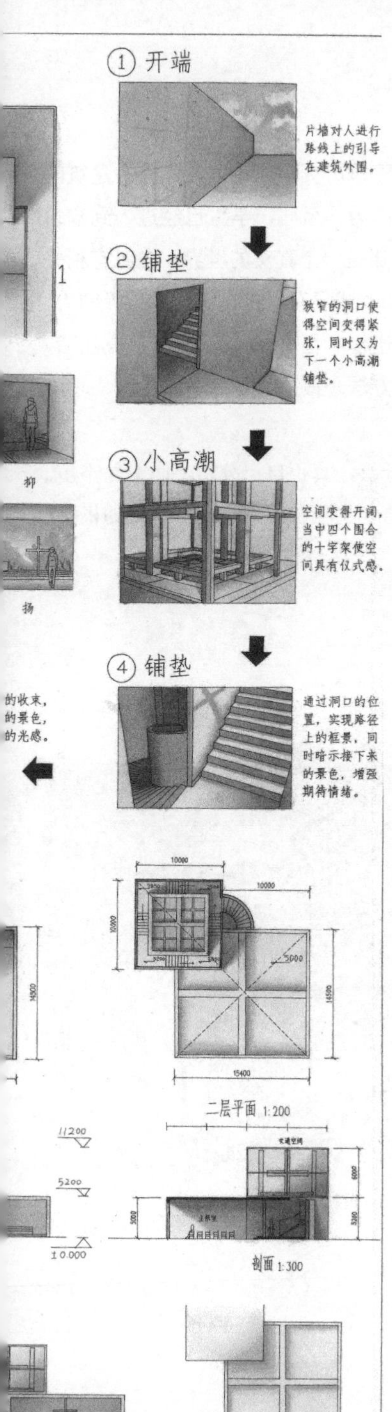

7. 解读建筑优秀作业赏析（四）

《水之教堂》

作者：谭淋雯

班级：2021 级风景园林班

指导老师：魏开

点评：图面干净，色调一致、美观，排版元素运用十字，表达优秀。分析内容全面且一目了然。对空间进行了处理手法的研究、区分方式的研究、空间序列的研究以及序列中高潮空间塑造方式的研究，并将序列空间和日本传统的海上鸟居联系起来，最后还有清水混凝土特点，分析全面透彻，体现出同学对于水之教堂的理解十分到位。但线型过于一致，致使重点不够突出。

3.3.5 课题总结

学生在上一学期刚刚走进建筑领域，初步了解建筑通用制图语言，这一阶段“空间解读”便开始对建筑历史、理论以及优秀的建筑师及作品进行学习，训练学生分析优秀建筑作品的能力，引导学生了解更广阔的建筑知识，提高建筑鉴赏能力。至此，学生已经进入到建筑设计的领域。正如勒·柯布西耶在《走向新建筑》里提到：“一件完整而成功的作品中蕴藏着许多含义，那是一个真实的世界，向所有相关的人展示它的存在。所谓相关的人就是：有资格进入这世界的人。”（海杜克，1998）学生经过这一课题训练，成了有资格进入这一世界的人。

学生的建筑空间认知结构也得到进一步发展，学生首先了解建筑流派与著名建筑师的理念与作品，构建起专业知识网的基础构架。然后，大量阅读与分析拓展了学生认知的广度，学习空间处理手法为分析建筑空间特点提供了汲取建筑营养的方法。最后，在这个过程中，学生积累了一定的空间经验，为之后的空间设计和建筑设计训练提供知识和技能支撑。

此外，由于经典建筑的分析与解读在网上随处可见，学生所做的工作多为搬运与复制，理解别人的分析，真正自己分析空间的并不多。训练容易沦为单纯的图纸绘制训练，笔者认为可以适当划定一些相对较新的优秀建筑作品供学生选择，给学生独自思考与分析错误的机会。

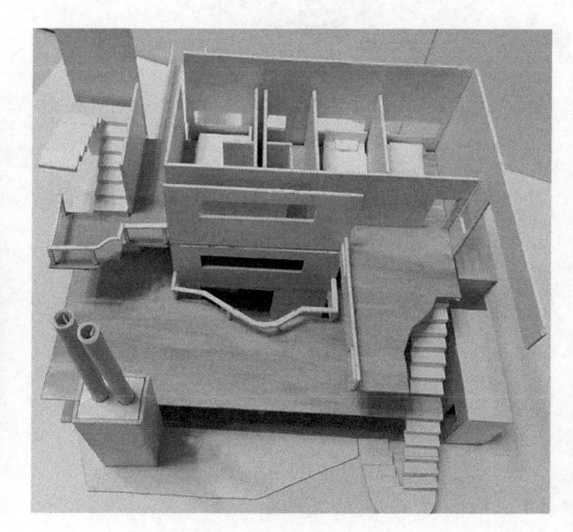

N

N
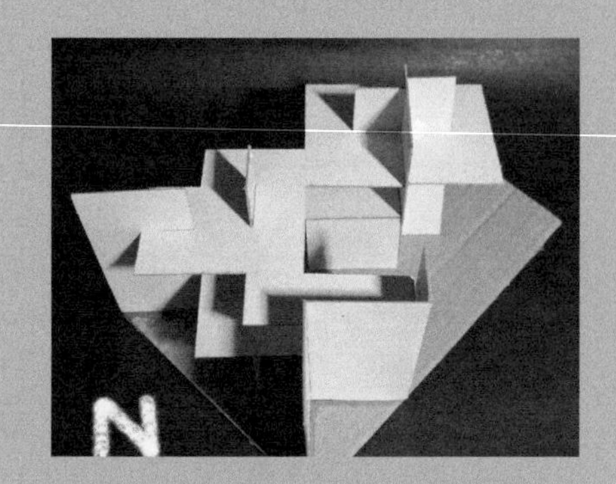
N

N
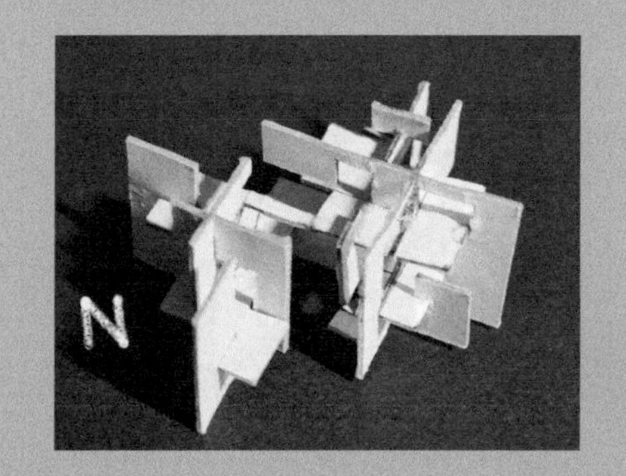
N

N

3.4 空间限定

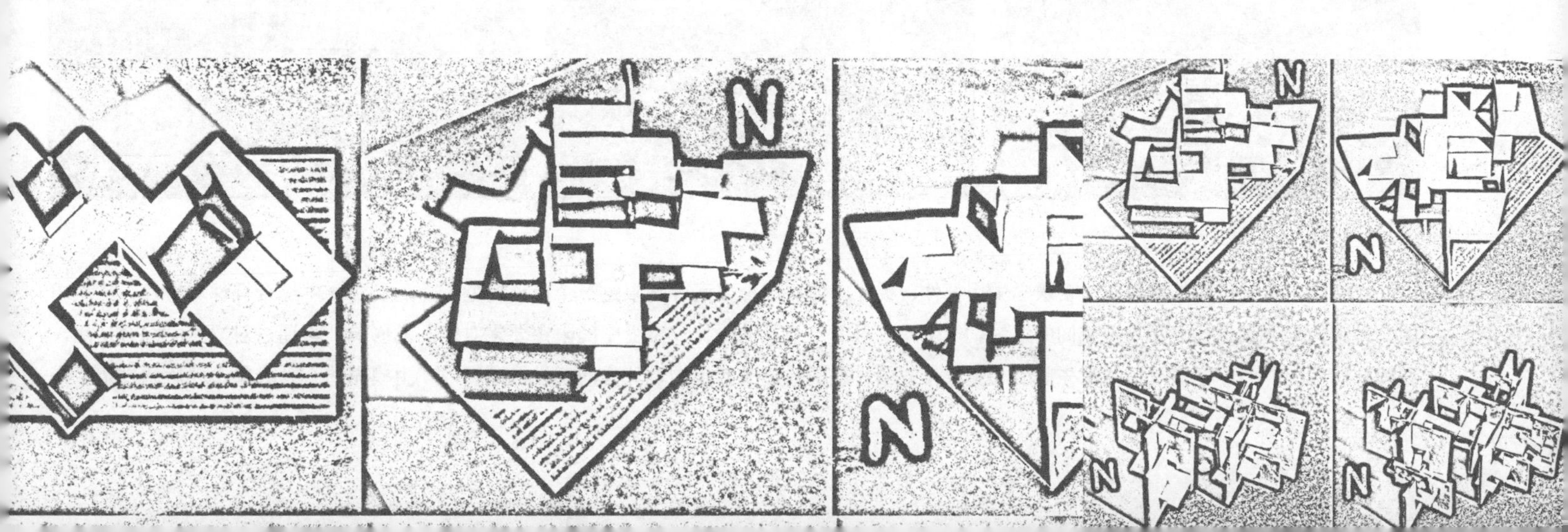

3.4.1 进阶思维

“空间限定”阶段是对空间想象能力的一种训练，是一种对建筑空间尝试性的操作，其实是一种空间“限定”。根据李洪玉和林崇德的研究（李洪玉和林崇德，2005），图形分解 / 组合能力、心理旋转能力、空间定向能力和空间意识能力都是影响空间能力的主要因素，属于空间想象能力的范畴。图形分解 / 组合能力指将空间中的图形单元在头脑中进行分解和组合的能力；心理旋转能力指在头脑中将图像旋转的能力；空间定向能力可以理解为分辨物体方向的能力，能够从多个方向认出物体，或想象从其他方向看该物体的样子；空间意识能力指具有空间概念，看二维表达的立体图像时可以产生立体图形的意识。这些能力都与建筑设计息息相关，对应到建筑空间设计思维能力，可以分别理解为将建筑空间或体块等建筑元素在头脑中进行分解和组合的能力，在头脑中将建筑空间体块或建筑二维表达图形旋转的能力，分辨建筑方向的能力，看二维表达的建筑图像时可以产生建筑立体空间的意识的能力。训练以上能力的直接方法就是将头脑中想象的过程变为看得见摸得着的真实物质，通过真实的感官刺激，形成更加清晰的心理图像，有助于以后类似的心理活动的顺利进行。于是，在两个训练阶段的图纸表达训练后，“空间设计”阶段侧重模型操作的训练，同时学习用实体模型推敲的设计方法。

空间漫想涉及到对空间形式、空间限定等因素的理解，如包豪斯将空间限定要素归为点—线—面，发展为模型操作后，大多数训练采用杆件—板片作为限定要素，作为建筑柱、板、墙的抽象构件。本课题借鉴香港中文大学的空间建构方法，采用杆件、板片、体块三种要素协助学生完成空间想象的探索，通过模型制作的训练方法，将空间的想象探索转化为物质实体的推敲，进行空间限定与组织的训练。

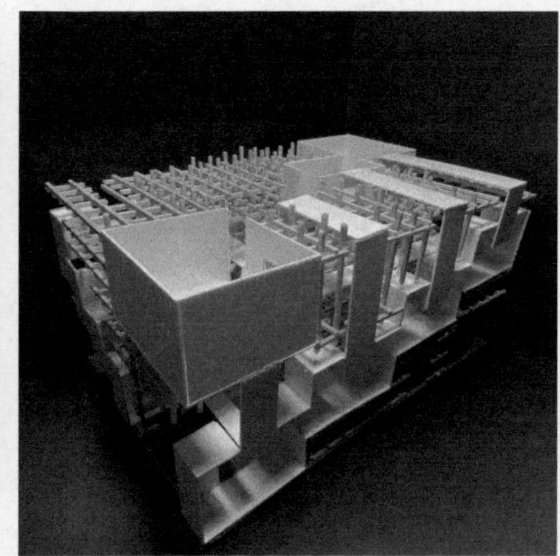

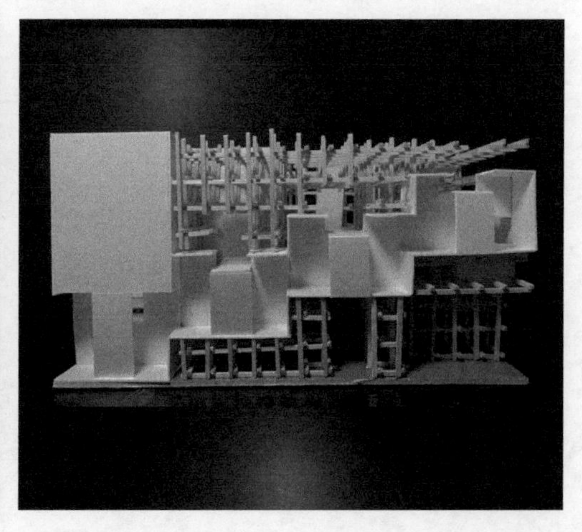

“空间限定与组织”课题首先要求学生用杆件、板片、体块三种要素分别限定一个单层模型。然后要求学生综合杆件、板片、体块中的一种或两种要素进行立体展览空间的组织。学生通过对单一要素的操作，感受空间限定要素对空间的影响，再通过对要素的综合运用，训练空间组织能力。学生可能参考先前的经验或作业图片等资料形成初步的设计方向或设计逻辑，产生模糊的心理表象，然后通过亲手搭建模型，逐步将脑海中的模糊方案具象化，在这个过程中会不断产生新的想法，并进行新的实践，直到实体模型基本与心理预期重合。这个过程中，真实的物理环境空间和学生大脑中想象的空间不断地进行信息交流，脑海中对模型的组合、分解、旋转等操作可以迅速得到验证，十分有助于空间想象能力的提高。本次限定之后为空间设计，设计遵循一定的逻辑，寻找设计的空间原型，并要考虑人体尺度，可见是在建筑空间功能尺度的基础上训练空间想象力。最后，学生为空间模型赋予特定的展示功能和材质，提出展示概念。弱化流线和辅助功能，忽略栏杆等细节，达到训练空间限定与组织的目的。

“空间限定”课题与下一课题微型美术馆“空间设计”是一个连贯的长题。微型美术馆的“空间设计”是在“空间限定”提出的空间原型的基础进行延续性的设计。两题目要求做 9 个模型，“空间限定”的模型为 M1 ～ M6，“空间设计”的模型为 M7 ～ M9。

3.4.2　课题内容

1. 教学目标

“空间限定与组织”课题希望学生感受空间限定要素与空间感受的关系，理解不同要素形成的空间特性。掌握遵循一定逻辑来组织空间的方法，理解空间原型在空间形式中的逻辑。将脑海中的空间漫想通过杆件、板片、体块的组合来实现，训练通过模型来推敲设计的方法。

空间限定与组织教学安排时间轴

第二学期

第六周
开题
讲座：空间美学和构成方法
解读建筑总评
单层空间训练分组讨论
第七周
提交单层模型M1、M2、M3
讲座：模型表达与呈现
立体空间漫想分组指导
第八周
提交立体空间模型 M4-1
立体空间漫想分组指导
第九周
提交立体空间模型 M4-2
老师换组评模型
中期年级点评（单层、立体）
立体空间知觉分组指导
第十周
提交立体空间模型M5
正模制作、正图绘制
第十一周
正模制作、正图绘制
正模制作、正图绘制
第十二周
提交正模M6、正图T1 并推优
第十三周
年级作业讲评

开题　单层空间训练　立体空间漫想　立体空间知觉　正模与正图　结题

2. 教学过程

此课题共 6.5 周，通过一系列连贯模型的制作和演变来训练的，开题之后，经过单层空间训练、立体空间漫想、立体空间知觉三个逐渐深化的阶段，确定最终模型，然后完成正模和正图。总共提交 7 个模型与 1 张图纸，图纸以展示模型照片为主。

1）开题与讲座

开题介绍课程整体安排，让学生大致了解教学目的与过程，开始准备模型材料。由于此时的学生普遍存在缺乏艺术素养训练的情况，于是安排“空间美学与构成方法”讲座，引导学生走进美学的世界，了解传统构成教学及构成方法，也明确本次训练的特点。

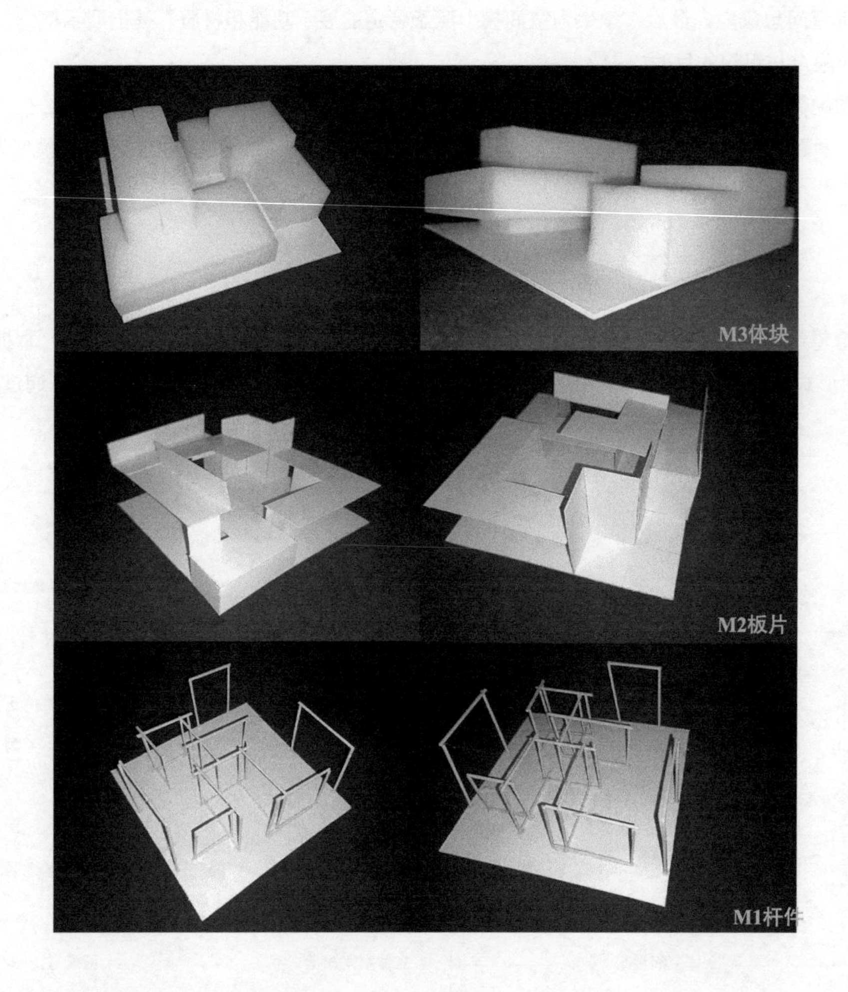

2）单层空间训练

要求学生分别用杆件、板片和体块手工制作一个 16 m×16 m×6 m，1 ∶ 100 的单层模型，即 M1、M2、M3，材质不限，希望学生发现单个要素在空间限定上的特点，将要素用于空间限定，感受不同要素对空间限定的影响。例如：杆件限定的空间具有通透性，限定效果相对较弱；板片限定引导空间方向，形成界面；体块形成明显的内外空间。“需要避免学生去做形态而不是做空间”。题目尺度和比例的设置隐含了建筑空间尺度，利于之后空间模型向建筑设计转化。

3）立体空间漫想

这一阶段“主要目的是推敲空间原型，尝试组织一个有主题的空间组合，需要避免学生去做功能而不是做空间”（本课题负责人魏开副教授口述内容）。学生可以在前三个模型的基础上，与老师共同选出有发展潜力的 1 ～ 2 个模型进行综合和深化，选用杆件、板片、体块中的 1 ～ 2 种要素，设计制作立体空间展览的抽象模型 M4，为了避免学生陷入功能的布置，不强调展览流线和辅助功能，可暂时不考虑展品与流线，更不考虑入口、楼梯、卫生间等，但注重空间的形态逻辑，需要考虑人体尺度，不能做纯粹的构成模型。模型边界限制为 16 m×24 m×9 m，比例尺为 1 ： 100，如按 3 m 层高计算，为三层。

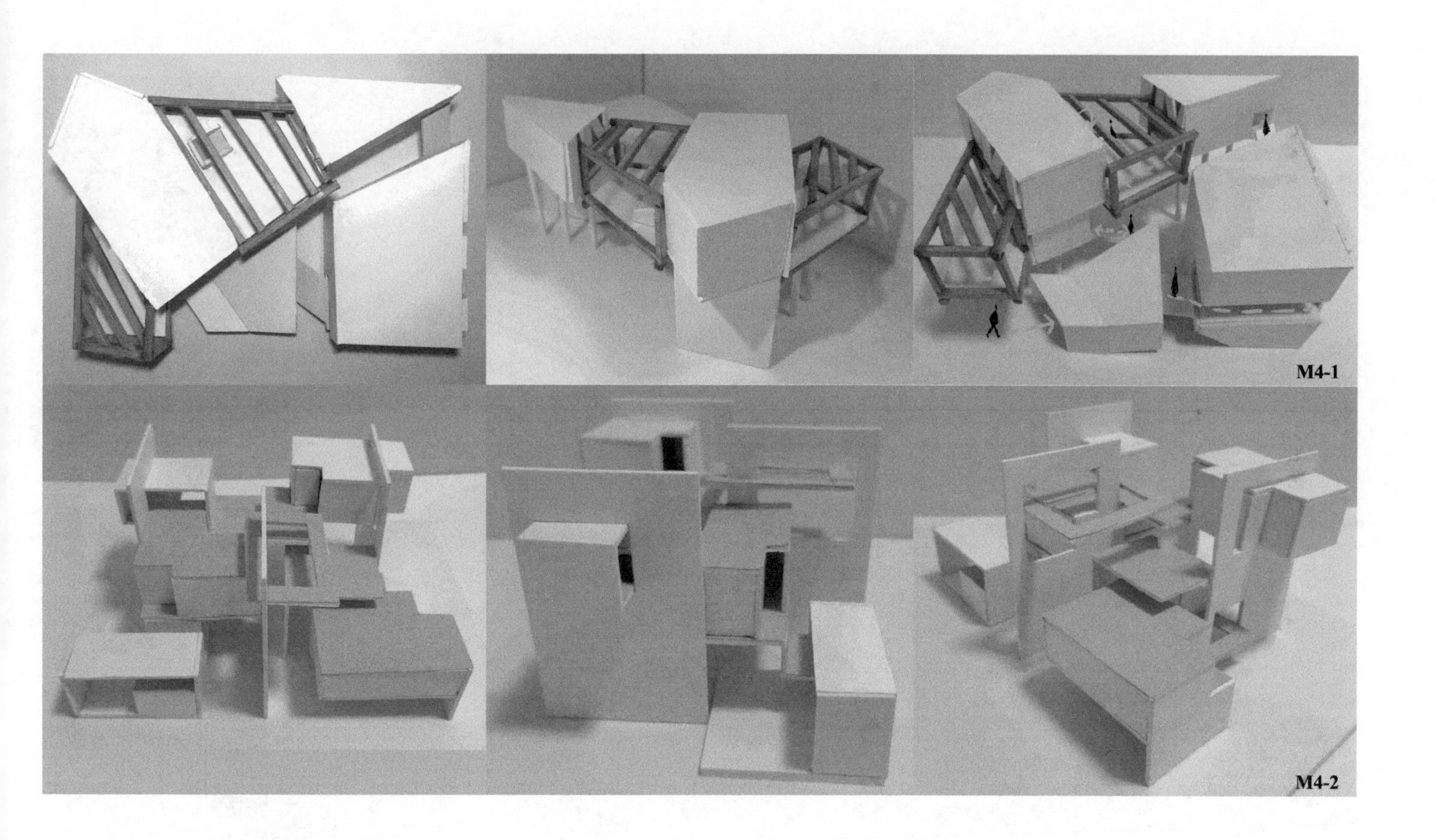

4）立体空间知觉

前面是对空间限定要素影响空间形态的训练，制作的是包含建筑尺度的类似空间构成的模型，主要寻找空间的主题；这一阶段为主题空间推敲细节，将主题进一步落实。将模型赋予材质，达到强化空间特性的目的，协助观者理解空间。材质不宜过多，建议不超过 3 种，门、窗抽象为洞口，可以没有明确合理的流线，但开始强调“展示”，依然看重最终形成的空间。这一阶段应完成过程模型 M5，大小比例与 M4 相同。

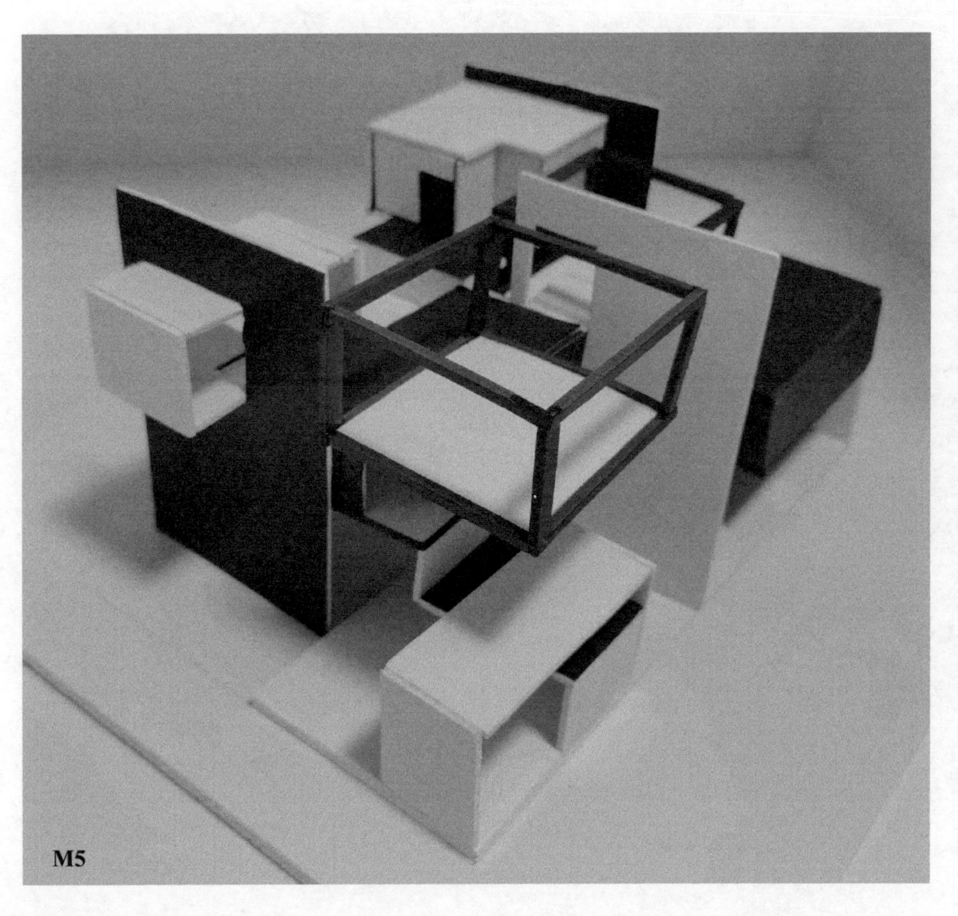
M5

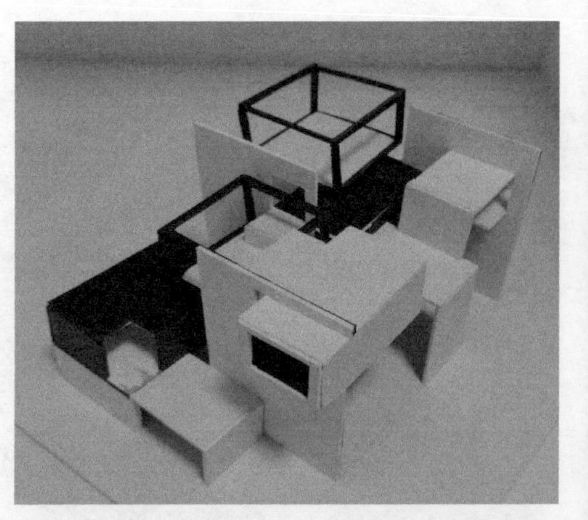

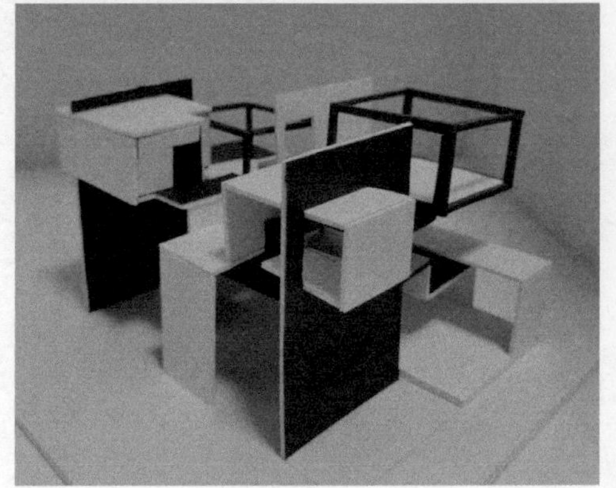

5）正模与正图

提交正模与正图，正模同样是 16 m× 24 m×9 m，1 ∶ 100，正图要求 A1 图纸，包含正模照片（内部和外部）、过程模型照片、轴测图与重要截面图四个，其中模型照片需占一半以上版面。提交后当堂进行合组评审，并在美术馆开题后进行年级总结讲评。

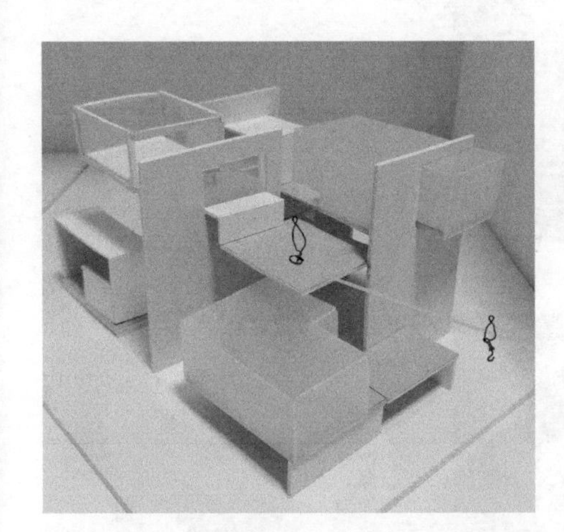

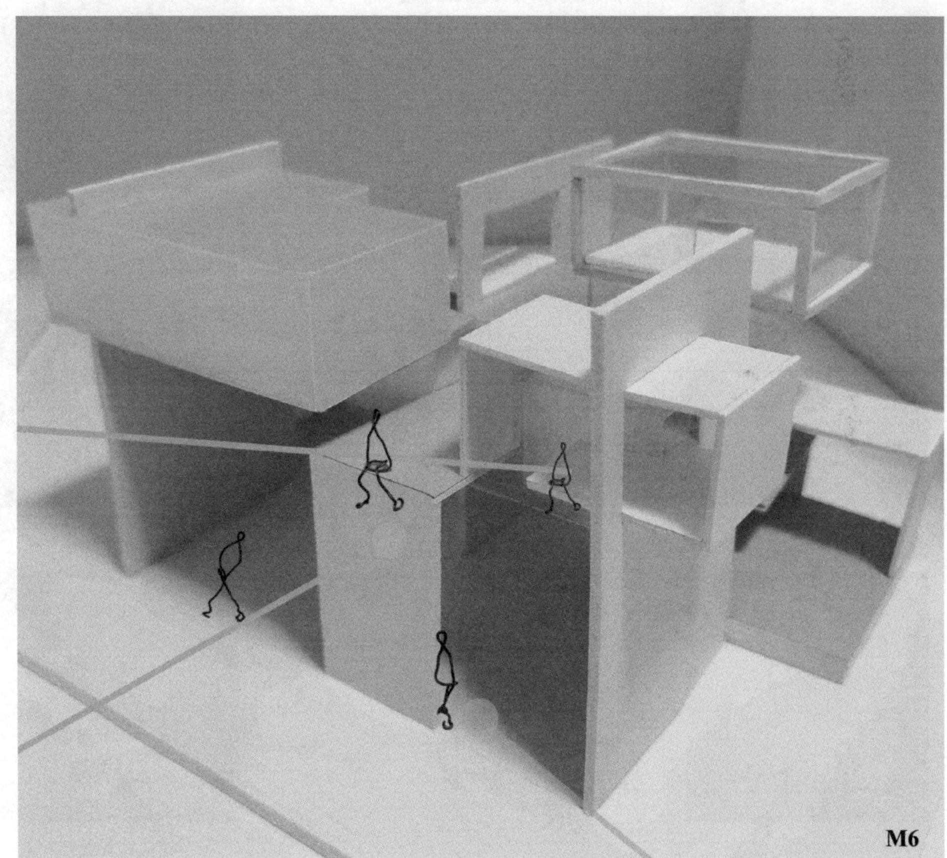

M6

3. 延展讨论

教师组在课题开始前多次对此课题进行讨论，商讨课题设置细节的边界条件，配合助教的试作，逐步确定每步训练如何达到训练目的，并将空间训练逐步发展为建筑设计。

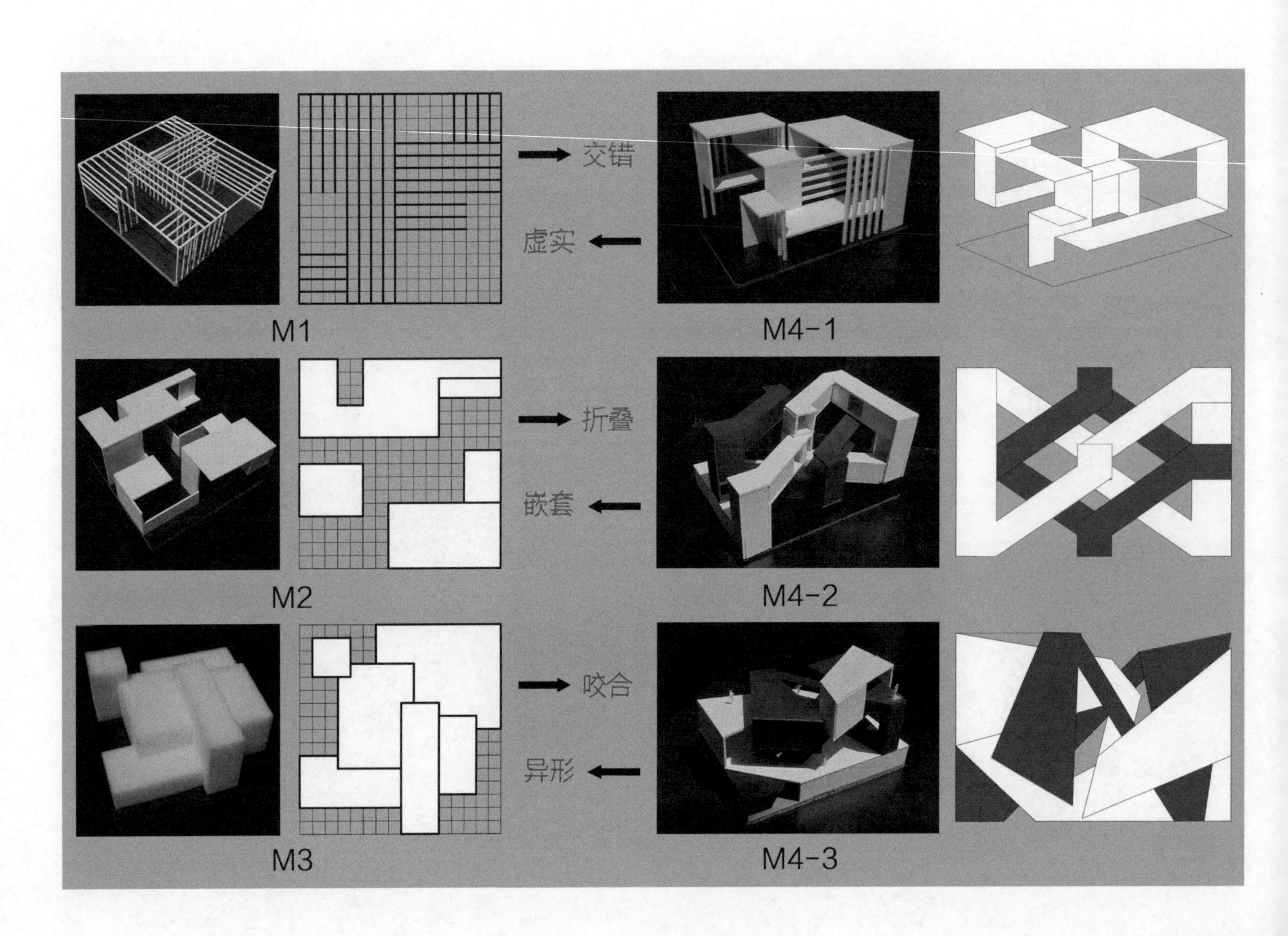

1）区分空间设计与立体构成

这个训练是由构成训练发展而来的，但构成训练是针对物的训练，看重实体造型。与建筑的关系还有一定距离。课题期望达到类似构成训练的造型训练目的，与立体构成训练相比，这个模型更加强调对空间的操作，希望更多地与建筑空间的特性结合，使构成训练适应建筑专业的调整。以往训练为平面构成到立体构成，体块到空间，有由实到虚的过程。本次课题希望学生不从构成形态出发，改变思路，直接从空间出发，在平面划分与空间限定时应用构成的方法。所以从M1到M3单项要素的训练开始，就与以往的平面构成或立体构成有区别，限定了单层空间，并且限定了高度，始终与人体尺度有所关联，这也就是为什么开始就设定了模型比例。在空间训练中加入人体尺度的概念，有助于学生理解空间构建与建筑设计的关系。

2）循序渐进的过程界定

课题训练希望学生有序地按步骤完成空间组织，由单层简单空间的探讨，到接近建筑空间的组织。所以教师组提前商讨，尽可能明确每个阶段训练内容与目的，从而体现空间步步深化的过程，避免学生迷茫或教师要求不统一。教师组对每个过程模型主要目的和相邻阶段的区别进行了统一限定，M1、M2、M3为单项要素的训练，主要探索要素对空间塑造的影响，M4是设计的起点，寻找空间主题；M5为空间赋予“展示”功能，深化空间主题的同时开始解决形式与功能的关系；M6是成果模型。

3）讲座跟随任务

对于空间构成相关讲座的设置也是教师们讨论的一部分，首先此课题的平面组织、空间限定等手法与“平面构成”与“立体构成”有一定的关联，学生事先了解构成知识有利于训练的进行。但考虑到学生消化理解构成需要一定时间，仅在开始通过讲座讲解构成知识，没有手工训练的配合，可能学生不仅难以理解其中的技巧，而且容易混淆。一种办法是将构成讲座设置在课程后期，在学生进行了一定的手工操作训练后，再讲解两者区别。但是，考虑到学生应用构成中的方法进行空间设计，还是将讲座放置在开题之后，但在讲解中应说明两者不同的出发点，侧重空间限定方法的讲解。

3.4.3 教学要点

本课题的教学要点为限定、操作、模型。

1. 限定

1）杆件

M1，用杆件制作一个 16 m×16 m×6 m，1 ∶ 100 的单层模型，材质不限。希望学生发现杆件要素在空间限定上的特点，将杆件用于空间限定，感受杆件对空间限定的影响。杆件限定的空间具有通透性，限定效果相对较弱。

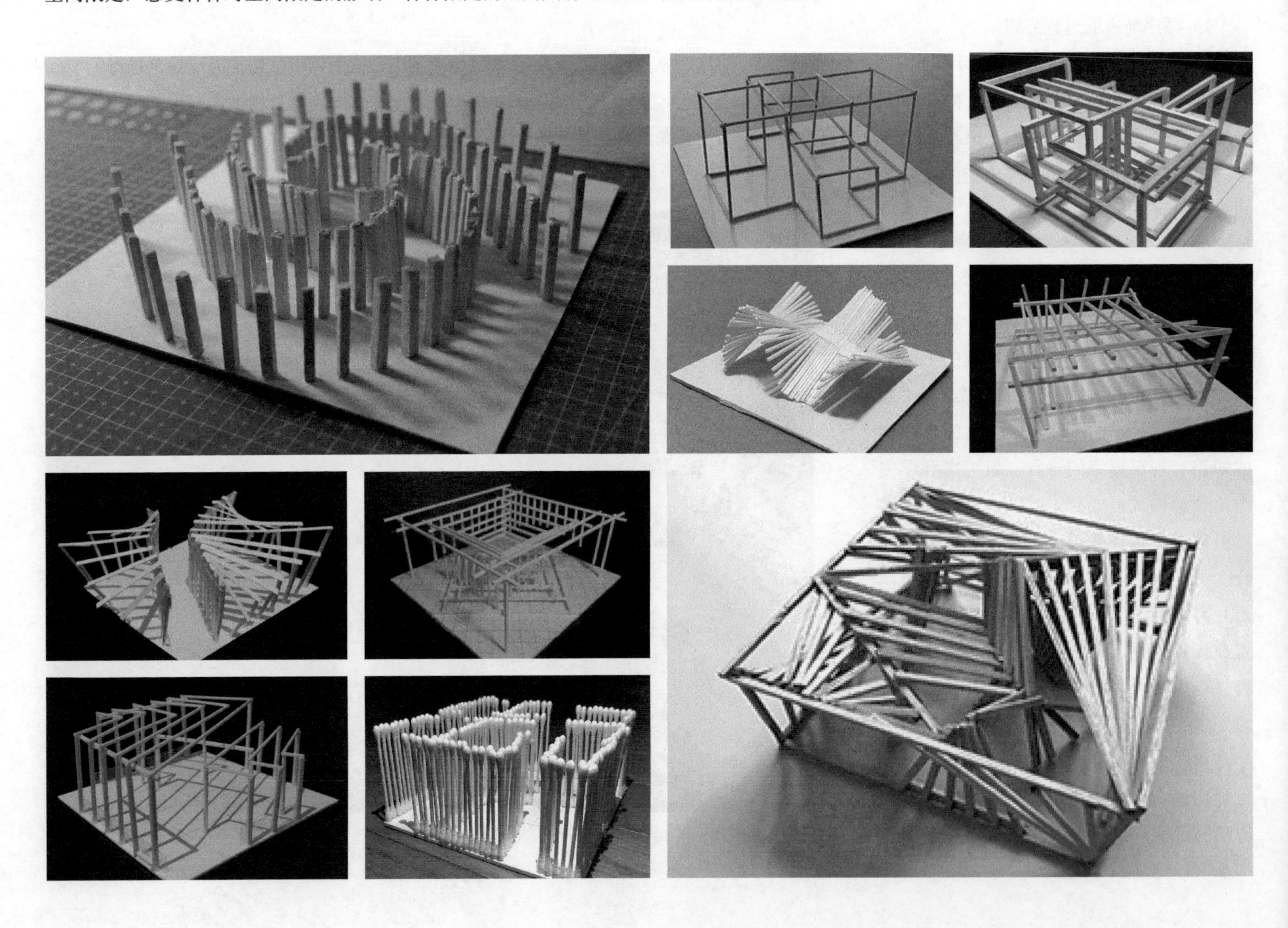

2）板片

M2，用板片制作一个 16 m×16 m×6 m，1 ∶ 100 的单层模型，材质不限。希望学生发现板片要素在空间限定上的特点，将板片用于空间限定，感受板片对空间限定的影响。板片限定引导空间方向，形成界面。

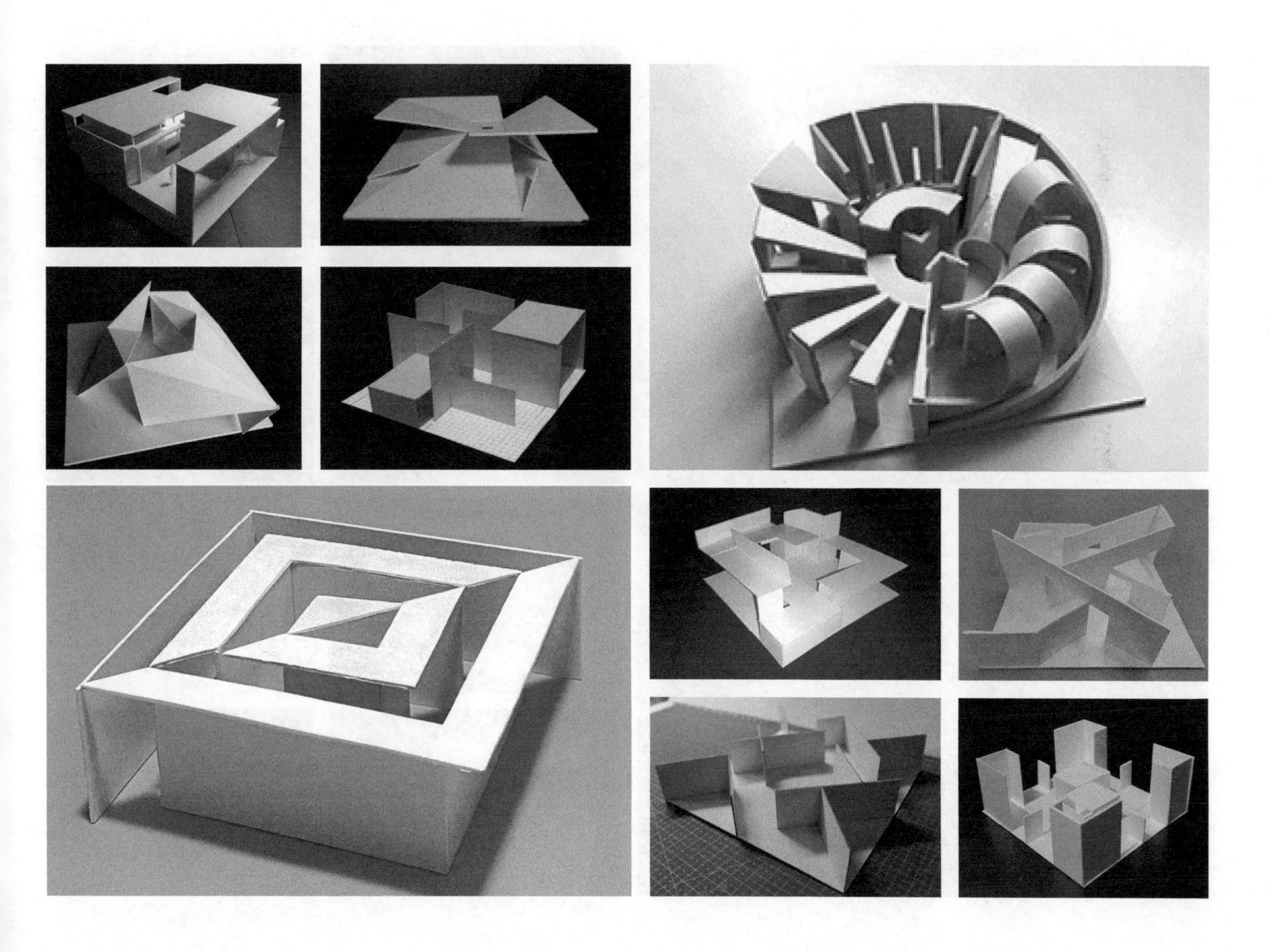

3）体块

M3，用体块制作一个 16 m×16 m×6 m，1 ∶ 100 的单层模型，材质不限。希望学生发现体块要素在空间限定上的特点，将体块用于空间限定，感受体块对空间限定的影响。体块形成明显的内外空间。

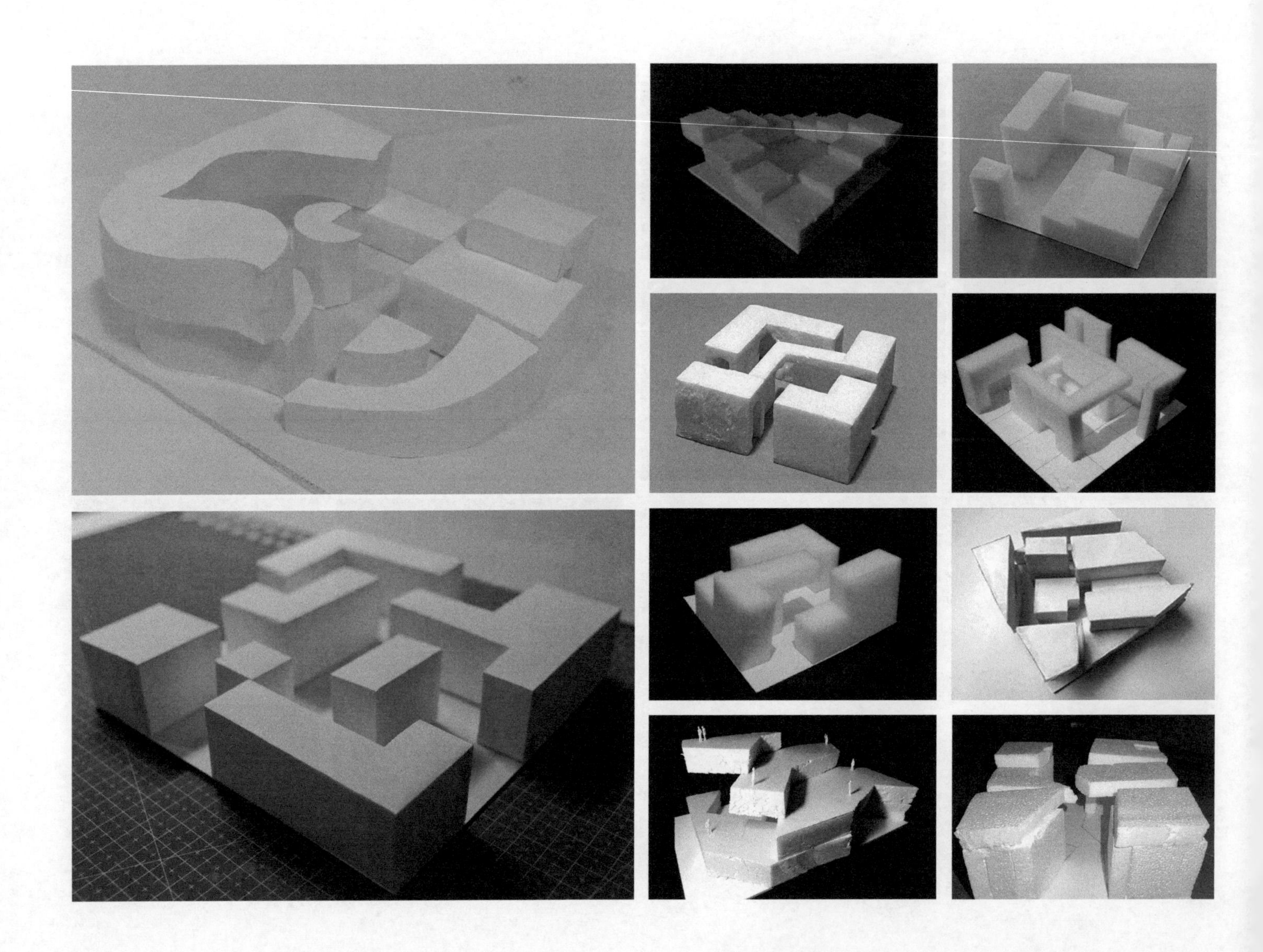

2. 操作——立体空间漫想

M4，选用杆件、板片、体块中的 1 ～ 2 种要素，制作一个 16 m×24 m×9 m，1 ∶ 100 的模型。模型高度如按 3 m 层高计算，为三层，材质不限。设计制作立体空间展览的抽象模型。这一阶段的主要目的是推敲空间原型，尝试组织一个有主题的空间组合，需要避免学生去做功能而不是做空间。

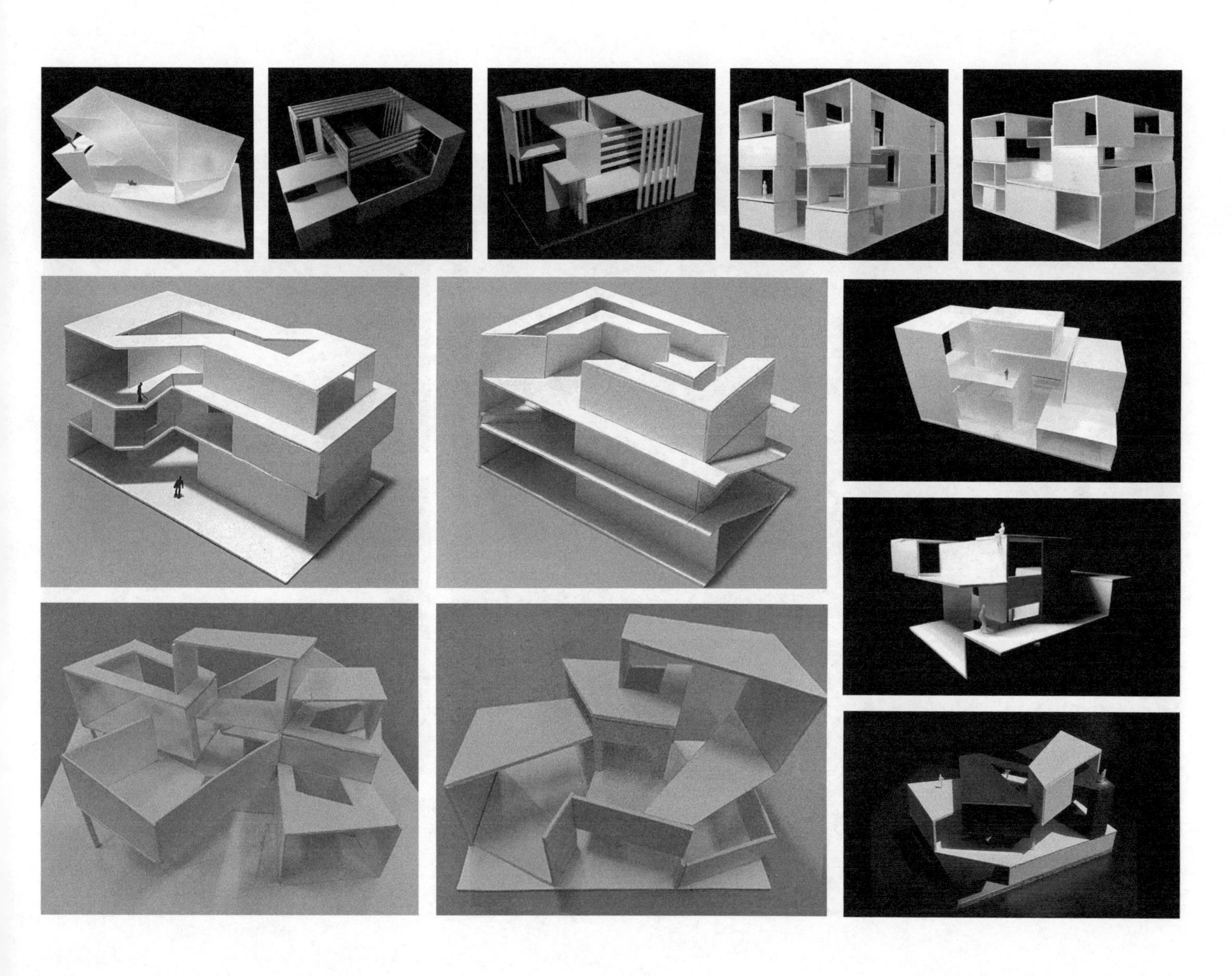

3. 模型——立体空间知觉

M5，模型边界 16 m×24 m×12 m，比例 1 ∶ 100。此阶段为发展调整，推敲细节，并赋予材质。将模型达到强化空间特性的目的，协助观者理解空间。材质不宜过多，建议不超过 3 种，门、窗抽象为洞口，可以没有明确合理的流线，但开始强调“展示”，依然看重最终形成的空间。

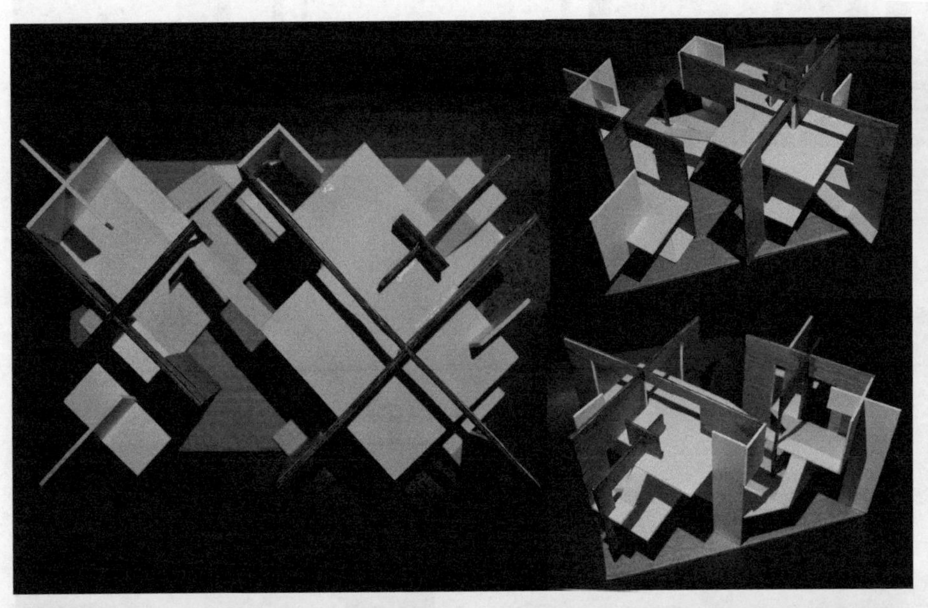

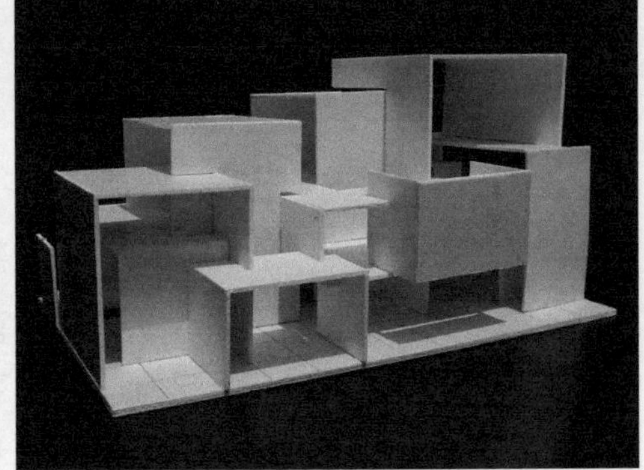

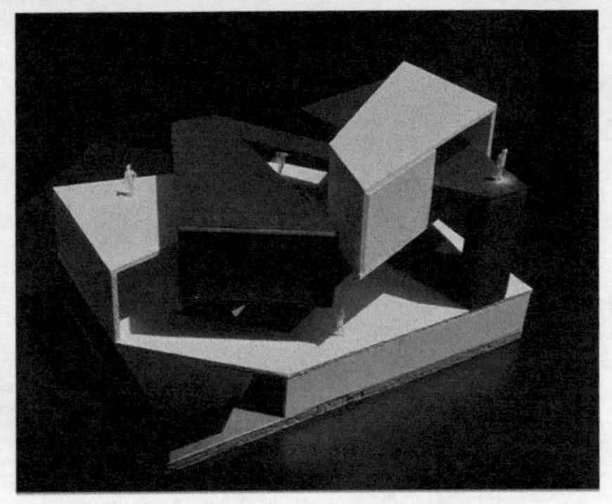

M6，设计制作完成立体空间展览的抽象模型，在M5的基础上继续修改完善模型，制作边界16 m×24 m×12 m，比例1 ：100的手工模型，模型层数3层。这一阶段的主要目的是推敲完成空间原型，完成组织一个有主题的空间组合。

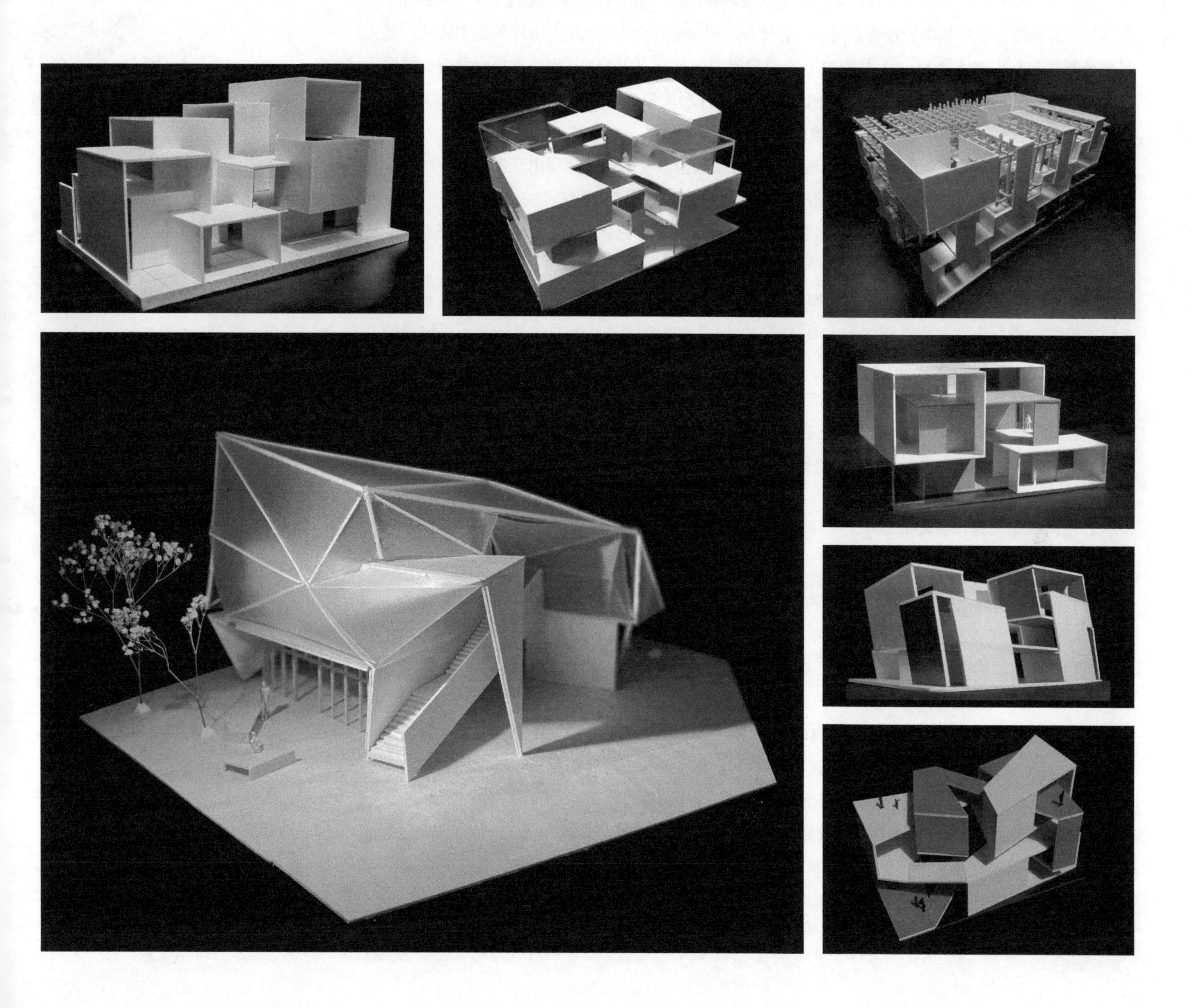

3.4.4 课题成果

学生对于模型制作的积极性较高，较好地完成训练任务。整个长课题共完成 M1 ～ M6 九个模型与一套图纸。学生基本能按要求完成训练任务，图为部分学生的 M1 ～ M6 的模型照片，他们根据单要素空间训练的 M1、M2、M3 获取空间原型的灵感，在 M4 基本确定空间原型，如弯曲的板片与弯曲的杆件组合成交织的空间、板片与杆件形成带曲线的空间、多组十字交叉的板片形成的错落空间。在 M5 发展调整，推敲细节，并赋予材质。如由杆件排列的曲线改为板片的弯曲；十字的疏密大小重新调整等。M6 为最终成果模型。模型照片体现出学生在一个空间主题中较为连贯流畅的探索训练过程：空间的初步探索、寻找空间原型与发展细化。

下面为部分优秀作业，图纸除了模型照片，还表达了构思特色、关系、逻辑和绘制平立剖，将空间落实到图纸表达上。

通过学生作业的反馈，教师们对于如何理解空间构建训练中模型给定的边界范围限制。如有同学模型较矮，未涉及到范围内的上部空间，他们对此的理解是，范围仅是一个不可逾越的界限，在其中制作模型（建筑）即可；而部分老师认为，范围内的空间都在考虑范围内，要素构件的布置应适当“守边”，低矮模型相当于上部空间没有处理，未达到训练要求。因此其指导的作业在范围内比较“满”。这些差异是不同教师指导时的差异导致，没有绝对对错，但应增强教师组之间的沟通，减少学生困惑，更好地根据学生自身情况进行指导。

1. 空间限定优秀作业赏析（一）

《无界》

作者：陈然

班级：2019 级城乡规划 1 班

指导老师：郭祥

点评：陈然同学在第一阶段 M1、M2、M3 单层空间训练做了多种空间组合的尝试，到第二阶段 M4 多层空间训练，开始形成多层管状环绕空间的概念，并在最终的 M5、M6 空间训练中，形成了以斜板、管状盒子等进行组合的空间构成，很有特色。

构成思路清晰，虚实空间组合效果较好，交通空间有特色，斜向空间组合具有动感和韵律感。图面排版有特色，有表现力，强化了主题和方案特点，表达内容充分，图面整体效果好。模型制作效果较好。整个学习过程能够循序渐进，能按照学习进度完成各阶段作业，学习态度认真，学习效果较好。

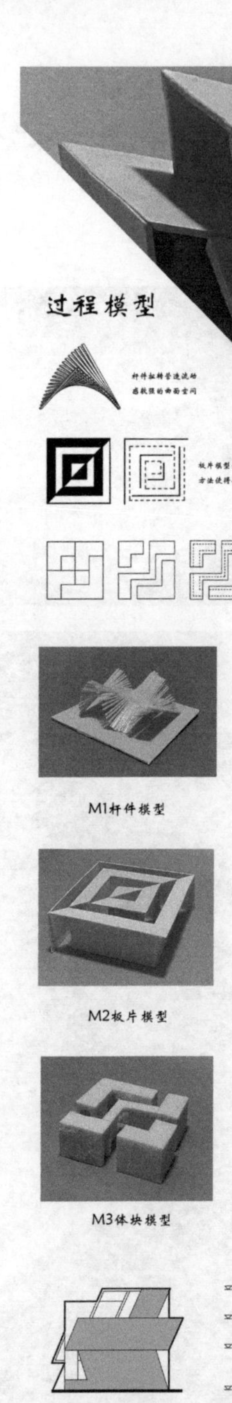

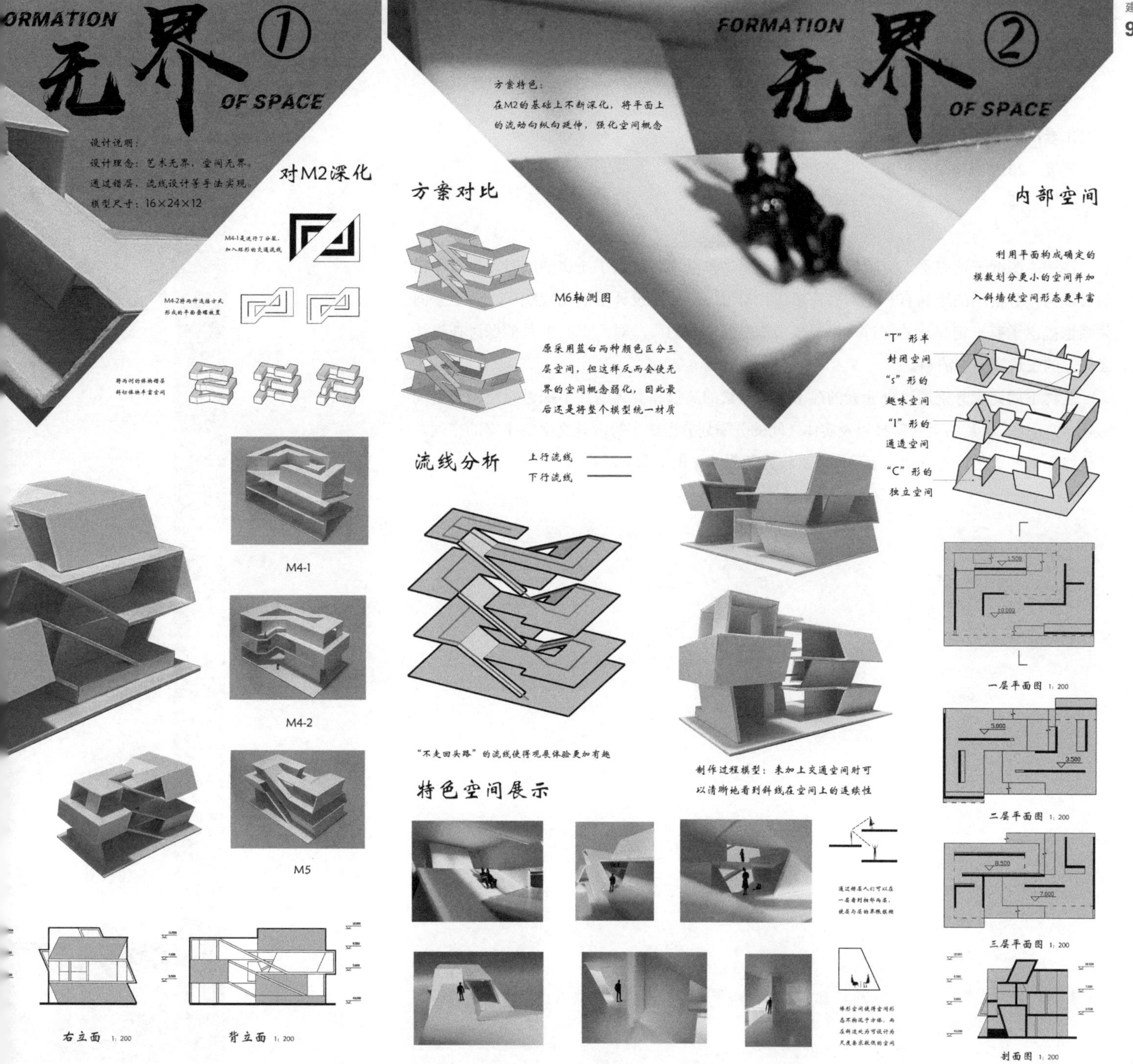
ORMATION
无界①
OF SPACE
设计说明：
设计理念：艺术无界，空间无界。
通过错层，流线设计等手法实现。
模型尺寸：16×24×12
对M2深化
M4-1是进行了分裂，
加入环形的交通流线
M4-2将两种连接方式
形成的平面叠螺放置
将两侧的体块错层
斜切体块丰富空间
M4-1
M4-2
M5
右立面 1：200
背立面 1：200
FORMATION
无界②
OF SPACE
方案特色：
在M2的基础上不断深化，将平面上
的流动向纵向延伸，强化空间概念
方案对比
M6轴测图
原采用蓝白两种颜色区分三
层空间，但这样反而会使无
界的空间概念弱化，因此最
后还是将整个模型统一材质
流线分析
上行流线
下行流线
“不走回头路”的流线使得观展体验更加有趣
制作过程模型：未加上交通空间时可
以清晰地看到斜线在空间上的连续性
特色空间展示
通过错层人们可以在
一层看到相邻两层，
使层与层的界限模糊
梯形空间使得空间形
态不拘泥于方体，而
在斜边处为可设计为
尺度要求较低的空间
内部空间
利用平面构成确定的
模数划分更小的空间并加
入斜墙使空间形态更丰富
“T”形半
封闭空间
“S”形的
趣味空间
“I”形的
通透空间
“C”形的
独立空间
一层平面图 1：200
二层平面图 1：200
三层平面图 1：200
剖面图 1：200

2. 空间限定优秀作业赏析（二）

《可见不可及的空间》

作者：温健

班级：2019 级建筑学 1 班

指导老师：陶金

点评：图纸表达完整，排版清晰、有设计感。图纸内容做到了充实的同时，具有不错的表现力，分析图的绘制有一定的独特想法和构思。空间的设计手法比较统一，对于空间关系也提出了有一定想法的探讨，值得鼓励。空间略显匀质，对于空间关系的探讨在设计成果上的表达还不够清晰。

三种不同元素分别通过杆元素的疏密、片元素的高低和实体的大小探讨对空间营造的影响。以实体与板片的互相穿插以及实体之间的分隔划分出虚实等内外交融的丰富的空间。但最终作为展览属性的空间，上下层联系较为薄弱，仅止于视觉联系。

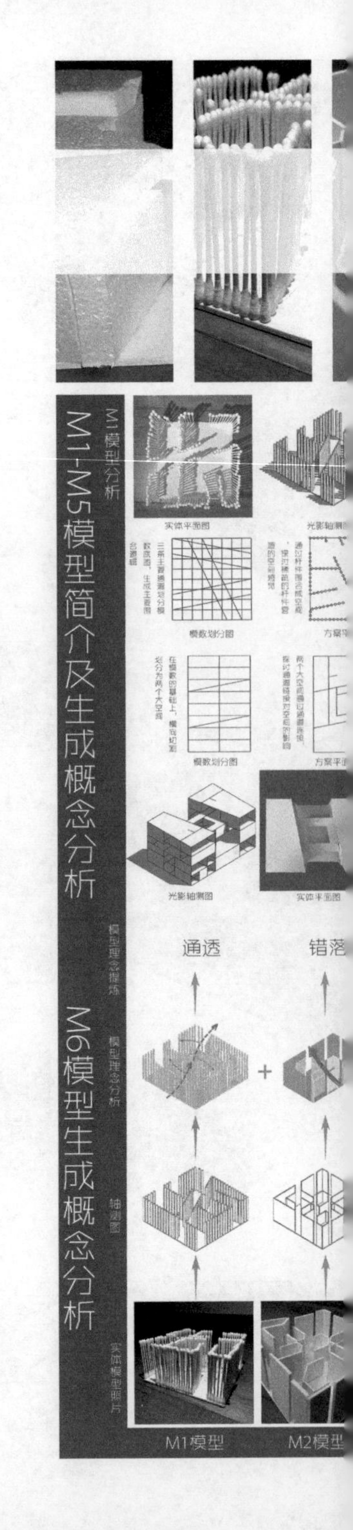

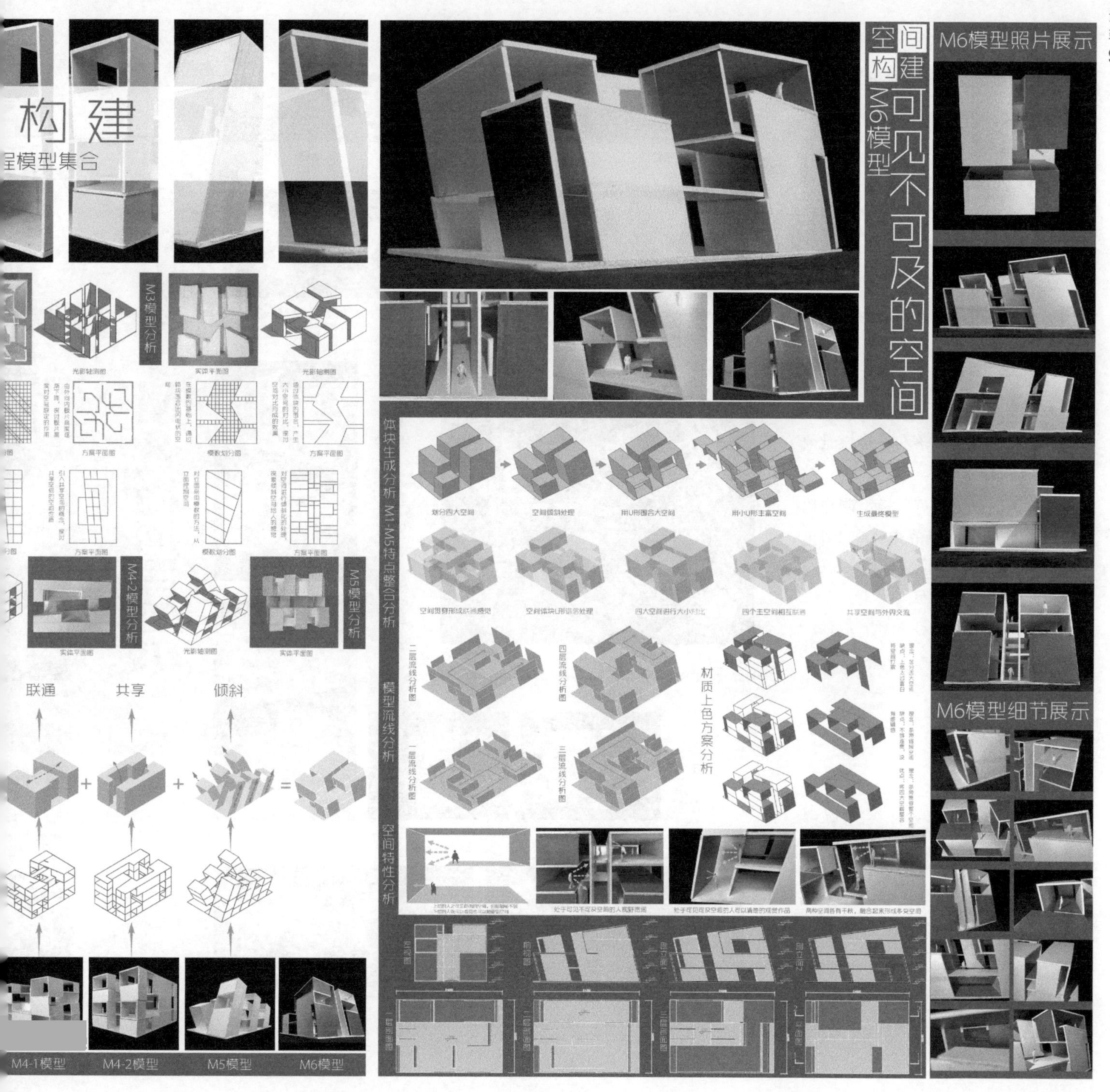
构建
程模型集合
空间构建
可见不可及的空间
M6模型
M6模型照片展示
M3模型分析
M4-2模型分析
M5模型分析
光影轴测图
实体平面图
方案平面图
模数划分图
联通
共享
倾斜
M4-1模型
M4-2模型
M5模型
M6模型
体块生成分析
M1-M5特点整合分析
划分四大空间
空间倾斜处理
用U形围合大空间
用小U形丰富空间
生成最终模型
模型流线分析
二层流线分析图
一层流线分析图
四层流线分析图
三层流线分析图
材质上色方案分析
空间特性分析
M6模型细节展示
一层平面图
二层平面图
三层平面图
四层平面图
前视图
侧立面1
侧立面2

3. 空间限定优秀作业赏析（三）

作品名：《十字形发展史》

作者：张羽

班级：2019 级建筑学 2 班

指导老师：苏平

点评：设计模型创造性地运用十字形元素，利用板片的横向和纵向穿插，白色板片和木制板片分别运用于水平与垂直模型元素中，暗示模型的受力关系和游览空间。整体设计很有想法，完成了具有错落和移步换景效果的空间体验。

整体图面效果较好，模型制作比较精美细致。从 M1~M6 模型可以看出学生对空间塑造的演进和进步。

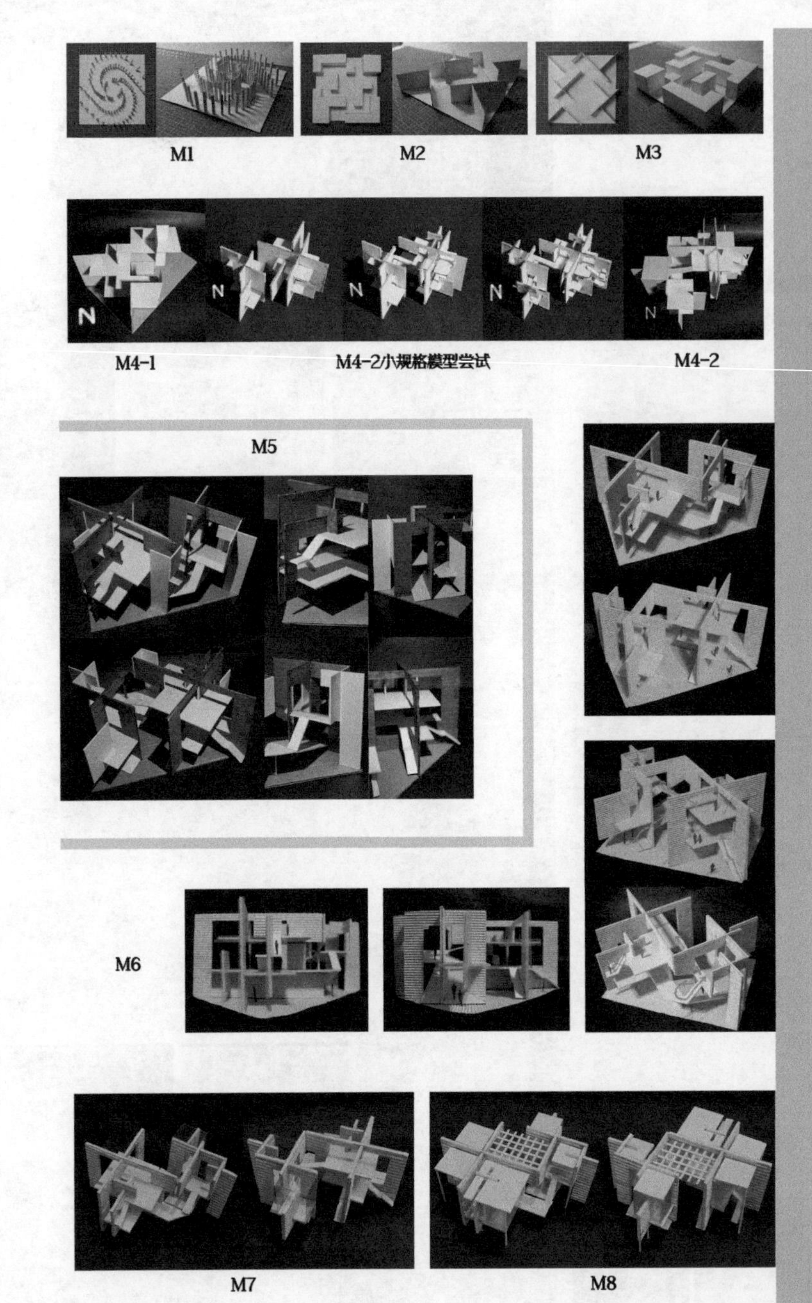

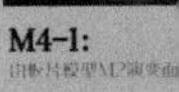

空间构成模型M6

②M6『十字形构造篇』——详尽模型照片展示

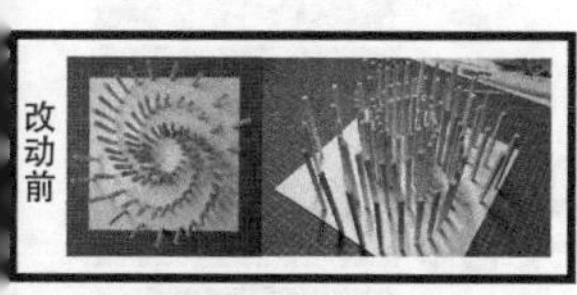

以中央圆形区域向四周放射 →中央圆形空间留出进入的通道

对角线+矩形轮廓的移动、增减》 增加流线的复杂性、趣味性

阶梯状划分体块，M形通道 →以中央向四周的形式布局空间

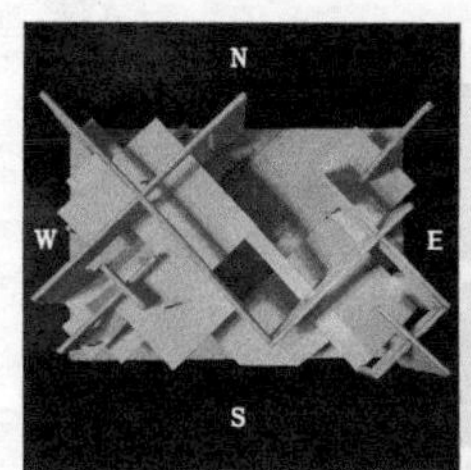

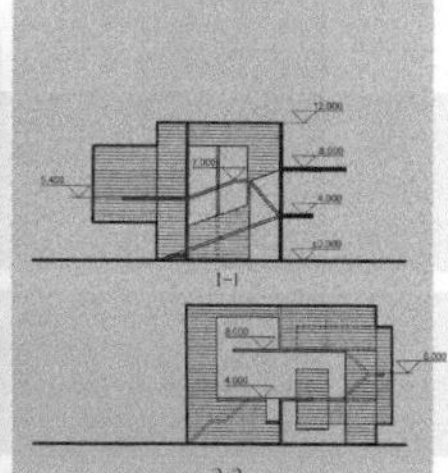

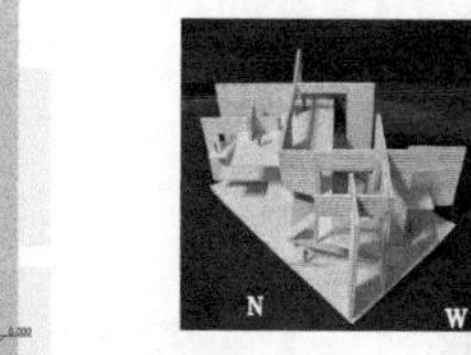

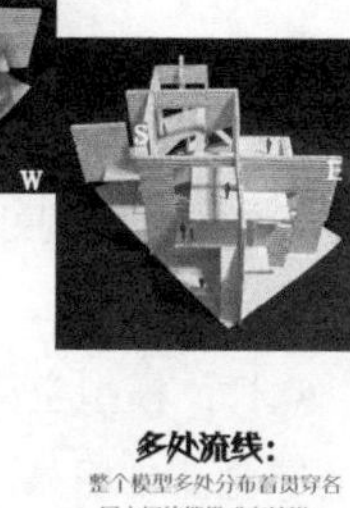

材质探讨：

具有横向条纹的白色瓦楞纸，通过质感的变化，在整体为白色的情况下体现出不一样的感觉

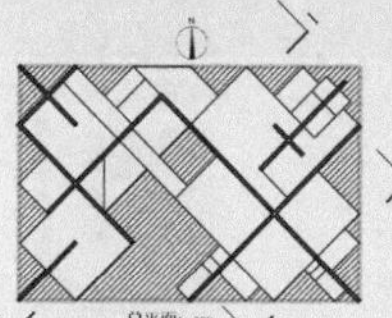
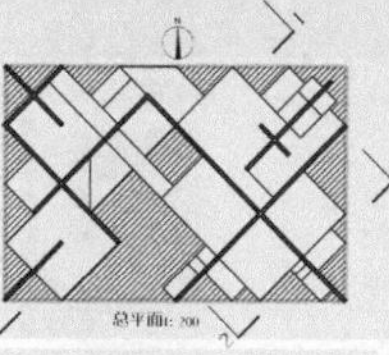

总平面1：200

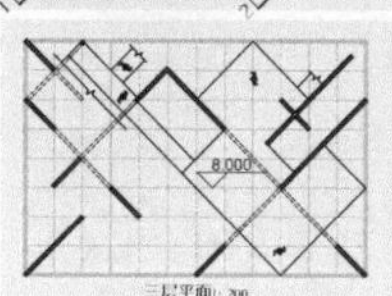

三层平面1：200

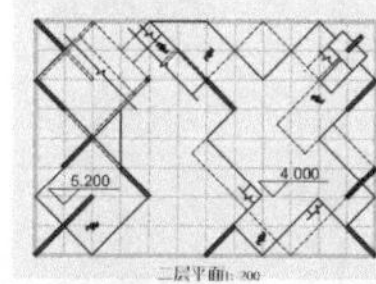

二层平面1：200

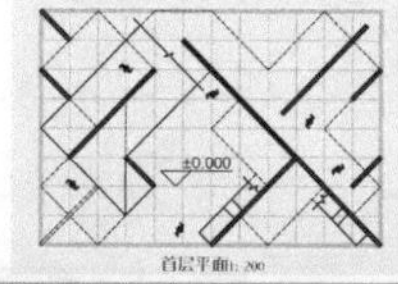
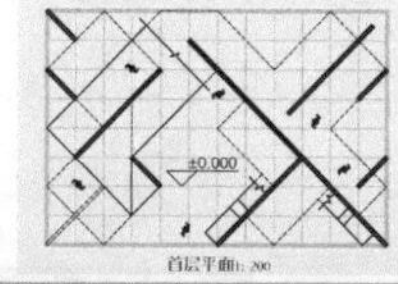

首层平面1：200

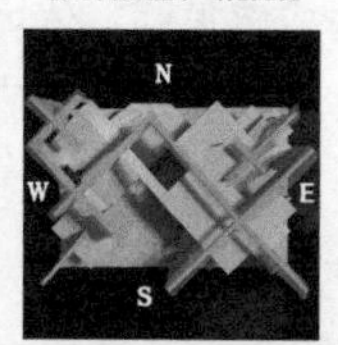

"十字形"元素：

以两组竖直方向上为十字形的墙体出发进行构造；从特定的朝向看去，模型侧面也有十字形元素

多处流线：

整个模型多处分布着贯穿各层之间的楼梯或者坡道；悬空的走道视野开阔，富有趣味；

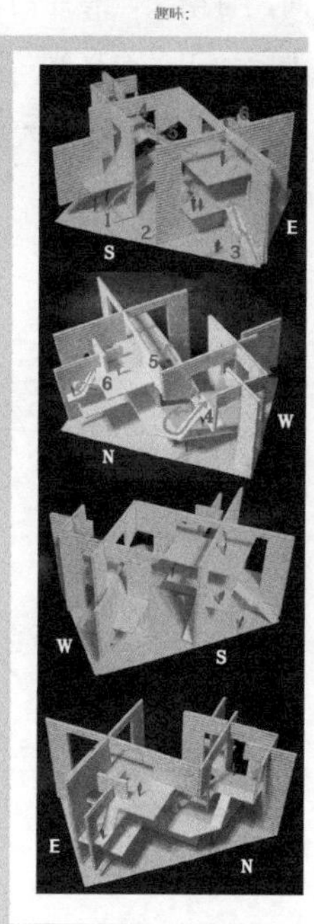

较小规格的模型来尝试

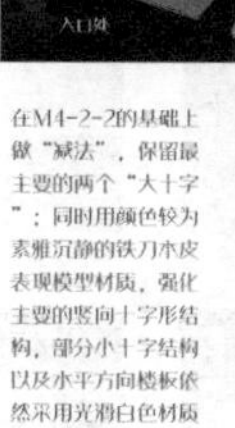

多"十字形"元素。

入口处　倾斜的小阁楼

M5

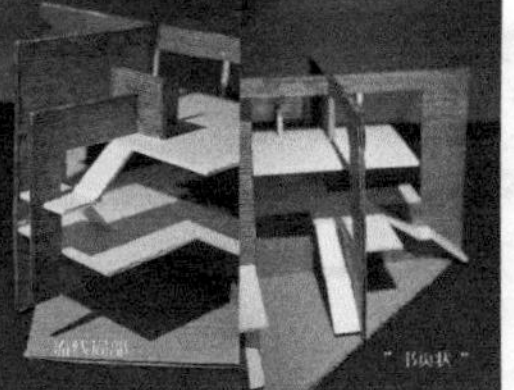

在M4-2-2的基础上做"减法"，保留最主要的两个"大十字"；同时用颜色较为素雅沉静的铁刀木皮表现模型材质，强化主要的竖向十字形结构，部分小十字结构以及水平方向楼板依然采用光滑白色材质

游客看对面的部分景象』『斜坡处的开窗正好可以让

跨层长斜坡+倾斜小阁楼：

入口处连通一二层的长斜坡与上方倾斜楼板相呼应，行走的过程中是多变的过程。

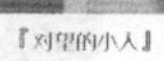

『对望的小人』

『首层局部』

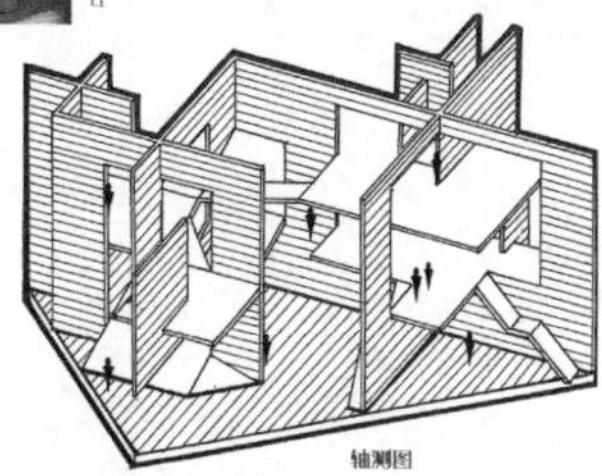

轴测图

4. 空间限定优秀作业赏析（四）

《盒中花园》

作者：王奕丹

班级：2021 级建筑学 1 班

指导老师：刘虹

点评：模型空间构成感很强，体块穿插的感觉非常明显，产生了非常丰富的空间，有架空、有通高、有退台。材质使用上统一中又有区别，整体控制得比较好。从 M1 到 M6 的模型看出方案的演变和进步。图纸排版美观，分析图很到位。

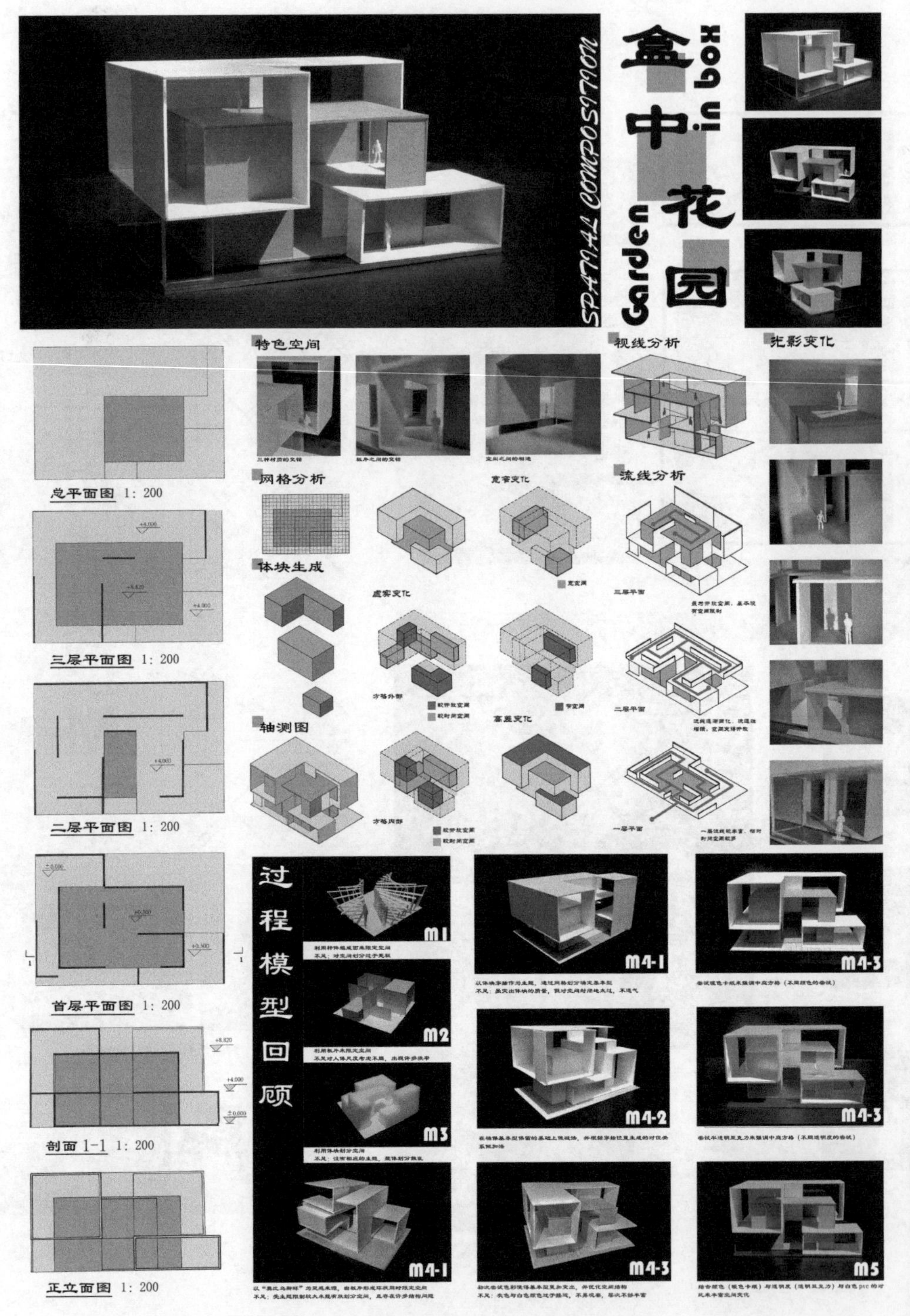

5. 空间限定优秀作业赏析（五）

《森林 • 峡谷》

作者：张泽宏

班级：2021 级城乡规划 1 班

指导老师：王璐

点评：作为空间构成的作业非常优秀，空间的形式非常有意思，也非常能吸引眼球。框架的形式加上片墙、体块可以产生很多可能性的空间。不过在尺度、数量上、空间的生成逻辑上还可以加以推敲，让形式化的语言变得更加建筑化。

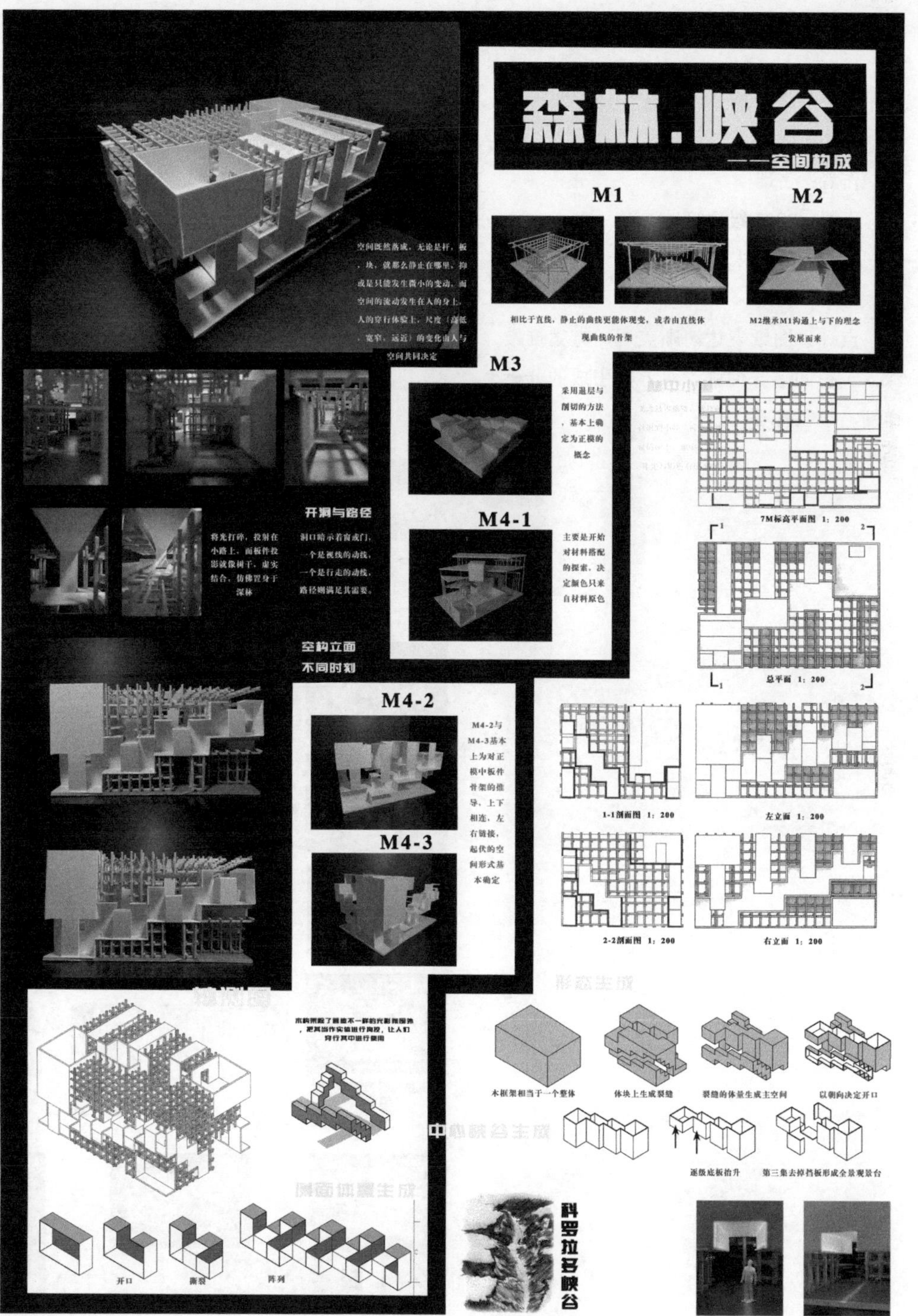

6. 空间限定优秀作业赏析（六）

《扣·融》

作者：占瑶

班级：2021 级建筑学 1 班

指导老师：林正豪

点评：图纸表达清晰美观，方案推敲深入。空间趣味性强。对方案生成的分析详细，条理清晰。

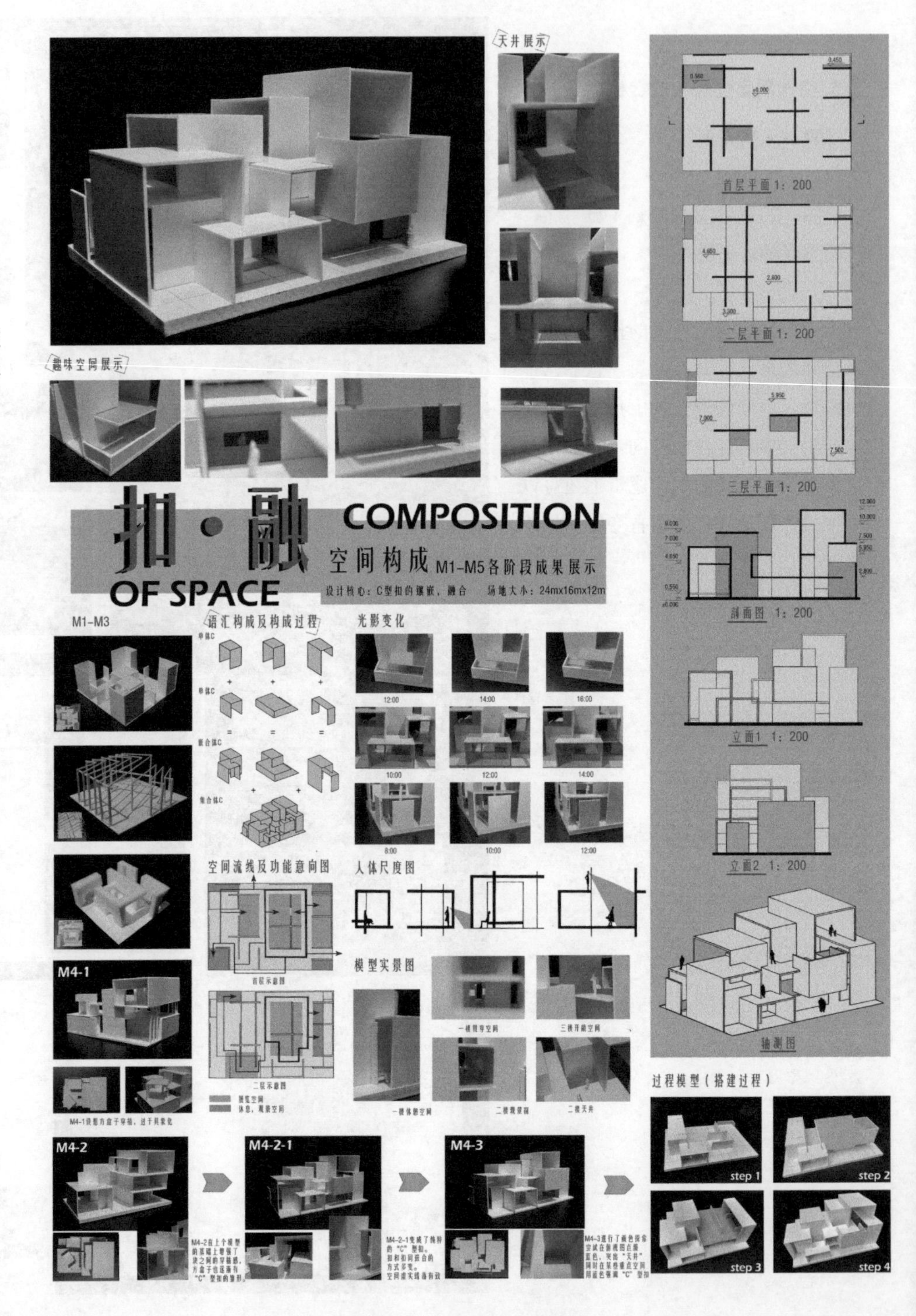

3.4.5 课题总结

“空间限定”通过模型操作帮助学生理解空间限定要素对空间的影响，学习推敲空间主题并组织有功能的空间，使学生更加深入地认知了空间的特性。在这一阶段，学生尝试创造空间，创造空间与建筑空间有功能与尺度的联系，但还不算真正的建筑空间，是简化诸多现实因素后的空间限定。空间限定由发散的尝试逐渐专一在一个主题中，培养学生深化空间细节、延续最初主题的意识和能力。整个训练过程以模型制作与推敲为主，与前两个阶段的图纸训练形成明显对比。

从思维进阶的角度讲，“空间限定”是对空间进行感知、观察、学习、记忆后的创造，学生一方面尝试用模型表达头脑中限定的空间，另一方面通过模型的呈现拓展脑海中的想象，或修正脑海中的空间。这个手—脑—眼的协作的过程锻炼了建筑空间想象力，更好地服务于未来设计中建筑空间思维的运用。空间认知结构中的空间想象力并非指灵感与创造力，而是指人在脑海中处理和生成非客观存在的空间的能力。所以，可以尝试先让学生设想自己打算创造一个什么样的空间，再尝试用模型来围合限定出来，学生就可以直观地感受出两者的差距，从而增强头脑中心理图像与现实信息的交互，避免学生无思考地堆砌构件。

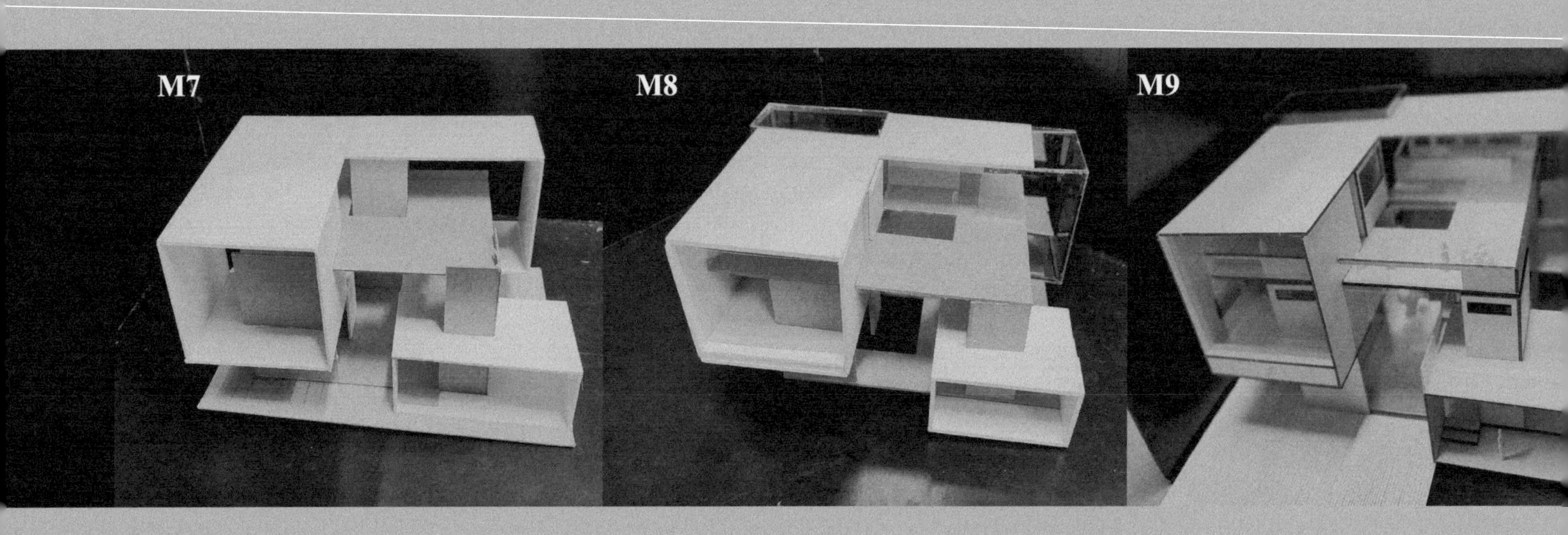
M7
M8
M9

3.5 空间设计

3.5.1 进阶思维

空间限定是单一空间的操作，是一种思维上的空间限定，可能是理性的也可能是非理性的。这种空间是一种抽象的空间，在现实世界是不存在的，因此需要向物质性的空间进行转化。本课题定位是“空间的转化”，是将上一课题提出的抽象的空间运用到实际场地中，结合实际建筑的场地条件，设计一个功能简单的微型展览空间，作为一年级总结性的作业。

经过前面四个阶段的训练，学生对建筑视角的空间感知和空间限定进行了训练，并学习了优秀建筑空间的设计特点，为空间思维运用提供了条件。空间思维是空间认知的核心部分，起决定性作用。它是一种综合推理的思维，需要人脑对空间事物进行抽象、概括能力，还需要对非真实存在的事物，在头脑中形成事物的空间属性，并可以运用到其他同类空间事物的思维能力。这在空间设计的过程中都得到充分训练。至此，空间认知能力的训练更为完整，也完成了对一年级空间认知训练的综合应用。

建筑空间的一些属性是特定需求，比如空间流线的先后顺序、特殊功能空间的尺度等；有些属性是需要尽可能满足的，比如卫生间尽可能隐蔽又便捷、某些公共空间尽可能开敞等；还有些是可以协调的，比如体块关系、场地与建筑关系等。设计者要先在头脑中将这些空间属性抽象出来，与空间形式、整体造型相协调，在建筑设计中始终保持这些空间的属性，直到将其运用到最终的建筑设计上，这一过程充分运用了空间思维。

课题选取真实地块进行“微型美术馆”设计，是功能简单的实际建筑空间设计。将抽象的空间限定模型向真实建筑的转化，需要考虑场地环境，考虑空间功能与参观流线，是抽象空间模型向具体空间设计的过渡，也是建筑空间设计的重要思维。

“空间限定”（模型为 M1 ～ M6）与“空间设计”（模型为 M7 ～ M9）在 2019 ～ 2020 学年是按长课题的形式布置的，课题要求把上一阶段空间模型的概念延续，这种是空间限定理念上延续，并不是完全照搬上一阶段的成果。而是在一致理念和手法的基础上，根据实际的场地特征和功能要求进行灵活调整，空间的划分可以在上一阶段理念的基础上进行调整，以满足实际建筑的要求。

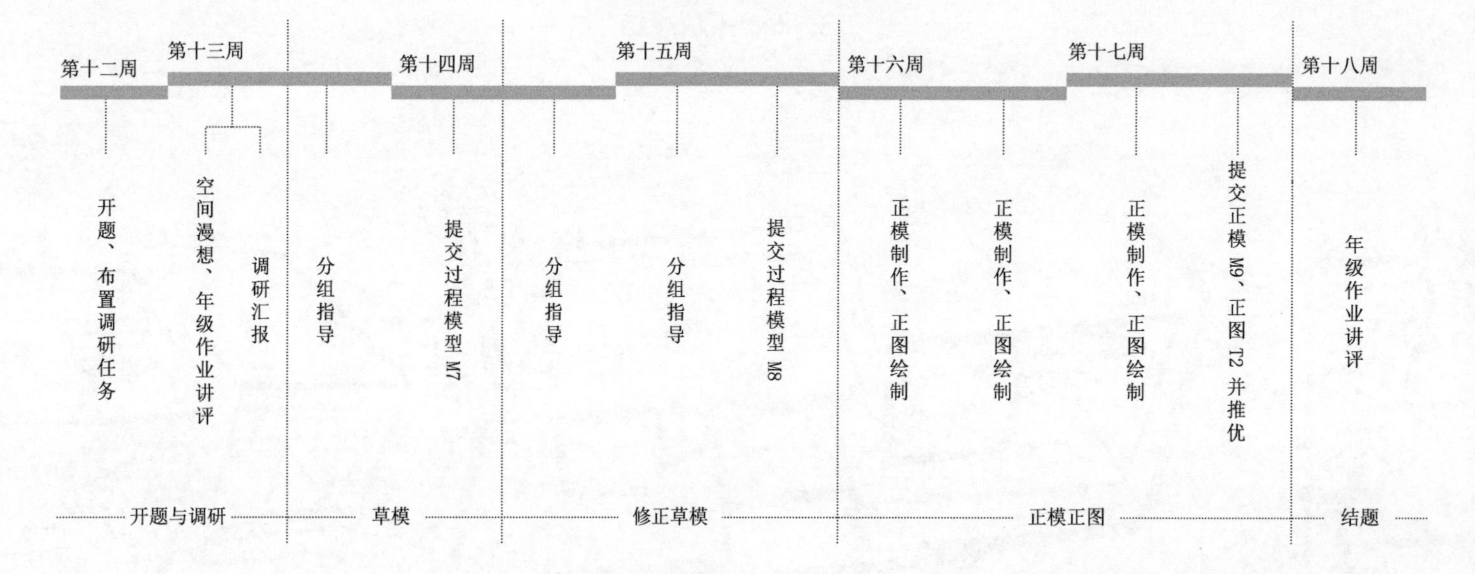

3.5.2 课题内容

1. 教学目标

尝试将上一阶段对“建筑”抽象的空间过渡到较明显的实质性建筑空间。课题加入更多建筑的因素，逐渐贴近真实的可以实施的建筑空间设计。训练学生运用原型空间做概念设计的逻辑方法，以及空间设计要与场地环境结合的意识，初步学习如何选择地形的“相地”技巧，并为建筑空间赋予简单的功能，感受设计建筑空间与功能相结合的难点。综合运用各项建筑设计基本技能，巩固并总结这两个学期所学内容。

2. 教学过程

课题共6周，分为开题与调研、草模、修正草模、正图正模和结题五个阶段，是通过模型推敲进行设计的训练。需提交3个模型与1张图纸，包含最终的正图与模型。

1）开题与调研

要求在已知场地上，以空间限定阶段训练的方法寻找的“原型空间”，以“原型空间”为基础进行概念设计，根据场地环境设计微美术馆，感受用模型推敲建筑空间的过程。微型美术馆要求在16 m×24 m×12 m大致场地尺寸的空间内设计，与上一阶段有很好的连贯性，但建筑占地可以根据场地情况和建筑功能调整，有一定的灵活性。建筑功能需考虑展览流线与展览空间、卫生间与储藏空间，但可弱化安全、消防、疏散等要求，侧重点在空间设计。

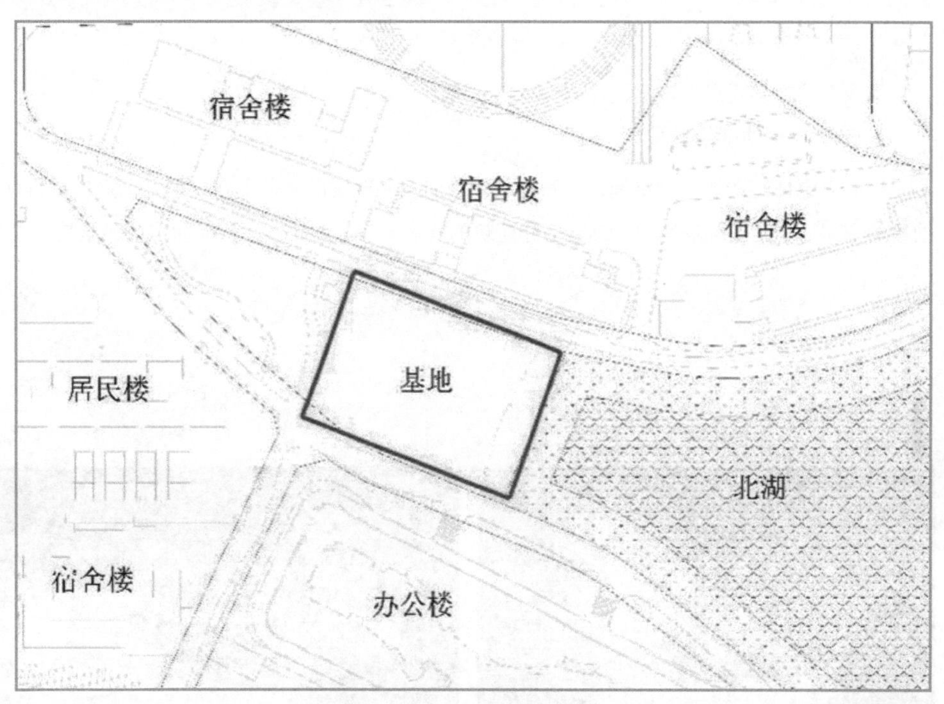

微美术馆设计地形
（图片来源：华南理工大学建筑学院提供）

要求展览空间层高至少为4 m，设计符合人体尺度。建筑面积应大于600 m^2或建筑体积占限定空间的60%，避免学生设计规模过小，达不到训练目的。

设计前先进行美术馆的调研任务，调研分为线上线下两种，了解美术馆空间特点，尤其是尺度、人的视距、观看方式、空间剖面、展览方式等，开拓设计思路，分析其优缺点，制作演示文件汇报，促进小组间互相学习。

2）草模与修正草模

草模是设计初步概念的模型表现，需表达总平面布局、建筑功能和流线构思，也是课题推敲深化的基础模型。修正草模是对草模进一步修改后的模型，应有较完善的功能、流线和造型的细化，要求细致的总平面设计及其平面剖面图纸。

3）正模正图

正模作为最终的设计成果表达，比例要求为1 ∶ 50，加入展览艺术作品。正图要求1～2张A1图纸，应包含总平面图、各层平面图、剖面图或剖透视、设计分析图、鸟瞰或者轴测、人视点透视或模型照片、过程模型照片和设计说明等。

3.5.3 教学要点

本课题的教学要点为转化、设计、功能、流线。

1. 转化——功能的转化

空间限定训练所得出的空间是一种抽象的空间，在现实世界是不存在的，因此需要向物质性的空间进行转化。需要将上一课题提出的抽象的空间运用到实际场地中，结合实际建筑的场地条件，设计一个功能简单的微型展览空间。

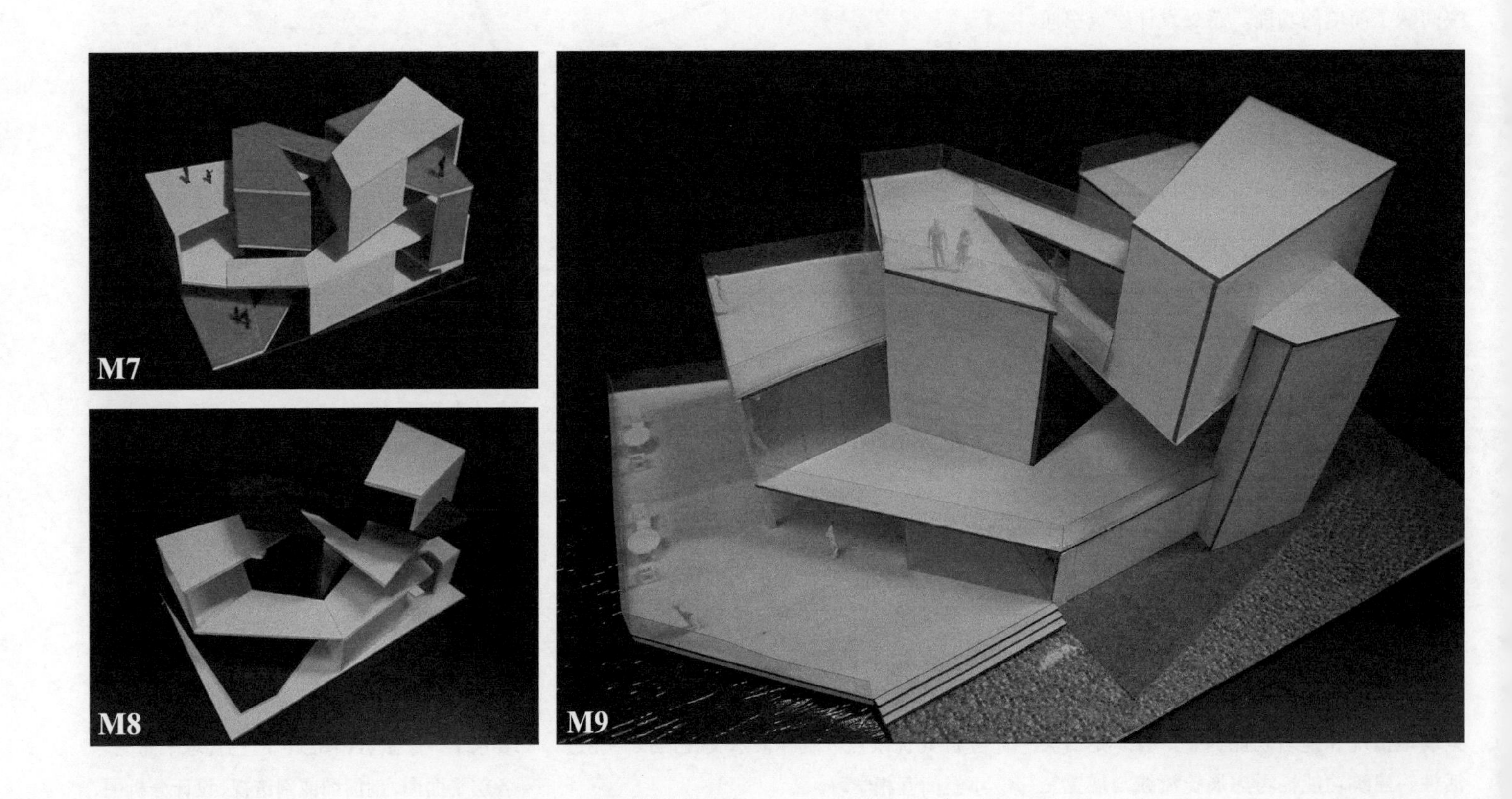

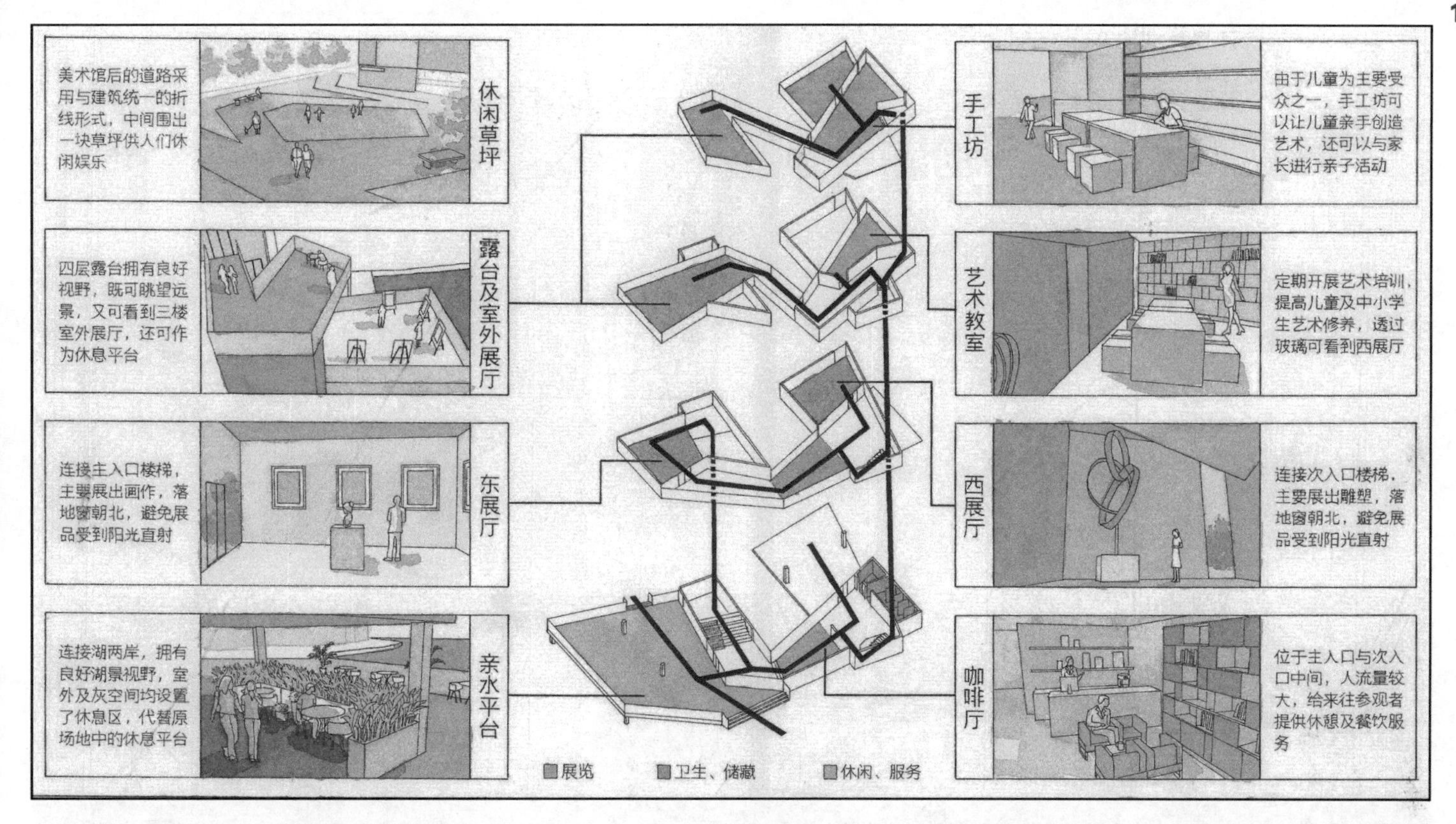
美术馆后的道路采用与建筑统一的折线形式，中间围出一块草坪供人们休闲娱乐
休闲草坪
四层露台拥有良好视野，既可眺望远景，又可看到三楼室外展厅，还可作为休息平台
露台及室外展厅
连接主入口楼梯，主要展出画作，落地窗朝北，避免展品受到阳光直射
东展厅
连接湖两岸，拥有良好湖景视野，室外及灰空间均设置了休息区，代替原场地中的休息平台
亲水平台
手工坊
由于儿童为主要受众之一，手工坊可以让儿童亲手创造艺术，还可以与家长进行亲子活动
艺术教室
定期开展艺术培训，提高儿童及中小学生艺术修养，透过玻璃可看到西展厅
西展厅
连接次入口楼梯，主要展出雕塑，落地窗朝北，避免展品受到阳光直射
咖啡厅
位于主入口与次入口中间，人流量较大，给来往参观者提供休憩及餐饮服务
展览
卫生、储藏
休闲、服务

2. 设计——整体建筑设计

完成了空间从抽象到实际的转化，现需对粗糙的建筑体块、空间造型进行进一步的深化设计。包括建筑的立面、材质、内部空间、整体场地等。

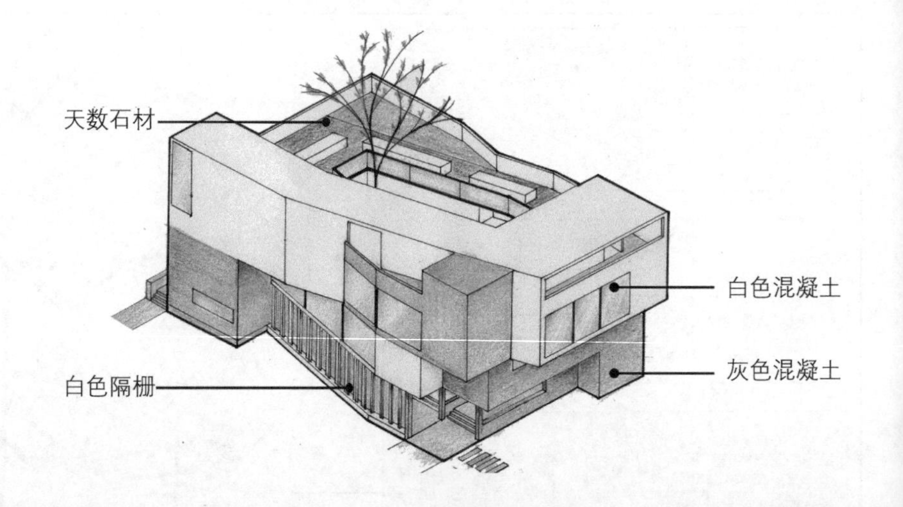

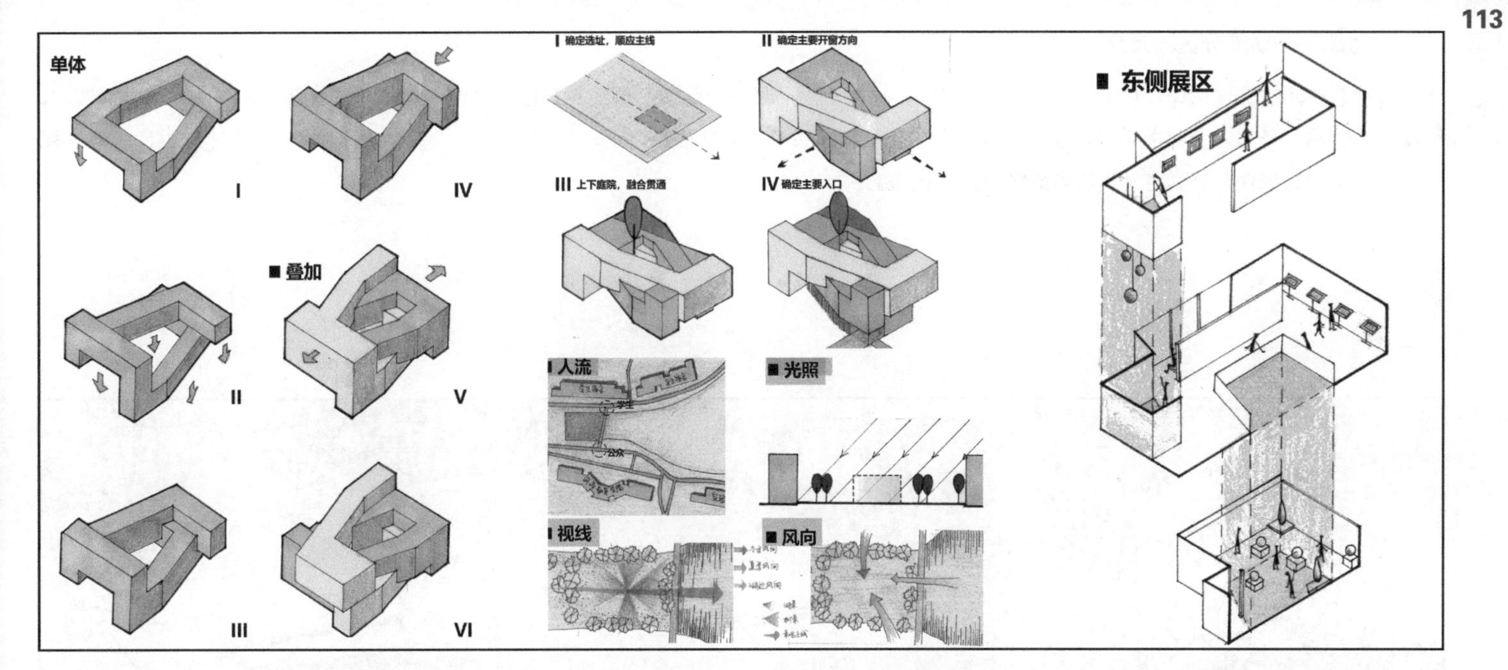
单体
I
IV
叠加
II
V
III
VI
I 确定选址，顺应主线
II 确定主要开窗方向
III 上下庭院，融合贯通
IV 确定主要入口
人流
学生
公众
光照
视线
风向
东侧展区

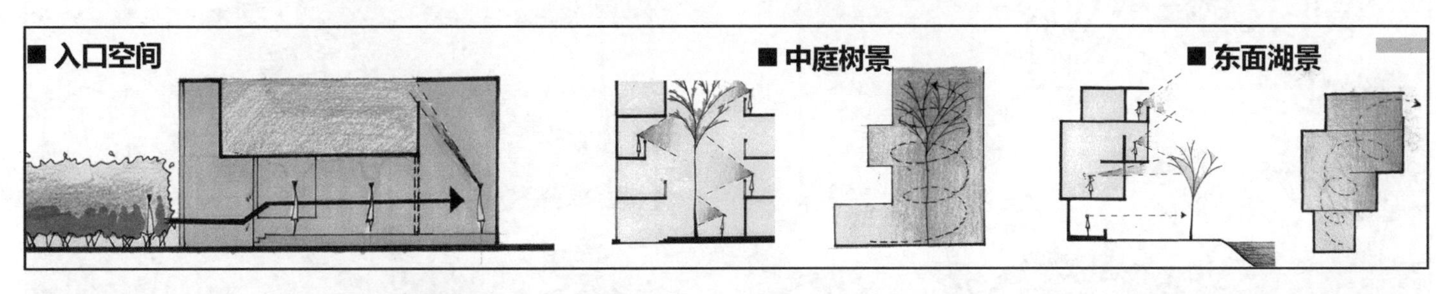
入口空间
中庭树景
东面湖景

3. 功能——功能分区与尺度

对功能空间的深度设计，包括部分特殊属性空间，比如卫生间尽可能隐蔽又便捷、某些公共空间尽可能开敞等；还有些是可以协调的，比如体块关系、场地与建筑关系等。设计者要先在头脑中将这些空间属性抽象出来，与空间形式、整体造型相协调，在建筑设计中始终保持着这些空间的属性，直到将其运用到最终的建筑设计上。

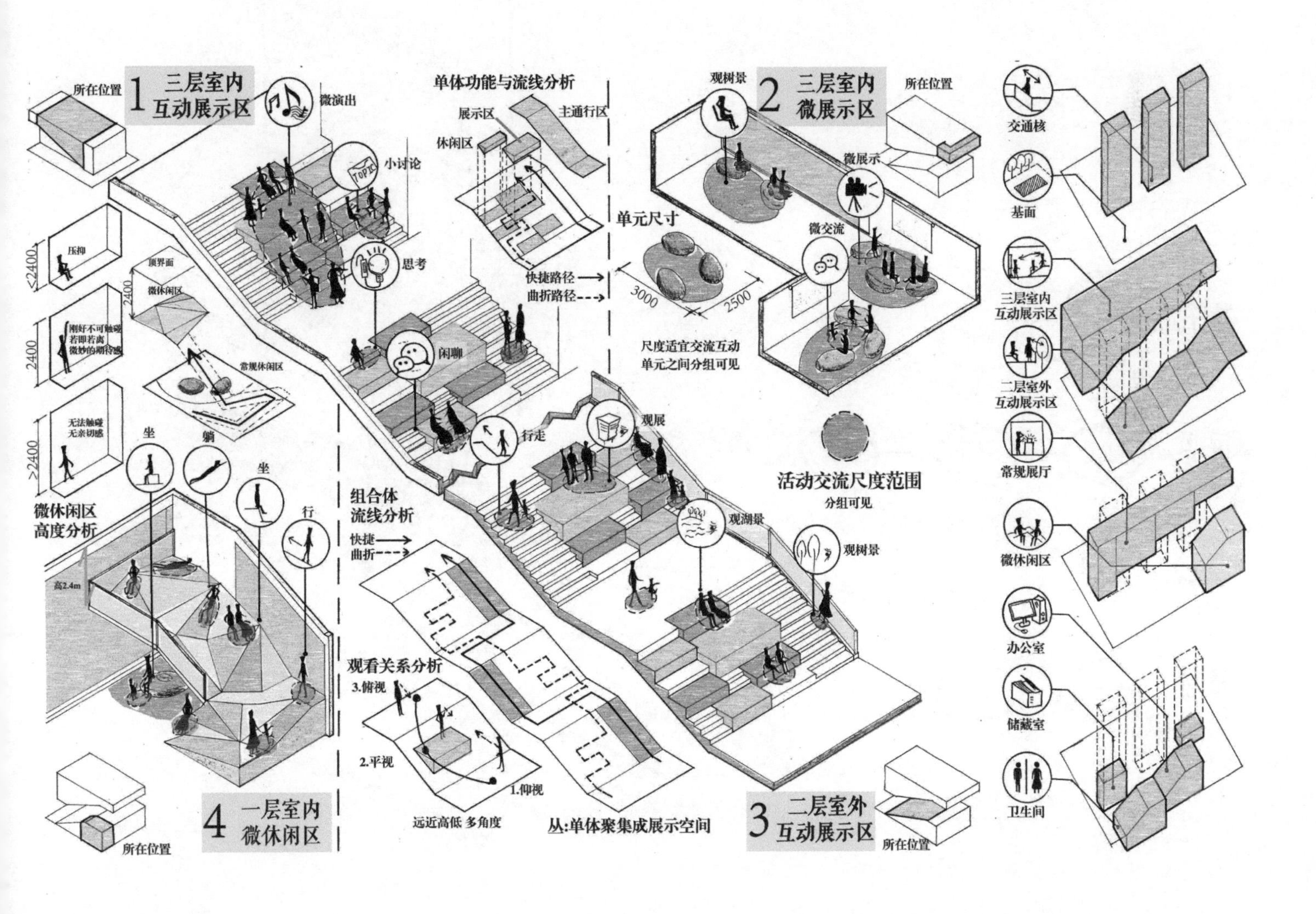
所在位置
1 三层室内互动展示区
微演出
小讨论
思考
闲聊
行走
观展
单体功能与流线分析
展示区
主通行区
休闲区
快捷路径
曲折路径
2 三层室内微展示区
所在位置
观树景
微展示
微交流
单元尺寸
3000
2500
尺度适宜交流互动
单元之间分组可见
活动交流尺度范围
分组可见
观湖景
观树景
压抑
<2400
顶界面
微休闲区
2400
刚好不可触碰
若即若离
微妙的期待感
常规休闲区
无法触碰
无亲切感
>2400
坐
躺
坐
行
微休闲区
高度分析
高2.4m
组合体
流线分析
快捷
曲折
观看关系分析
3.俯视
2.平视
1.仰视
远近高低 多角度
从:单体聚集成展示空间
4 一层室内微休闲区
所在位置
3 二层室外互动展示区
所在位置
交通核
基面
三层室内
互动展示区
二层室外
互动展示区
常规展厅
微休闲区
办公室
储藏室
卫生间

4. 流线——空间流线顺序

流线组织是设计从抽象空间转向实际建筑设计又一重要设计要点。需要学生将前面各功能空间有序组织。流线包括公共流线、内部使用流线和辅助供应交通流线等，需要学生根据现有建筑功能属性将功能空间分类，并有序组织。同时深入规划流线在同层以及垂直方向的组织。

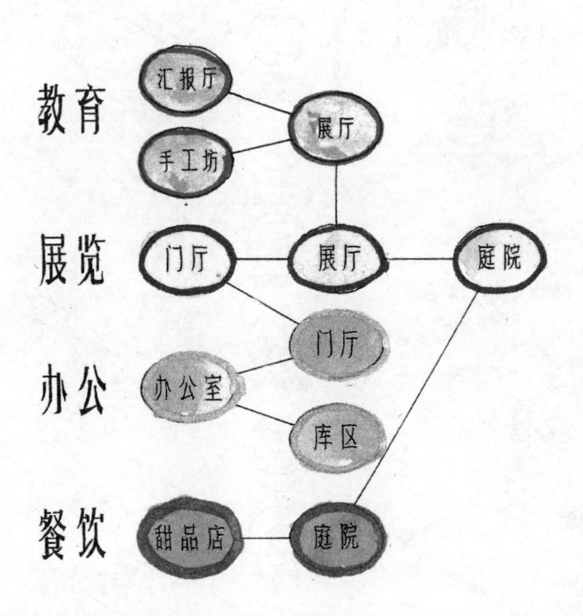

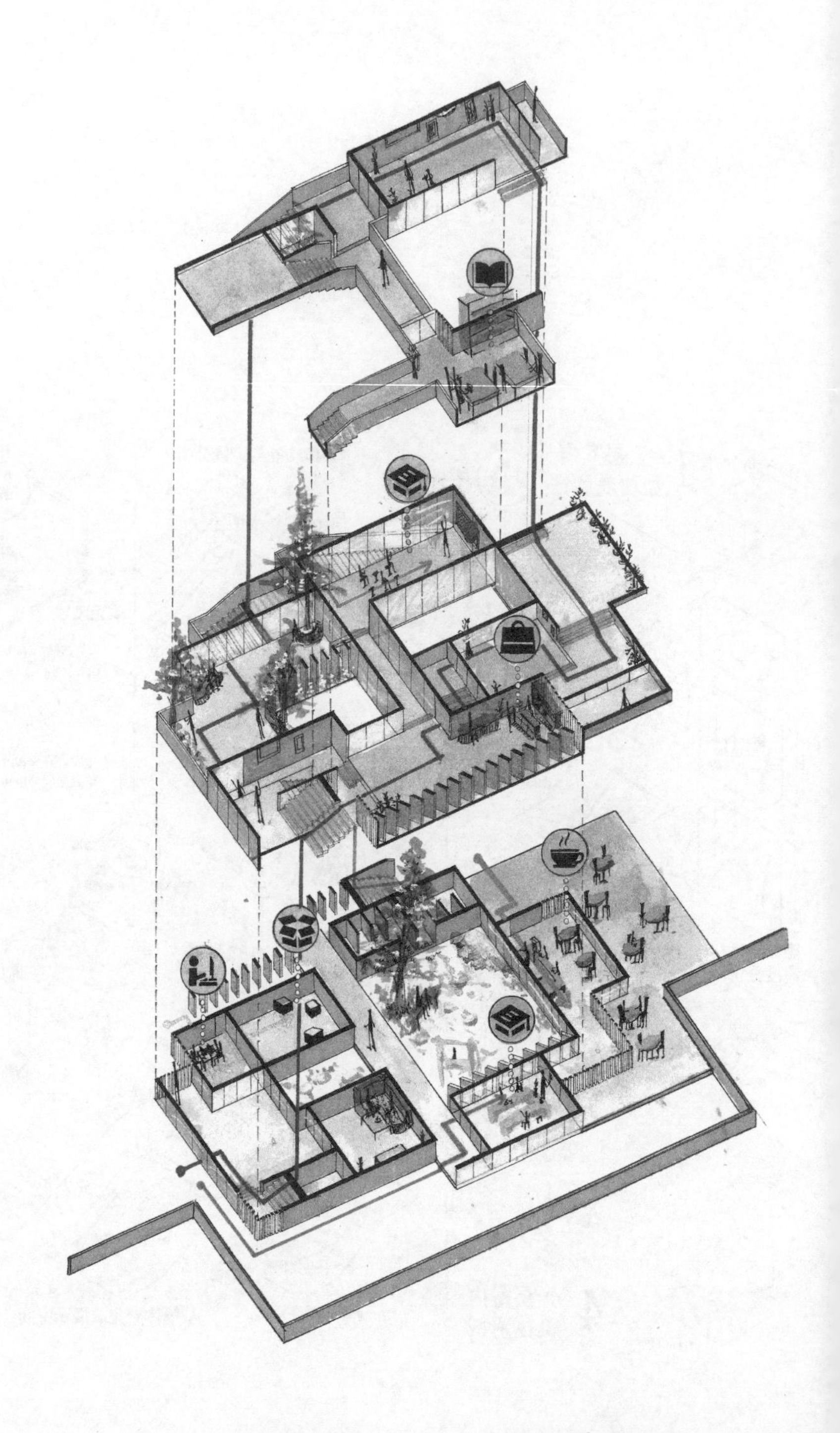

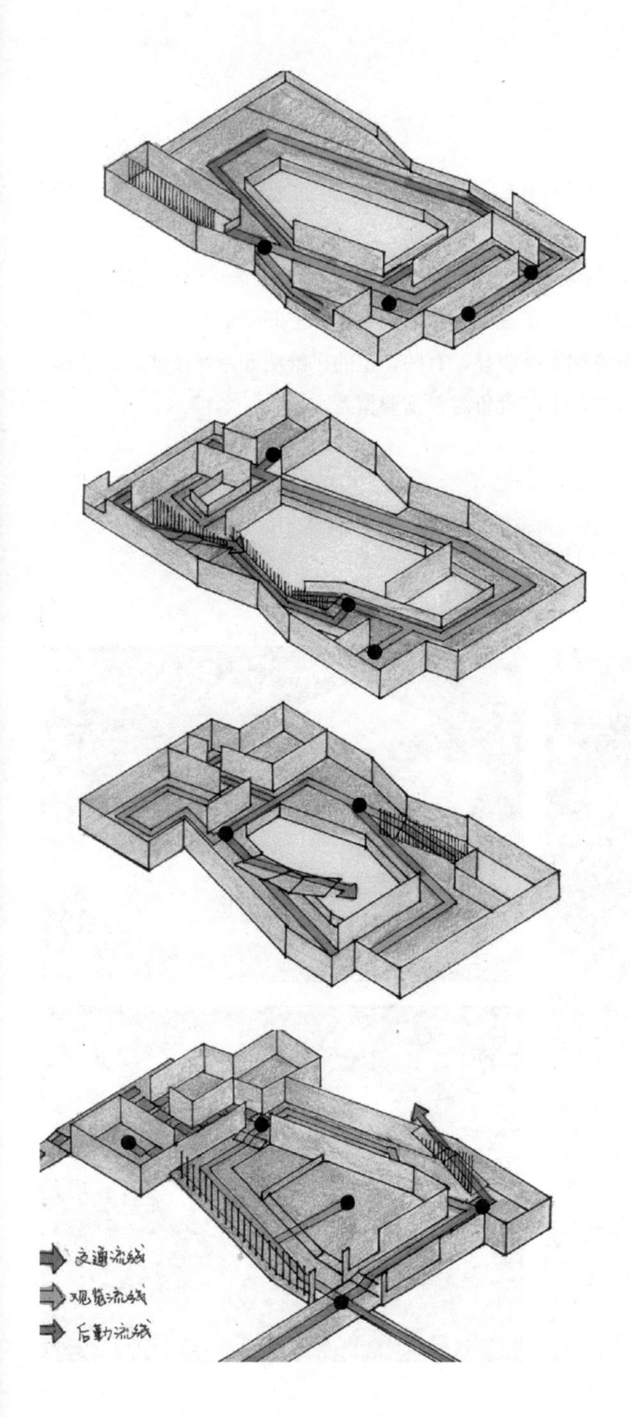
交通流线
观览流线
后勤流线

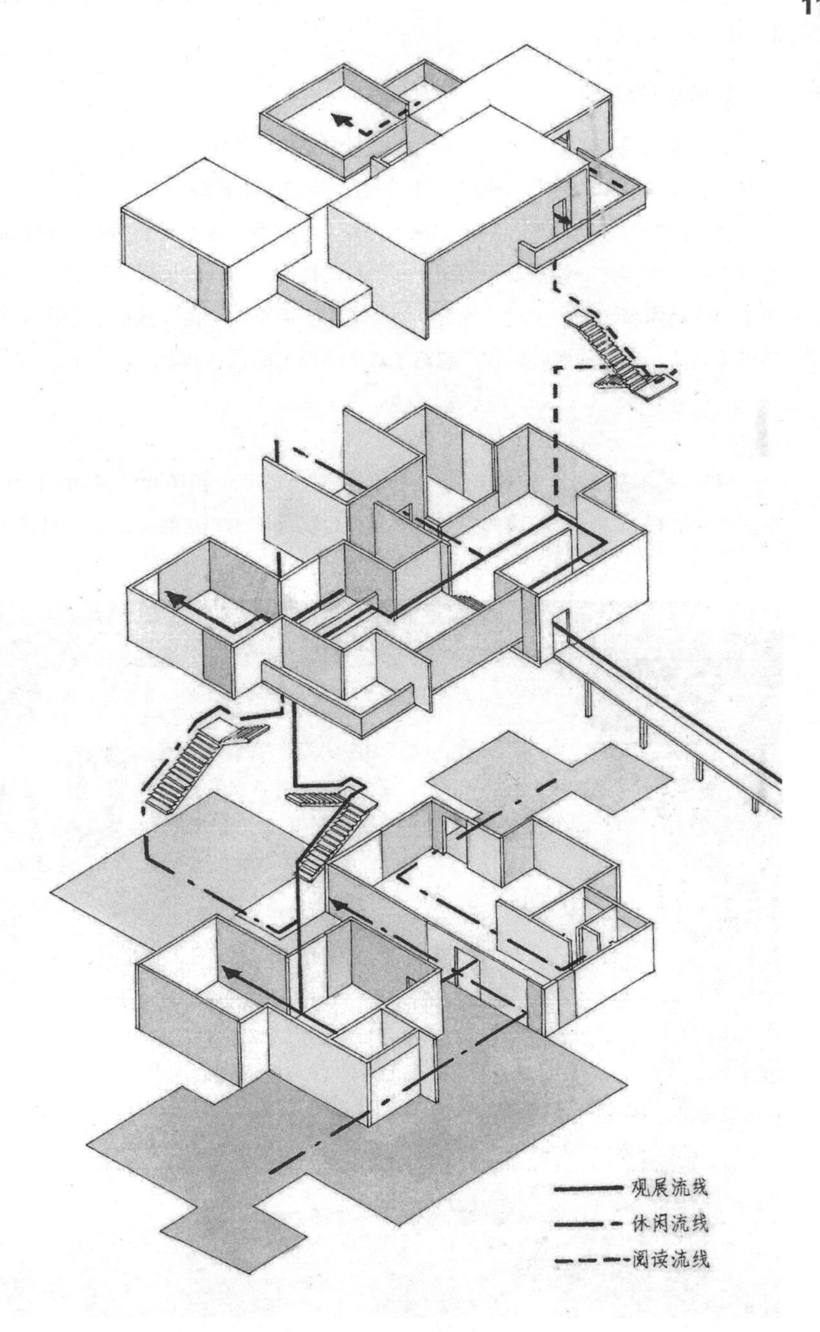
观展流线
休闲流线
阅读流线

3.5.4 教学成果

1. 阶段性成果

微美术馆设计，学生基本可以使用上一阶段原型空间进行空间的塑造，结合地形与功能，设计出合理的流线与展示空间。M7 为空间主题在实际场地和功能上的应用，M8 为进一步的调整和细节深化，M9 是最终成果模型。

教师组经过多次框架和细节的深入讨论，经过教学实践的检验后，获得最真实的效果反馈。通过教学中学生的反馈与作业成果，可以看出课题设置存在一些需要不断调整和完善的地方。本课题按长课题的形式布置的，在一份课题指示书上布置“空间限定”与“空间设计”两个训练的内容，使学生过早地看到“美术馆、展览”等词，导致训练阶段的划分意图不够明显，有些学生的思维从开始就被展品、楼梯、斜坡等功能、流线问题限制住，忽略了对空间原型的设计和塑造，在实际的指导或者任务书设置时候需要留意。

M7，基本基于上一阶段 M1 ～ M6 的模型，制作一个 16 m×24 m×9 m，1 ∶ 100 的模型，层数三层，材质不限。设计制作立体空间展览的实际模型。这一阶段的主要目的是结合实际场地和功能将主体空间置入。

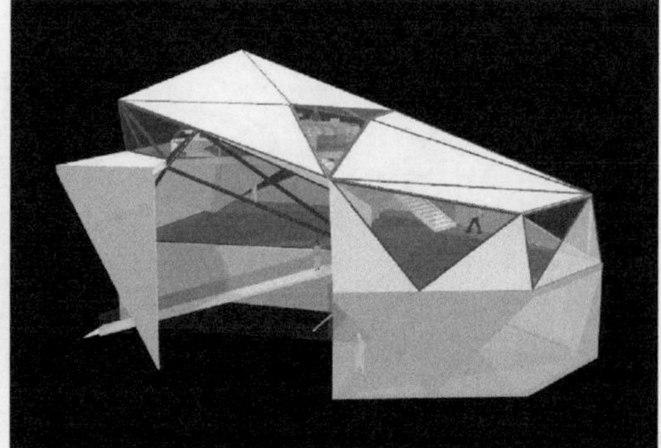

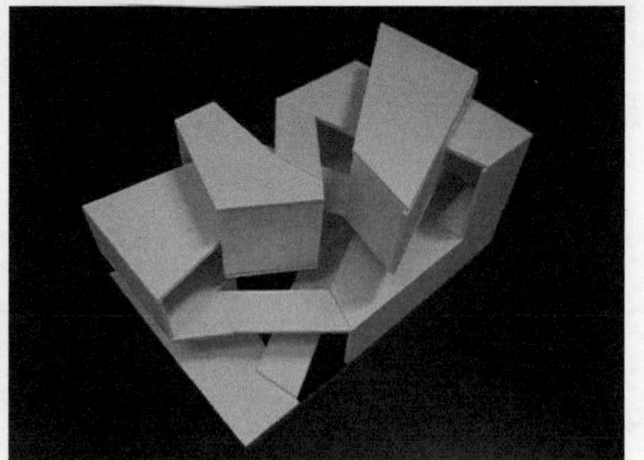

M8，在 M7 模型的基础上，利用杆件、板片、体块要素，对模型细节继续深化和调整。制作一个 16 m×24 m×9 m，1 ∶ 100 的模型。这一阶段的主要目的是对建筑空间和整体建筑效果的进一步调整细化，包括庭院、平台、走道等。

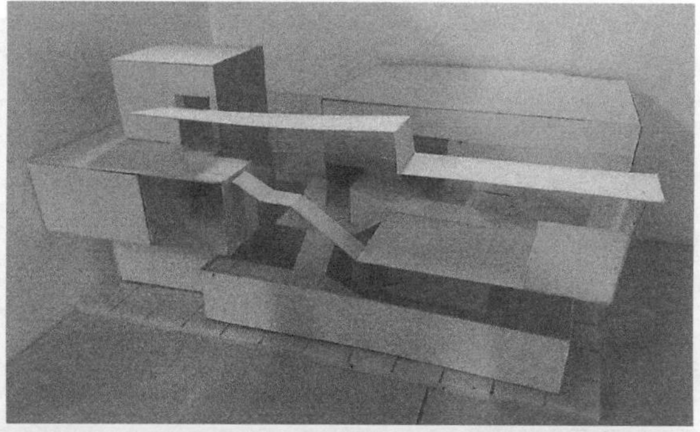

M9，完成最终模型，制作一个 16 m×24 m×9 m，1 ：100 的手工模型。此阶段为最终模型，需要学生完成主题空间在模型和实际场地上的完整转化，完成空间原型的设计和塑造。

2. 空间设计优秀作业赏析（一）

《木美术馆》

作者：邹海宇

班级：2019 级城乡规划 2 班

指导老师：吕瑶

点评：效果图渲染用心，模型制作精细，设计思路清晰，技术图纸绘制比较完整，内部空间有一定思考，整体作业完成较好。

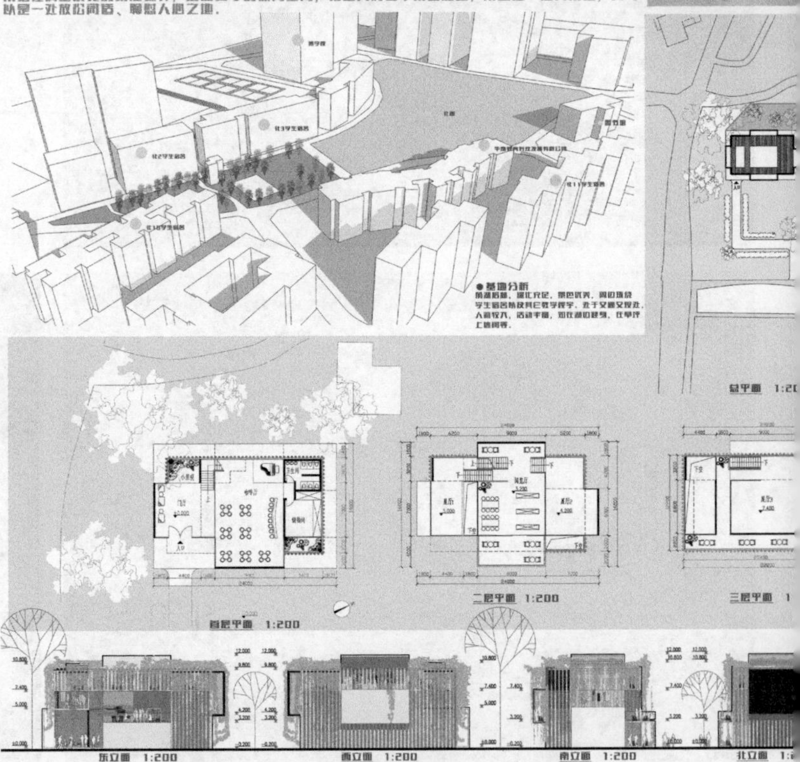

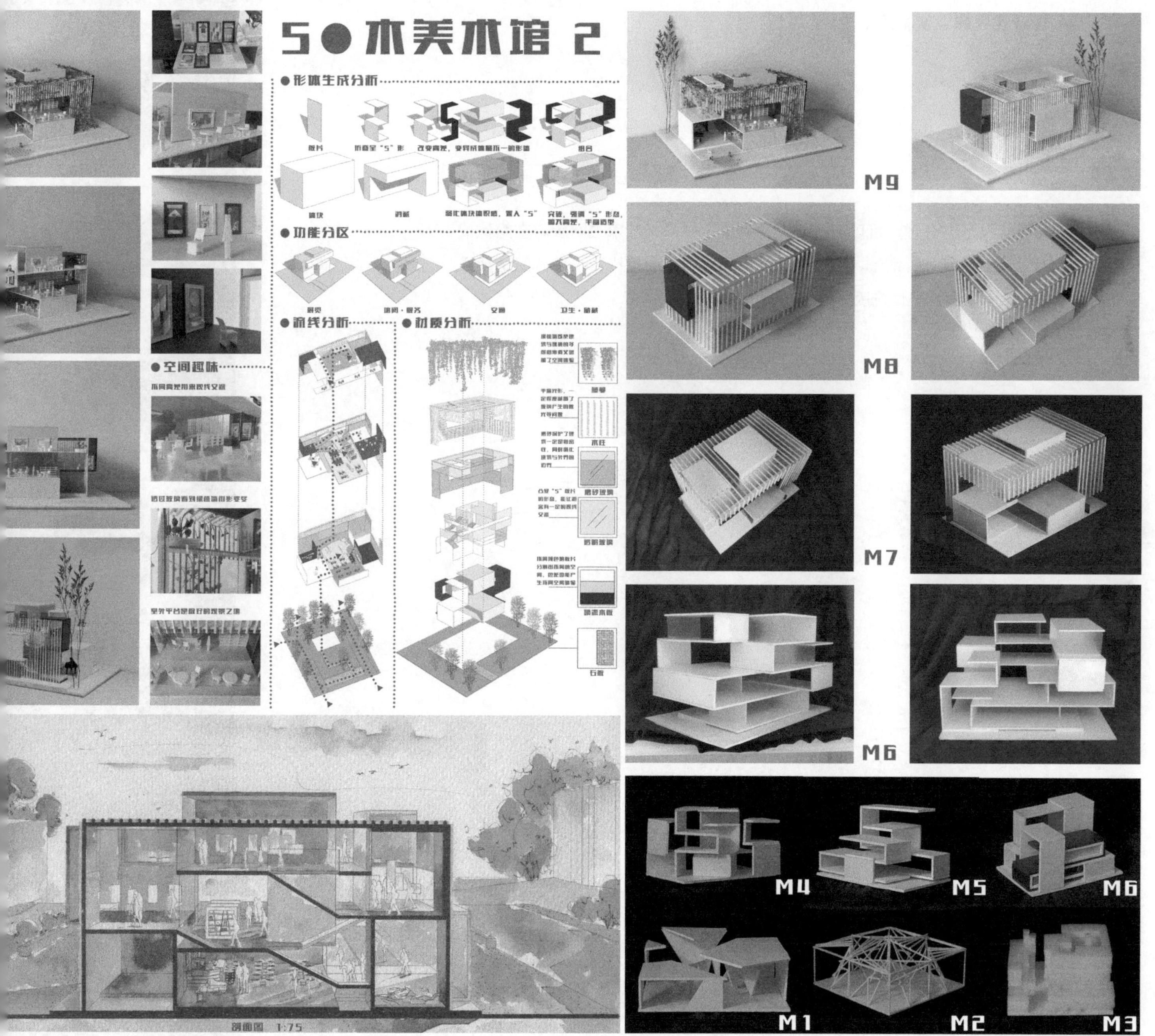
5●木美术馆 2
●形体生成分析
●功能分区
●流线分析
●材质分析
●空间趣味
M9
M8
M7
M6
M4
M5
M6
M1
M2
M3
剖面图 1:75

3. 空间设计优秀作业赏析（二）

《触及美术馆》

作者：佟劲燃

班级：2019 级建筑学 1 班

指导老师：王璐

点评：功能流线形态合理，可以多从自然、人文、技术、艺术去回应。空间构成较为简洁、美术馆的调研分析细致、小设计的场地理解和选址不错、小设计的延续性较好，技术图纸绘制清晰、整体排版效果好、模型制作精细。

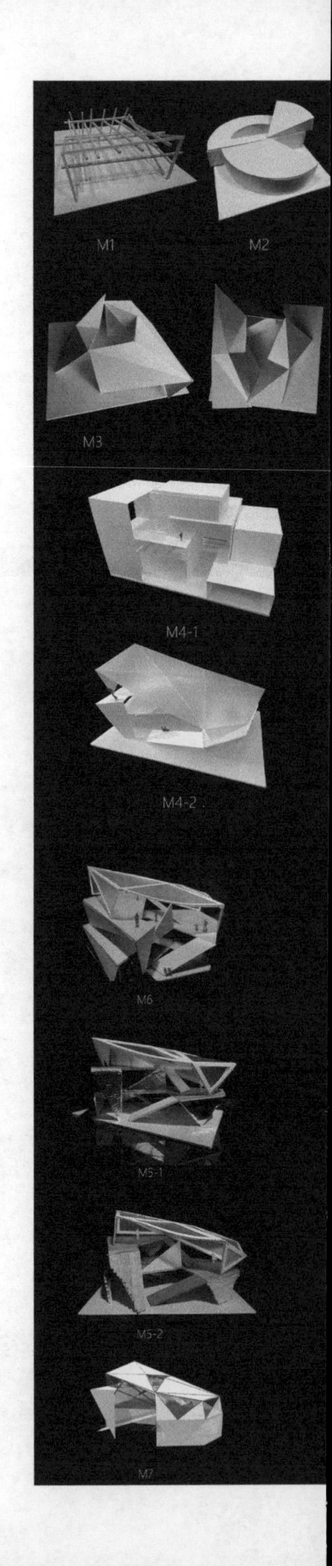

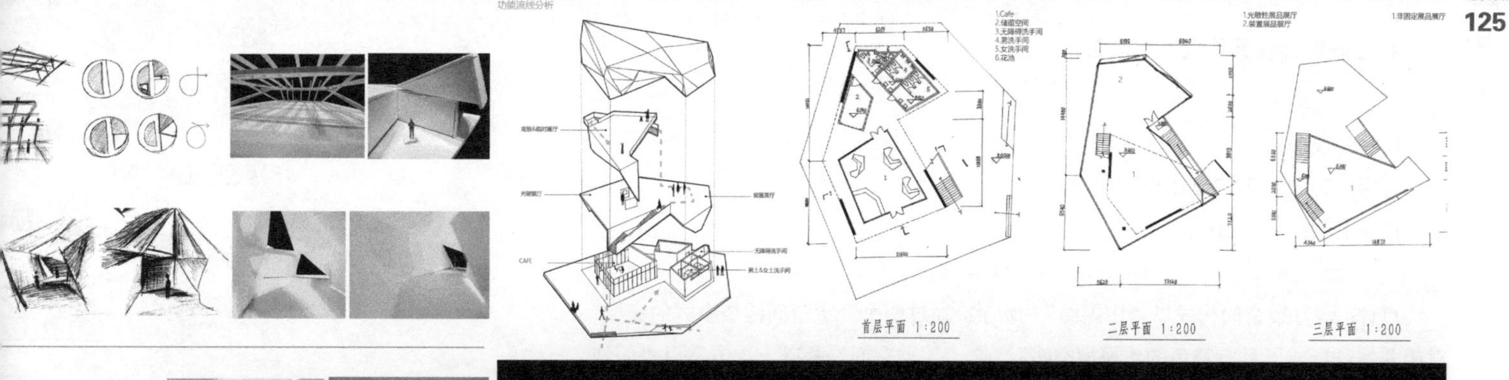
功能与平面拆解
功能流线分析
1.Cafe
2.储藏空间
3.无障碍洗手间
4.男洗手间
5.女洗手间
6.花池
1.光敏性展品展厅
2.装置展品展厅
1.非固定展品展厅
首层平面 1:200
二层平面 1:200
三层平面 1:200

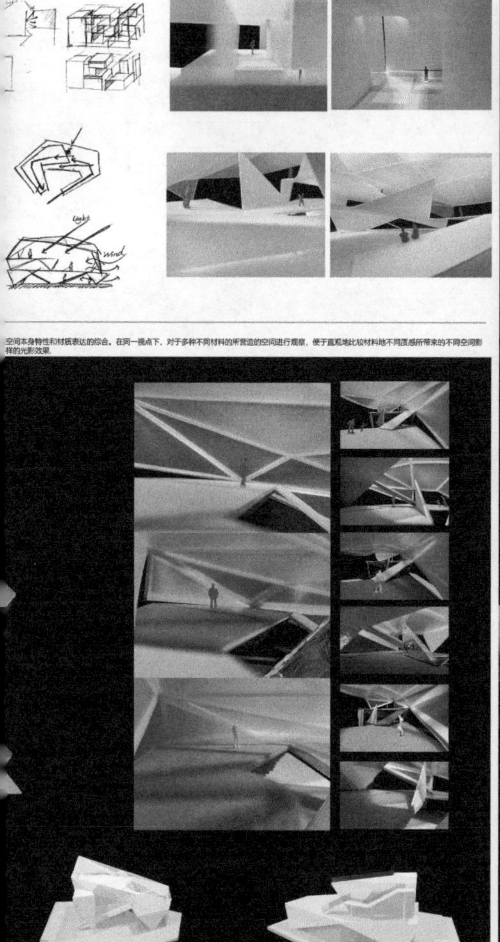
空间本身特性和材质表达的综合。在同一视点下，对于多种不同材料的所营造的空间进行观察，便于直观地比较材料地不同质感所带来的不同空间影样的光影效果.
M8

一层（cafe&基础设施）
二层（入口&摄影展）
三层（固定装置《巢》）

4. 空间设计优秀作业赏析（三）

《俯仰之间》

作者：段书轩

班级：2019 级建筑学 1 班

指导老师：方小山

点评：该方案空间构成以“中国结”为灵感，通过两个管状空间围绕中庭的穿插、对望关系，形成了具有特色的“原型空间”。在“原型空间”基础上，方案以“俯仰之间，皆成景色”为主题，以中庭为核心，以体验为重点，循观展之动线，融内外之景观，营叙事之空间；设计逻辑清晰，功能流线合理，空间层次丰富，光影变幻灵动。从原型空间到建筑生成、场地应对、细节处理都体现了很强的设计把控能力。

方案通过空间的嵌套与扭转，营造出富有特色的空间。从场地设计到建筑生成的逻辑清晰，对景观、光照、风向都有较为完善的分析。并对美术馆空间的功能与流线进行剖析。以中庭为主的特色空间分析到位，能够达到较好的空间体验。空间细节把控较好，对每个界面的材质与限定都有一定的考量。整体图面表达清晰完整，模型表达细致，室内空间的展示效果极佳，制图规范。建议增加整体与小透视的展示，更好地表达空间特色与空间体验。

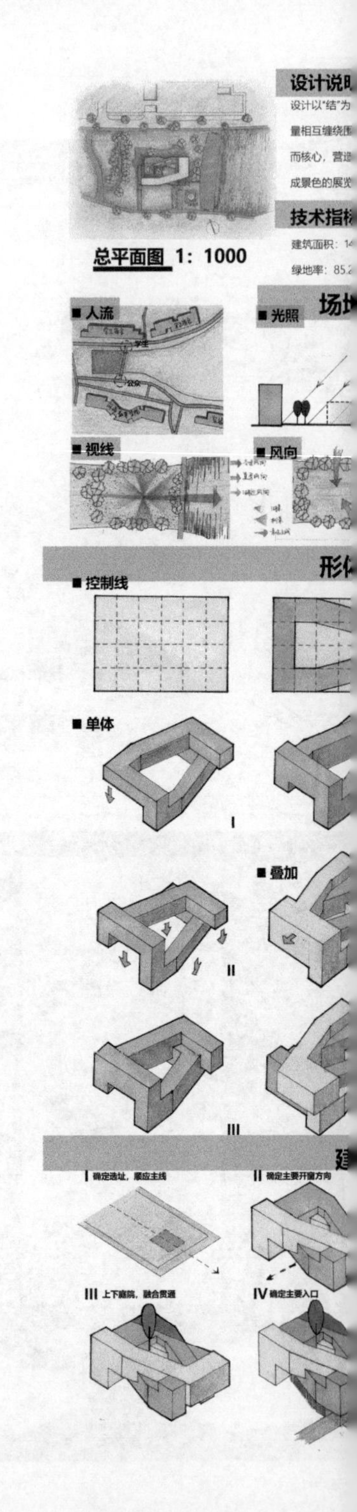

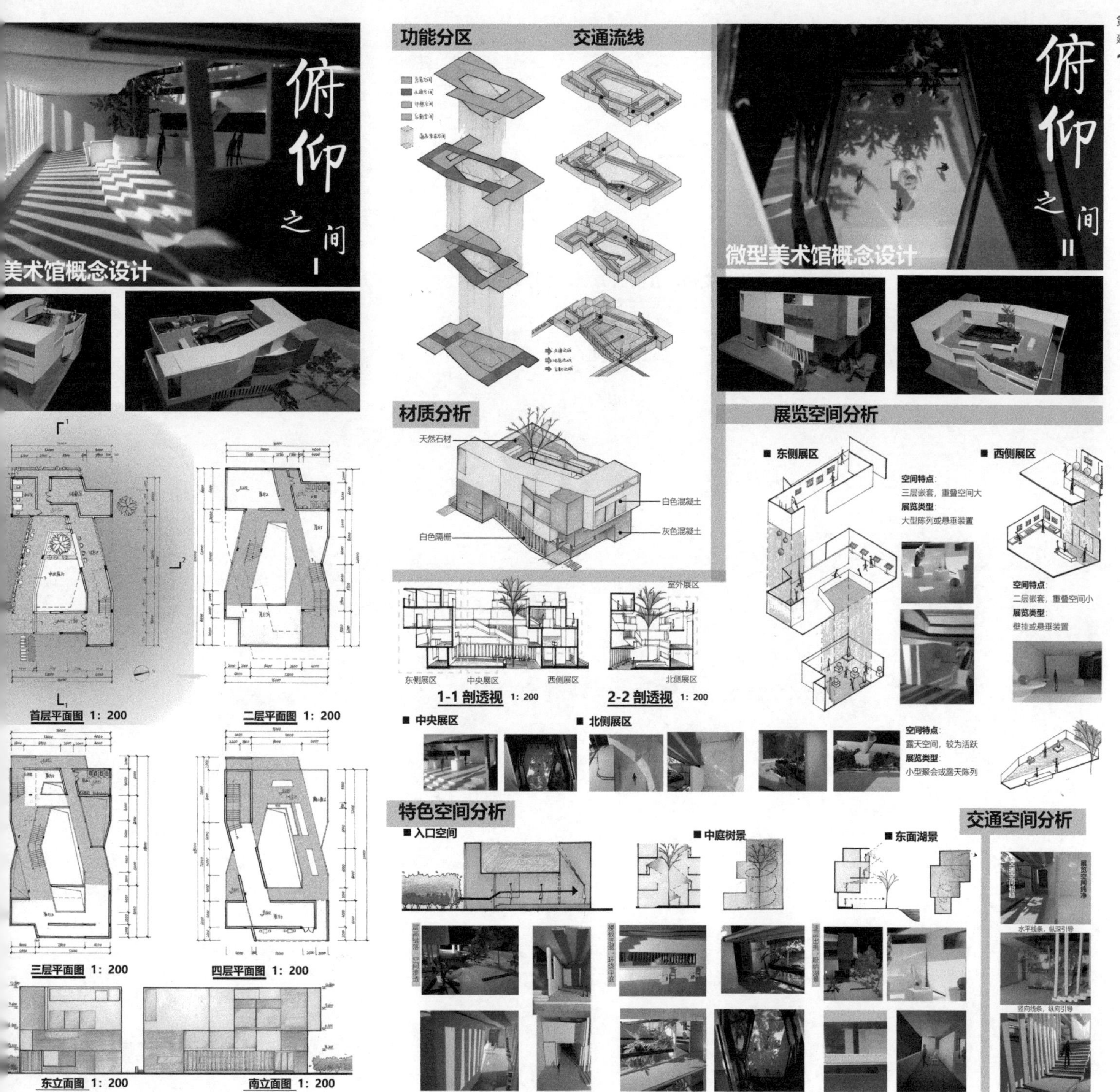
俯仰之间 I
美术馆概念设计
功能分区
交通流线
材质分析
天然石材
白色混凝土
灰色混凝土
白色隔栅
俯仰之间 II
微型美术馆概念设计
展览空间分析
■ 东侧展区
空间特点：
三层嵌套，重叠空间大
展览类型：
大型陈列或悬垂装置
■ 西侧展区
空间特点：
二层嵌套，重叠空间小
展览类型：
壁挂或悬垂装置
室外展区
东侧展区
中央展区
西侧展区
北侧展区
1-1 剖透视 1：200
2-2 剖透视 1：200
■ 中央展区
■ 北侧展区
空间特点：
露天空间，较为活跃
展览类型：
小型聚会或露天陈列
首层平面图 1：200
二层平面图 1：200
三层平面图 1：200
四层平面图 1：200
东立面图 1：200
南立面图 1：200
特色空间分析
■ 入口空间
■ 中庭树景
■ 东面湖景
交通空间分析
水平线条，纵深引导
竖向线条，纵向引导

5. 空间设计优秀作业赏析（四）

《立方和美术馆》

作者：侯欣娴

班级：2021 级建筑学 2 班

指导老师：魏开

点评：空间丰富多彩，简单的组合产生了许多变化，且图面美观、干净。

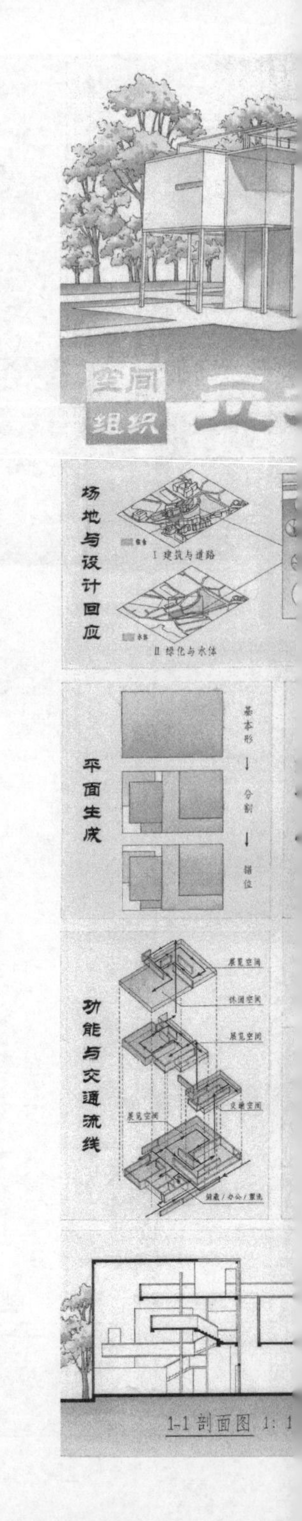

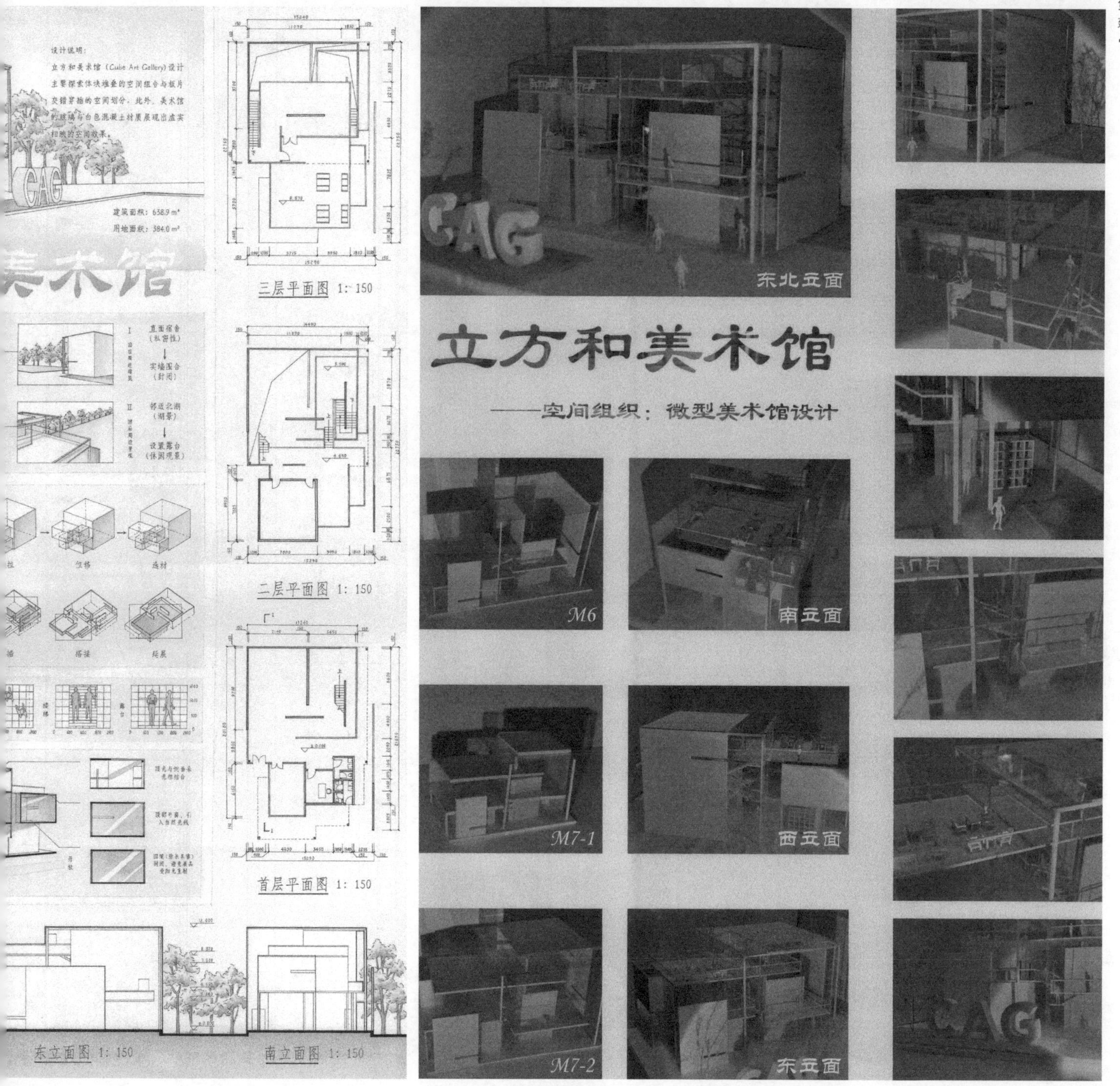
设计说明：
立方和美术馆（Cube Art Gallery）设计主要探索体块堆叠的空间组合与板片交错穿插的空间划分。此外，美术馆的玻璃与白色混凝土材质展现出虚实相映的空间效果。
CAG
建筑面积：638.9 m²
用地面积：384.0 m²
美术馆
直面宿舍
(私密性)
实墙围合
(封闭)
邻近北湖
(湖景)
设置露台
(休闲观景)
位移
选材
搭接
延展
楼梯
露台
顶光与侧面采光相结合
顶部开窗，引入自然光线
三层平面图 1：150
二层平面图 1：150
首层平面图 1：150
东立面图 1：150
南立面图 1：150
东北立面
立方和美术馆
——空间组织：微型美术馆设计
M6
南立面
M7-1
西立面
M7-2
东立面

6. 空间设计优秀作业赏析（五）

《街上流年》

作者：刘芯瑚

班级：2021 级城乡规划 2 班

指导老师：林正豪

点评：图纸表达清晰，色彩协调。建筑设计围绕街区展开，分析思路清晰有条理。但大透视的角度可再推敲，更好地表达出设计的概念和亮点。

立面展示

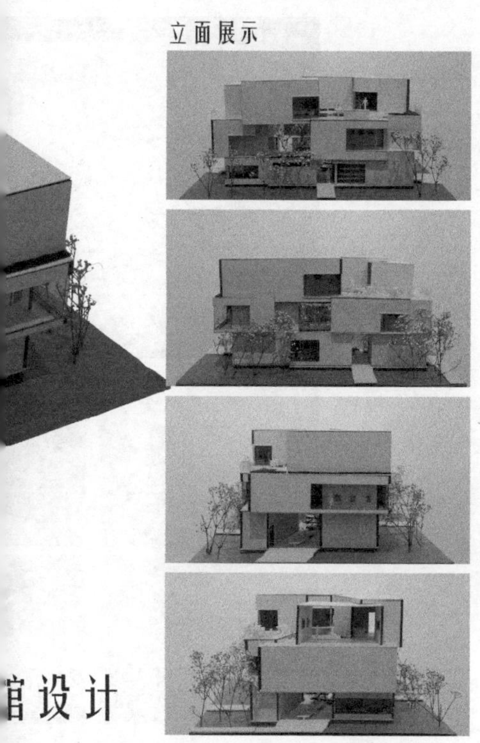

馆设计

过程模型展示

M6

M7

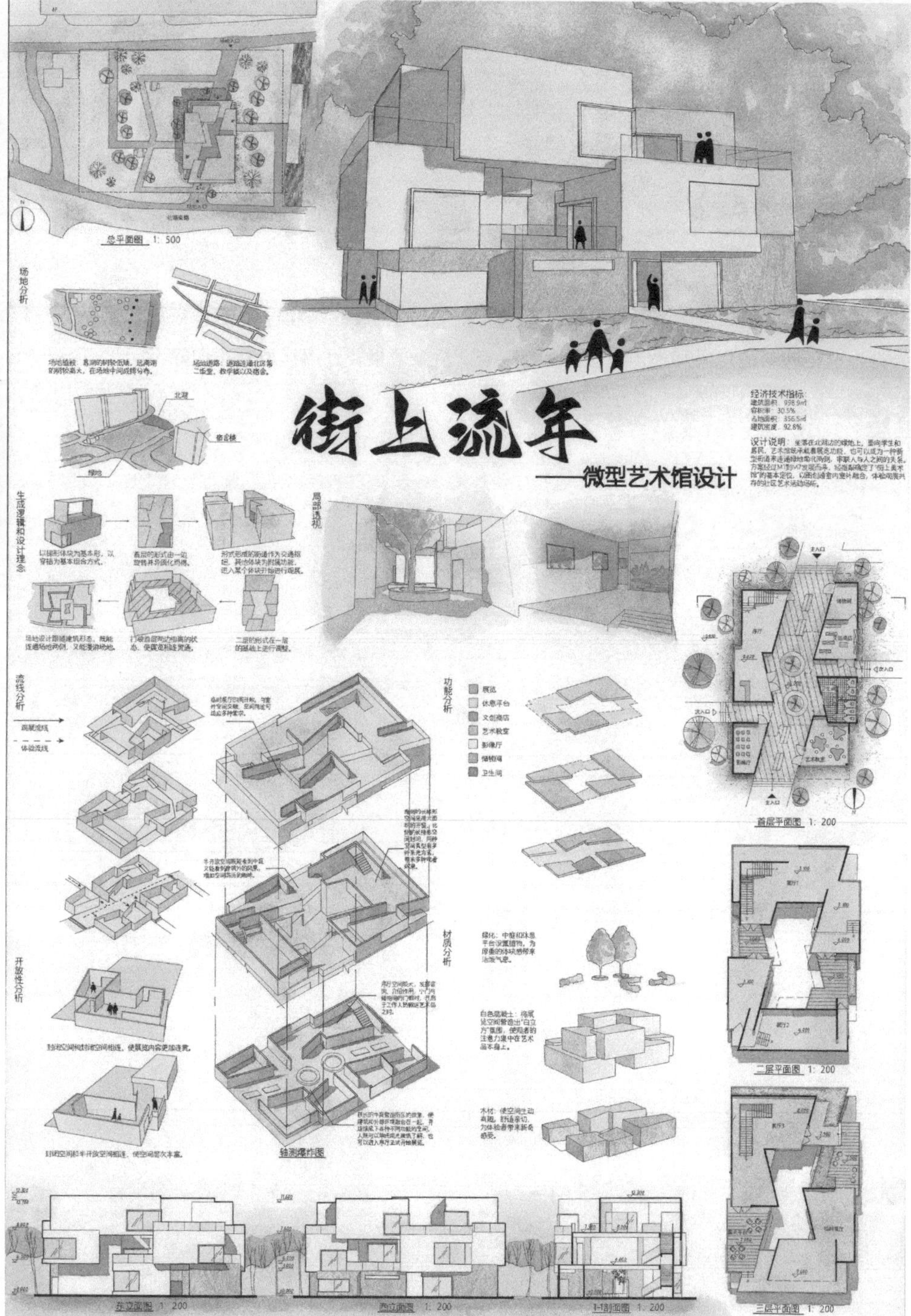

7. 空间设计优秀作业赏析（六）

《PARASTIC——美术馆》

作者：张泽宏

班级：2021 级建筑学 1 班

指导老师：刘虹

点评：空间组织逻辑较强，形式有趣，和之前空间构成的作业也是一脉相承的，看得出有一些新的思考和进步。图面排版整洁，渲染效果较好，模型制作较好。

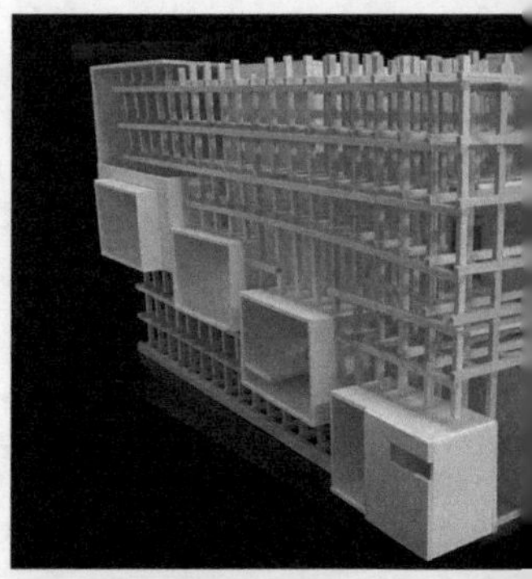

PARASITIC
——美术馆

从空构作业到最后的美术馆模型，是一个深化过程，对我来说也是一个简化过程，弃掉琐碎的形式是我这次重要的课题之一

建筑与雕塑

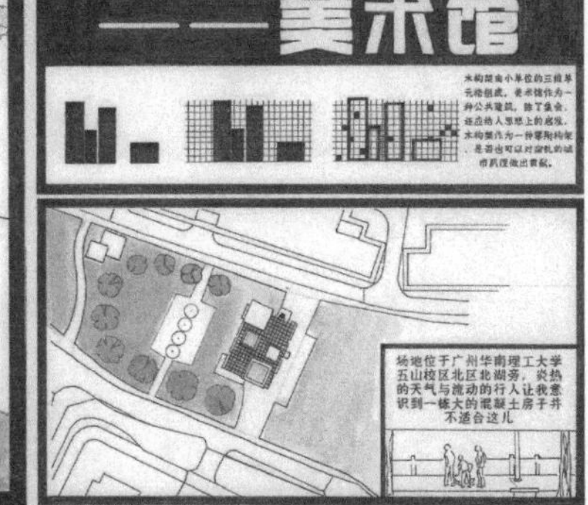

PARASITIC
——美术馆
场地位于广州华南理工大学五山校区北区北湖旁，炎热的天气与流动的行人让我意识到一栋大的混凝土房子并不适合这儿

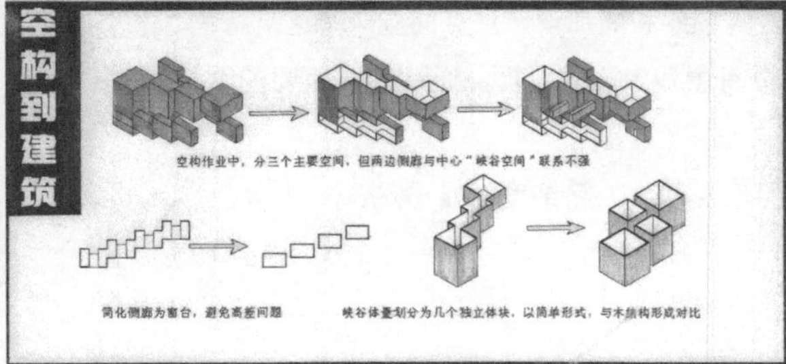

空构到建筑
空构作业中，分三个主要空间，但两边侧廊与中心“峡谷空间”联系不强
简化侧廊为窗台，避免高差问题
峡谷体量划分为几个独立体块，以简单形式，与木结构形成对比

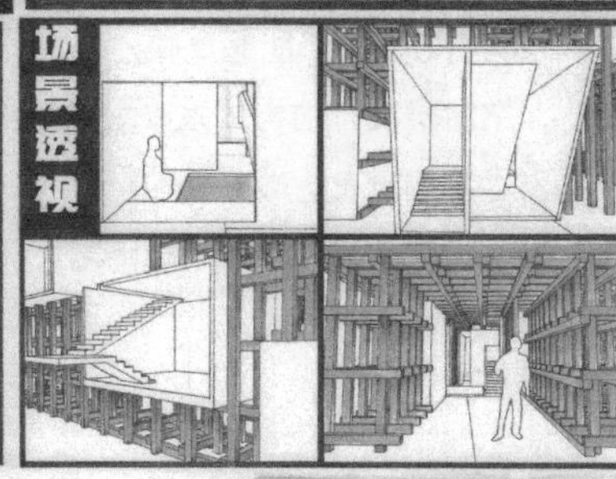

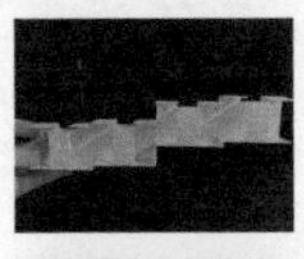

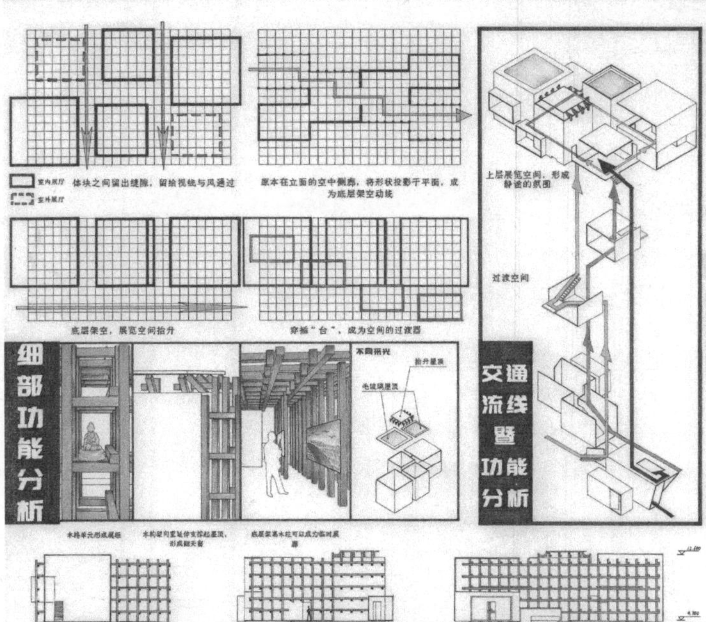

体块之间留出缝隙，留给视线与风通过
原本在立面的空中侧廊，将形状投影于平面，成为底层架空动线
底层架空，展览空间抬升
穿插“台”，成为空间的过渡器
细部功能分析
交通流线暨功能分析
上层展览空间，形成静谧的氛围
过渡空间

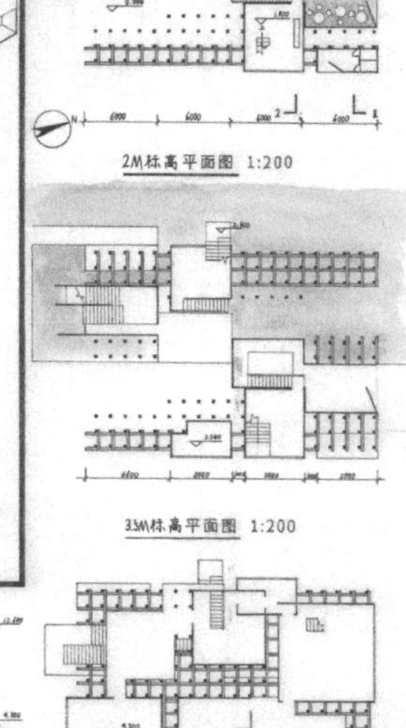

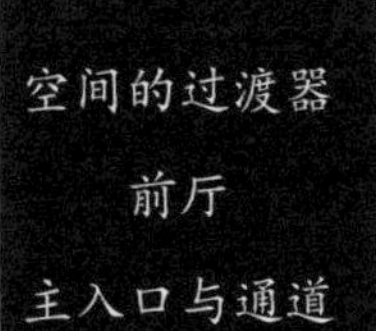

空间的过渡器

前厅

主入口与通道

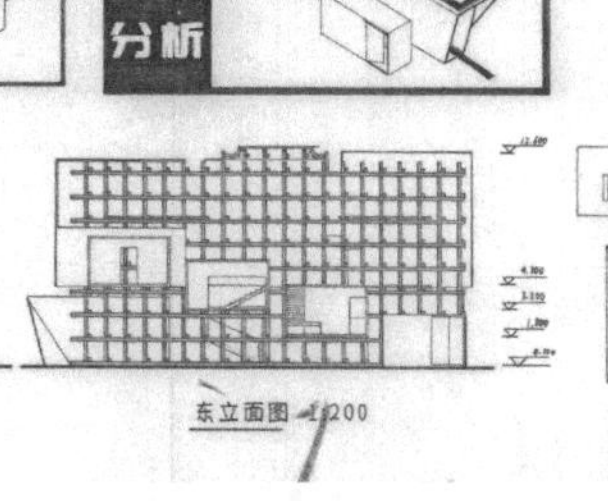

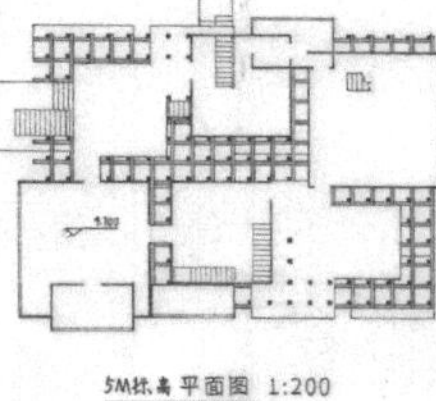

8. 空间设计优秀作业赏析（七）

《斗折》

作者：罗怡晖

班级：2021 级建筑学 1 班

指导老师：刘虹

点评：案例选择合理，图纸完整，排版清晰，技术图准确，分析内容全面，效果图刻画细腻，用色考究。

分析内容全面，能够反映建筑设计逻辑顺序和局部设计重点问题。对建筑特色、手法、空间层次、结构体系、大样等部分有由浅入深的分析，通过简明扼要的图纸语言表达，清晰表达出分析的全过程。

模型制作完整，细节表现清晰。模型比例稍大，精细度似显不足。

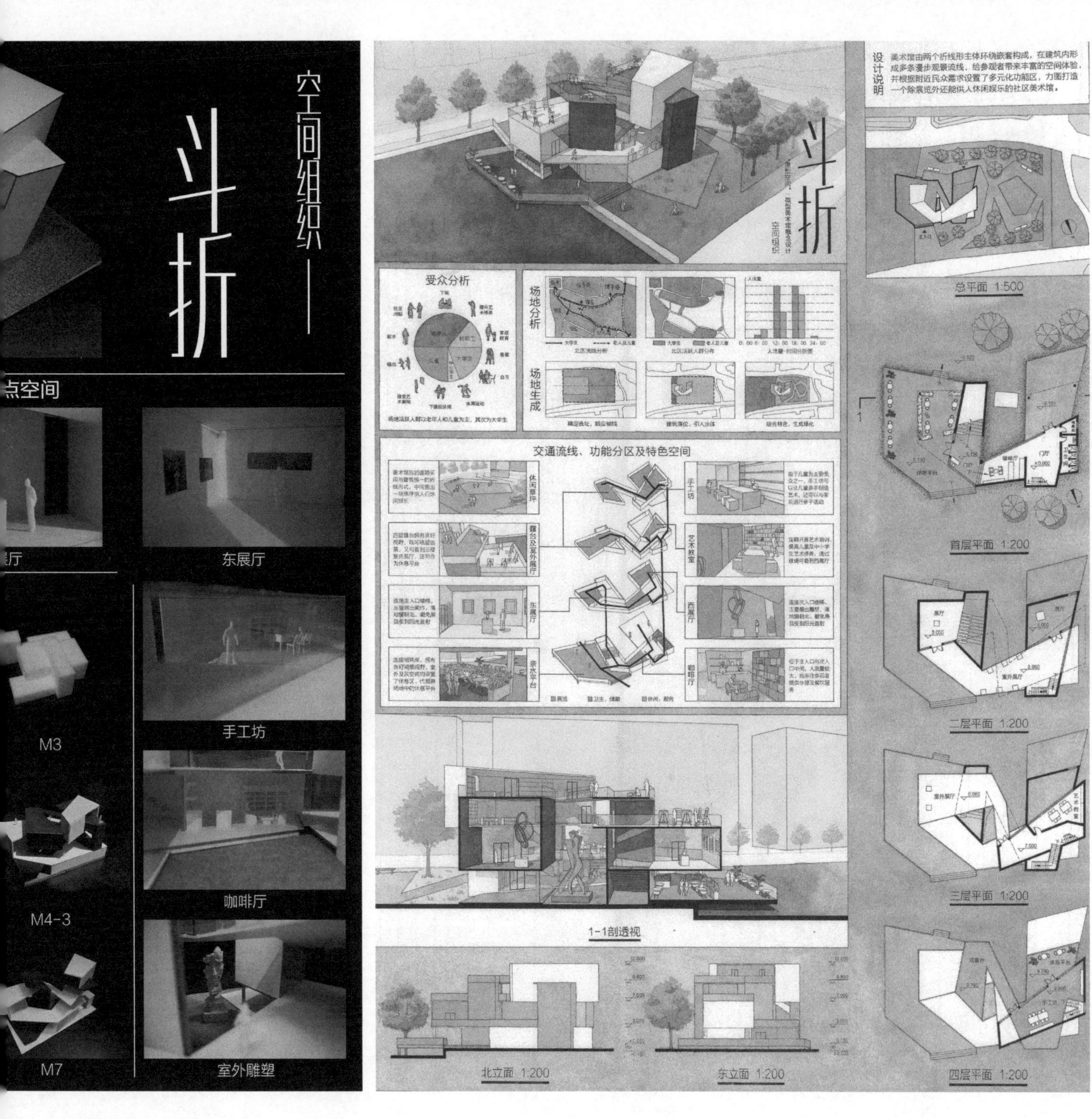
空间组织——
斗折
点空间
厅
东展厅
M3
手工坊
M4-3
咖啡厅
M7
室外雕塑
斗折
空间组织
设计说明
美术馆由两个折线形主体环绕嵌套构成，在建筑内形成多条漫步观景流线，给参观者带来丰富的空间体验，并根据附近民众需求设置了多元化功能区，力图打造一个除展览外还能供人休闲娱乐的社区美术馆。
总平面 1:500
受众分析
场地分析
场地生成
交通流线、功能分区及特色空间
休闲草坪
露台及室外展厅
东展厅
亲水平台
手工坊
艺术教室
西展厅
咖啡厅
首层平面 1:200
二层平面 1:200
三层平面 1:200
1-1剖透视
北立面 1:200
东立面 1:200
四层平面 1:200

9. 空间设计优秀作业赏析（八）

《盒美术馆》

作者：王奕丹

班级：2021 级建筑学 1 班

指导老师：刘虹

点评：空间组织逻辑清晰，形成的空间非常丰富，也带有对实际使用功能的恰当思考，之前的空间构成更加推进了深度。图面表达清晰，渲染效果好看。模型制作干净整洁，场景感强。

M6

在 M5 基础上增强空间封闭性，且增加建筑要素，如楼梯，栏杆等

增加材质丰富性，通过不同材质进一步划分空间

在 M7 基础上增加高差，且进步细化建筑必备要素

特色空间展示

1. 经过美术馆时被巨大展品抓住眼球，吸引游客进入

2. 欣赏 璃盒子 景

甜品站休息区

卫生间前长廊

展

，特殊展品

主入口

三层主题画展

近距离观看

远距离观看

间观感

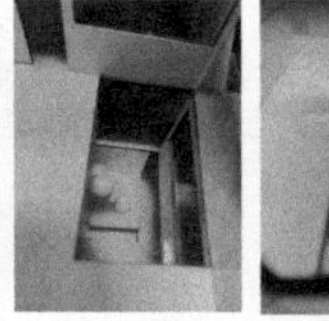

看后可在玻
欣赏自然美

3. 三层通过天窗可从不同角度观赏特殊展品，同时也可与不同楼层的人之间进行视线互动

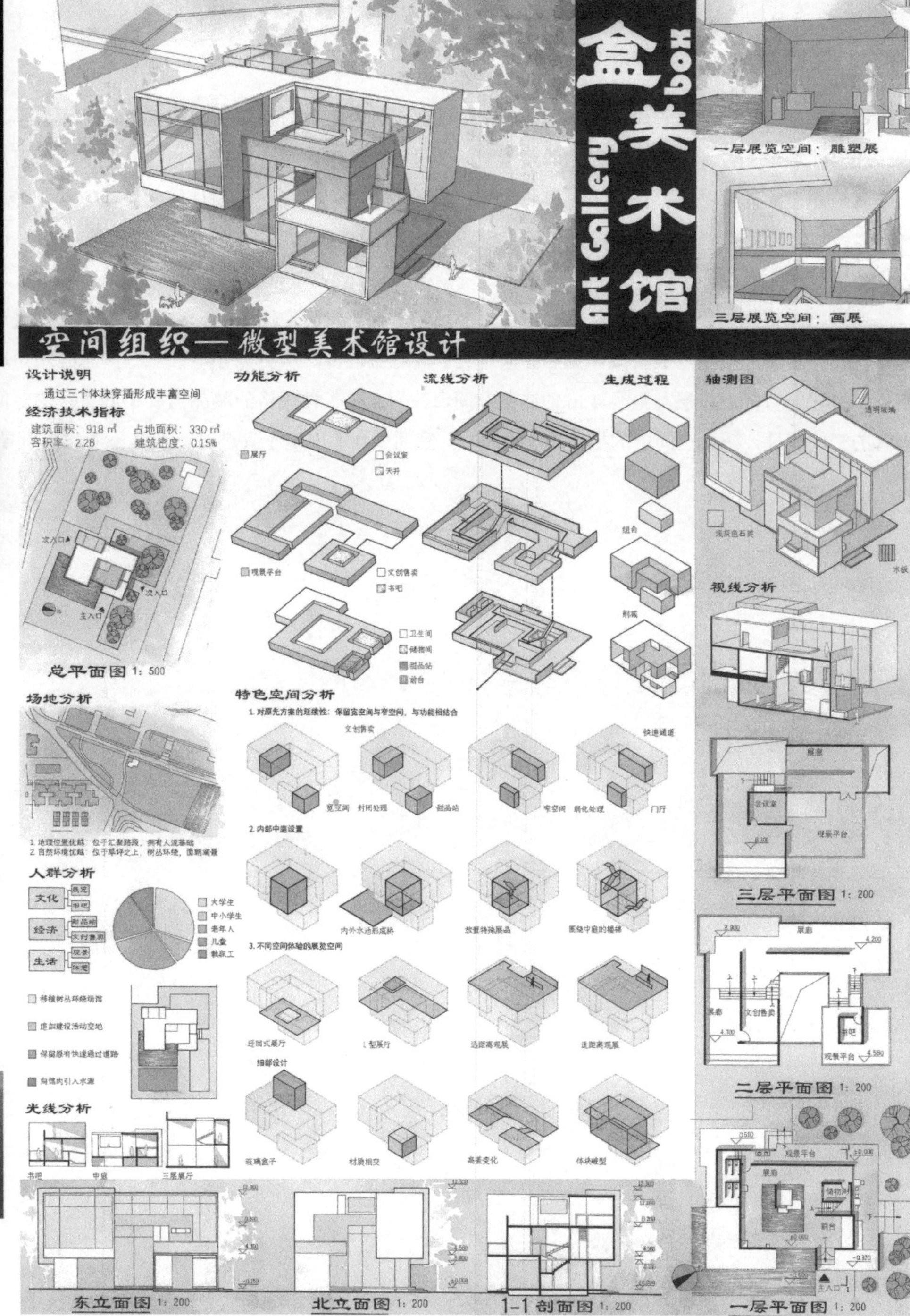

盒美术馆
box Art Gallery
一层展览空间：雕塑展
三层展览空间：画展
空间组织——微型美术馆设计
设计说明
通过三个体块穿插形成丰富空间
经济技术指标
建筑面积：918㎡　占地面积：330㎡
容积率：2.28　建筑密度：0.15%
功能分析
流线分析
生成过程
轴测图
总平面图 1:500
场地分析
人群分析
光线分析
特色空间分析
1. 对原先方案的延续性：保留宽空间与窄空间，与功能相结合
2. 内部中庭设置
3. 不同空间体验的展览空间
细部设计
视线分析
三层平面图 1:200
二层平面图 1:200
一层平面图 1:200
东立面图 1:200
北立面图 1:200
1-1剖面图 1:200

3.5.5 课题总结

这是学生在一年级建筑设计基础的最后一个课题。经过之前对建筑空间的观察、了解、学习和探索创造，这次需要结合更多的建筑因素，在具体场地上设计一个相对简化的展览空间。虽然微美术馆设计的是具有功能的空间，但离真正的建筑设计还有一定差距。它的意义在于将建筑空间问题的研究从抽象过渡到具体，训练了由空间构思到建筑具化的设计方法，形成一种空间先于平面、立面、造型的设计思维。它将之前所学的知识和技能整合运用，融会贯通。前两个学期没有实质上的建筑设计训练，而是从建筑空间认知、设计流程、思维方法、表达分析等多方面进行了训练，为接下来的建筑设计入门训练打下基础。

这一阶段也是构建空间认知结构的最后一个阶段，综合运用空间知觉、空间想象能力，进行抽象概括与综合推理的空间思维训练，也是空间设计思维的初步形成阶段，为后面建筑设计训练做准备。从更充分地锻炼空间思维的角度，建议以后的教案设计可以将空间要求赋予更多样化的特征，将层高至少 4 m 的展览空间，改为 2 ～ 3 种规格的展品需要不同特征的空间来实现展览，学生塑造空间时需保持一些固有的空间属性，感受空间中的拓扑关系。同时，空间属性的限定不宜过多，尤其不能成为引导方案的主要因素。

3.6 本章小结

本章详细论述了建筑设计基础课程前两个学期的课题内容，分析思维训练的进阶过程与建筑空间认知结构构建的步骤，总结展示教学成果，并对课题进行总结。空间设计思维基础训练分为五个阶段，围绕建筑空间的观察体验、初涉感知、学习解读、想象设计进行。

“空间初识”通过“初看建筑”课题，让学生初步观察和体验空间与场所，发现并思考问题，用多媒体的形式表达。这一阶段训练了建筑空间的知觉能力。

“空间初涉”通过“楼梯测绘”和“教室空间的分析与营造”两个训练，让学生细致观察空间，学习分析空间问题的方法与表达，学习规范的建筑制图方法，真正进入建筑专业的领域。这一阶段训练了建筑空间的度量和表达能力。

“空间解读”是通过“解读建筑”课题，让学生学习优秀的建筑空间处理手法，了解流派与优秀建筑师和他们的理念，学习建筑理论如何体现在建筑空间设计中，并再次提高建筑空间分析与表达能力，初步树立评判空间的价值观。这一阶段是对建筑空间的一种学习与积累过程，为空间想象能力与空间思维提供基础。

“空间限定”通过系列模型来实现训练，学生在经过对建筑空间的了解、接触、学习后，进行空间创造。学习模型制作与推敲的方法，探索空间原型，为空间赋予一定的功能，学习材质表达。从空间认知能力的结构来看，这一阶段训练了空间想象能力。

“空间设计”的课题定位是上一阶段的抽象空间向实际建筑空间的转化，载体是“微美术馆”设计，需要学生在实际场地上设计有主题的空间，将环境、功能、尺度与空间结合考虑，设计一个简化的展览空间。这一阶段锻炼了空间思维能力，综合运用空间认知能力。

总之，本章的五个进阶的空间训练阶段以建筑空间认知训练为主，对建筑空间认知能力进行了较为完整的训练，配合空间学习方法与空间知识积累，为后两个学期在建筑设计中运用空间设计思维打好基础。

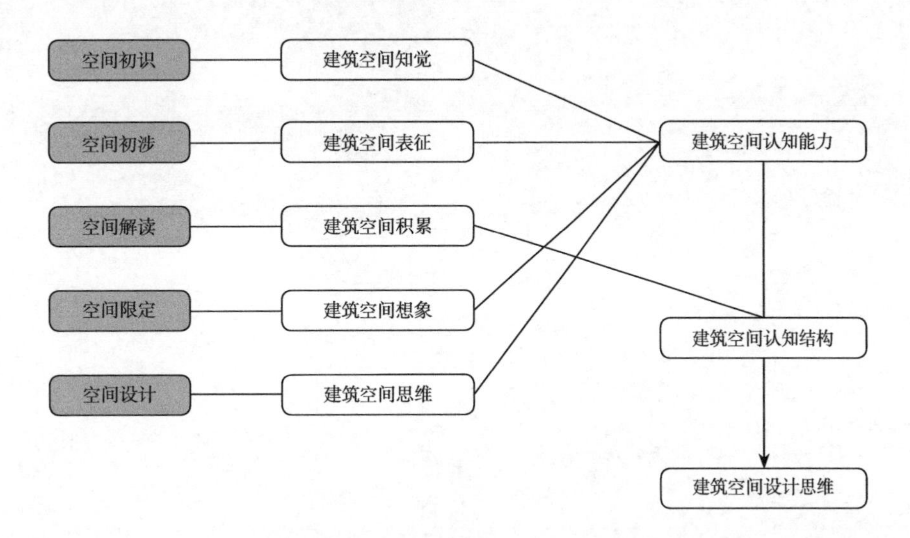

一年级空间设计思维基础训练的逻辑框架

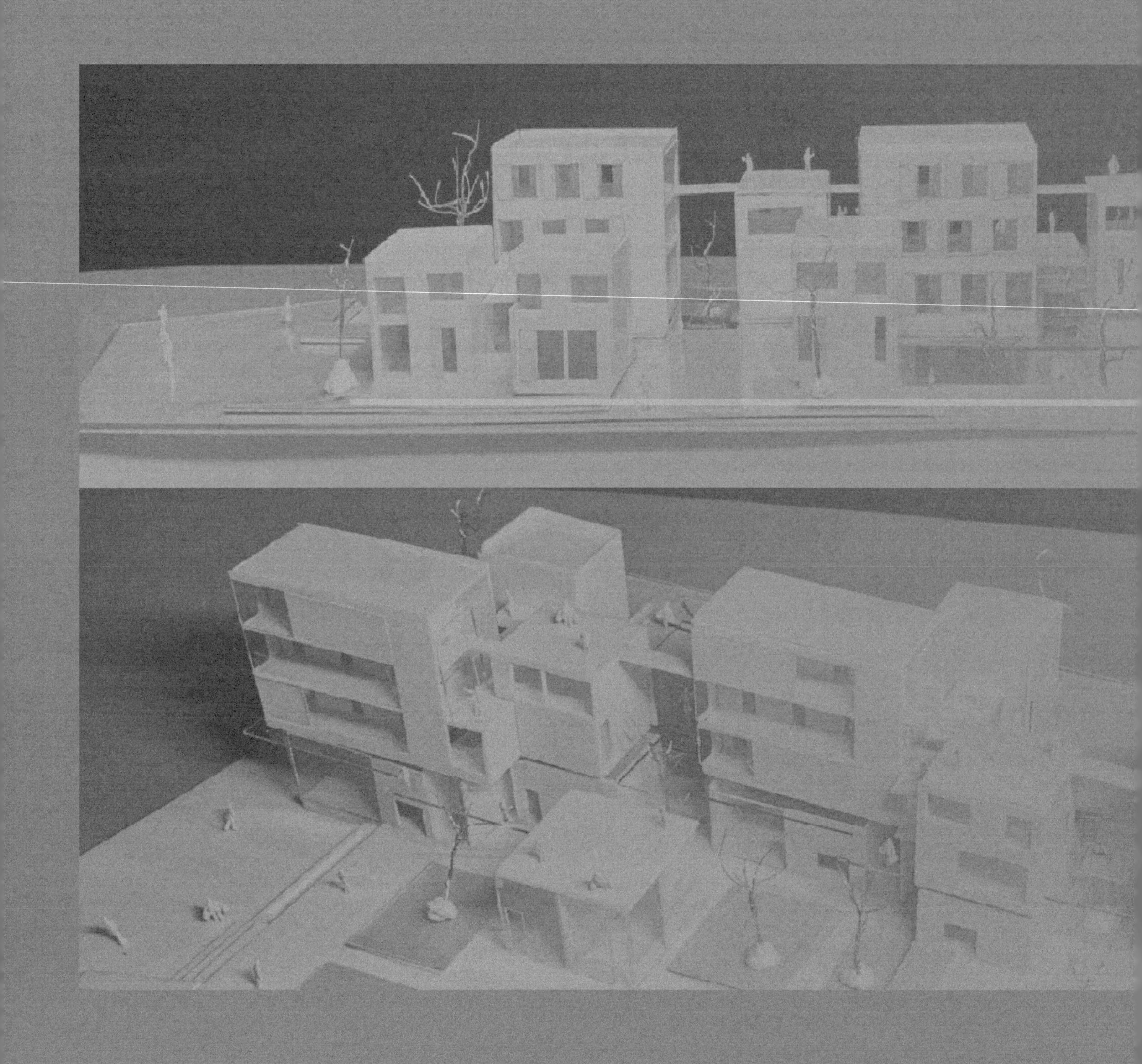

第四章

Chapter Ⅳ

建筑设计入门

rift like cloud

4.1 行为尺度

4.1.1 专题设置

专题一为行为尺度，即训练学生在建筑空间操作时，建筑空间的尺度和特性要与人体行为相适应，有注重空间行为尺度的意识。行为尺度与人本身密切相关，相对浅显易懂，适合作为空间专题的首个专题。课题选取与人体尺度紧密相关的艺术家创作室作为建筑类型。建筑规模较小、形式灵活，包含工作空间、个性空间和辅助空间，每个空间的尺度、布局、朝向等都需要考虑该空间的功能与人在其中的活动形式。基地选址在校园教工区，周围有历史建筑与旧建筑改造的建筑师工作室可作为调研对象。学生不仅需要关注人体站立、行走、坐卧的尺度，家具尺度，以及人与空间的关系，还需要考虑建筑与周边环境的协调、建筑外部空间的组织，初步探讨建筑空间与人体尺度的关系。

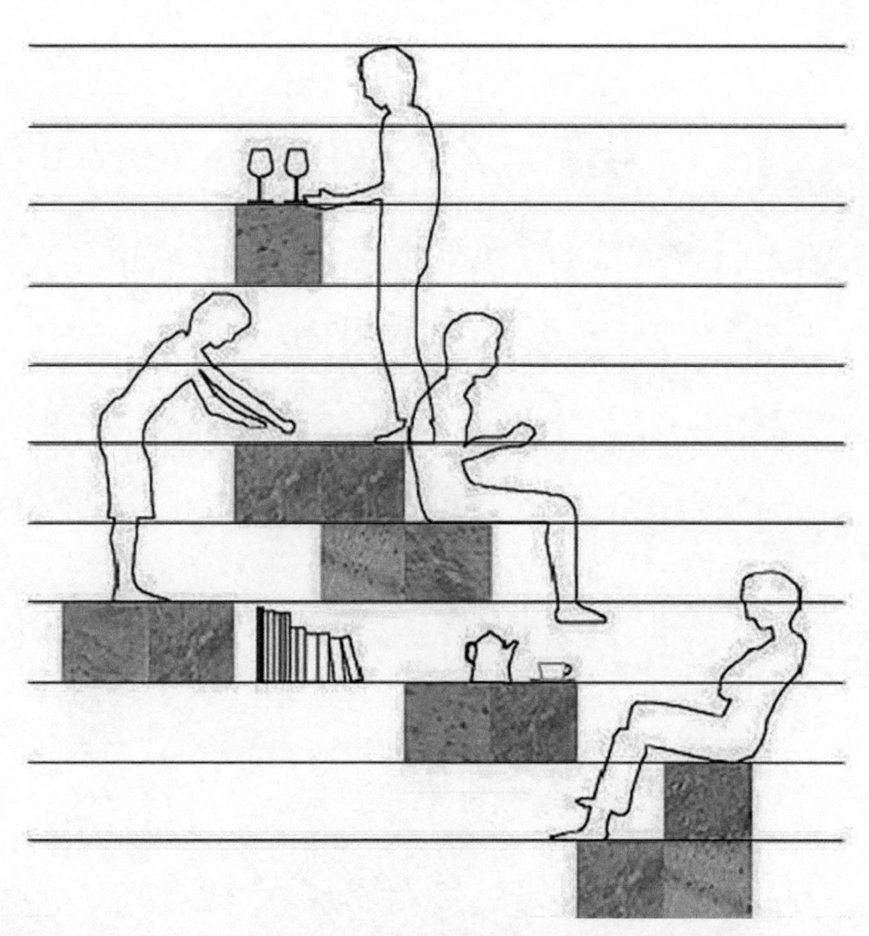

人体与均分木材契合
（图片来源：El Croquis 151—Sou Fujimoto）

4.1.2 课题内容

1. 教学目标

作为二年级的第一个建筑设计训练，从“行为与空间”“建筑与环境”“功能与形式”等基本命题入手，培养学生对建筑设计原理的理解和设计方法的掌握。行为尺度是建筑学的基本概念，学生需要掌握人的行为与空间的形式（尺度、方位、布局等）之间的关系。学生需要掌握人体尺度与建筑空间的关系，前面的基础训练涉及到人体尺度的内容多为单一空间，本次课题需要解决人体尺度与功能、流线和空间相对复杂的问题。课题还要求学生掌握处理建筑与周边历史环境衔接、营造和组织外部空间、合理布置结构的方法和技术手段，熟悉相关的建筑行业规范知识，如建筑技术标准、建筑防火规范、居住和办公建筑规范等，学习建筑技术指标的计算方法，进一步巩固建筑制图方法与规范。课题培养科学合理的建筑设计习惯和工作模式，包括调研分析、概念生成、深化推敲、沟通表达等过程，并通过对训练过程的把控，培养学生理性的逻辑思维能力和从空间出发解决建筑问题的能力。

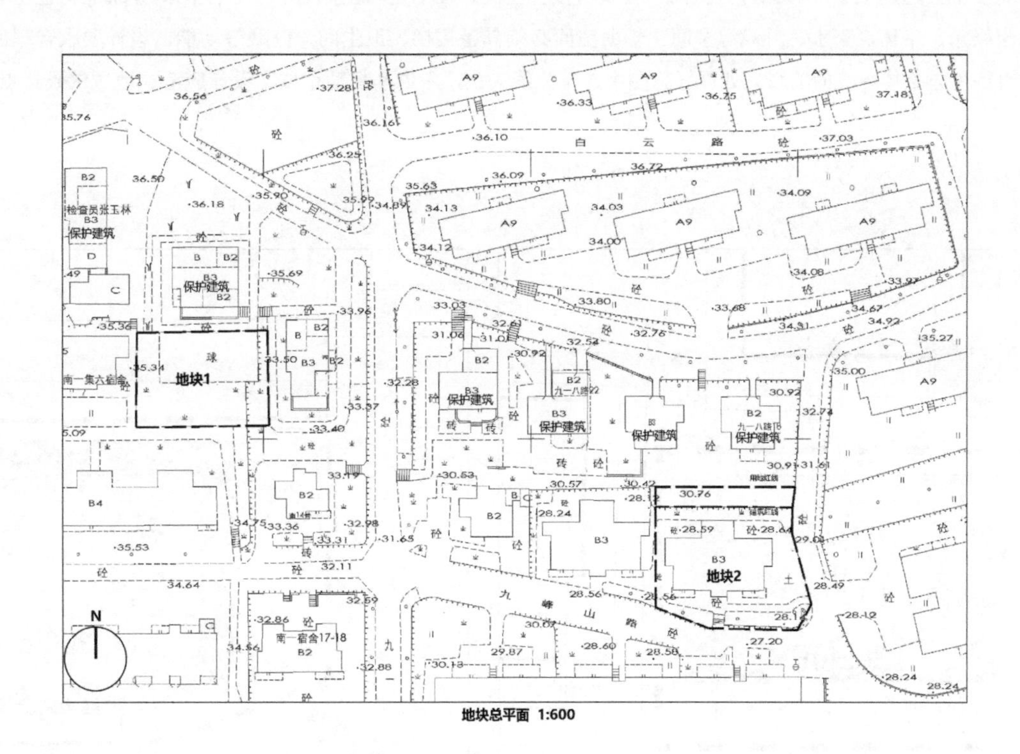

地块总平面 1:600

2. 教学过程

课程共八周，16 次课，分为开题与调研、草图（包括一草、二草、修正图）、正图正模和评图推优四个阶段。按课时计算，开题与调研（包含任务书制定）为一周半时间，3 次课；一草一周时间，2 次课；二草一周半时间，3 次课；修正图一周半时间，3 次课；正图正模制作两周时间，4 次课；最后评图推优 1 次课。每个阶段要求学生完成特定的设计步骤，配合教师指导、大课讲座和阶段成果提交与讲评，增强对设计过程的把控，减少学生的盲目性。

1）开题与调研

在给定的两个地块中选择一个作为设计场地，为艺术家设计一个建筑面积不超过 200 m²，高度不超过 12 m 的小型建筑。艺术的类型可以为绘画、雕塑、工艺、建筑、音乐、舞蹈、戏剧、电影、游戏等，由学生调研后自行确定 1 ～ 2 种，建筑可以服务于独立的艺术家，也可以为 2 ～ 3 人或小团体（10 人左右）设计。

建筑功能包括三部分：工作空间、个性空间、辅助空间。三部分的具体内容和面积由每个小组讨论生成。工作空间应满足选定的艺术类别的工作需求，面积不应超过 120 m²。如办公空间、会议与接待空间、图书资料空间等。个性空间为建筑的特色空间设计，学生可自行决定，如展览、休闲娱乐、午休、茶水、游戏等空间。辅助空间必须具备楼梯、卫生间、储藏等功能。设计要求合理的空间及流线组织，协调建筑定位、建筑特色与整体环境的关系。处理好总图中人车流线关系，考虑非机动车位。设计应考虑地域气候特点，最好有节能理念。

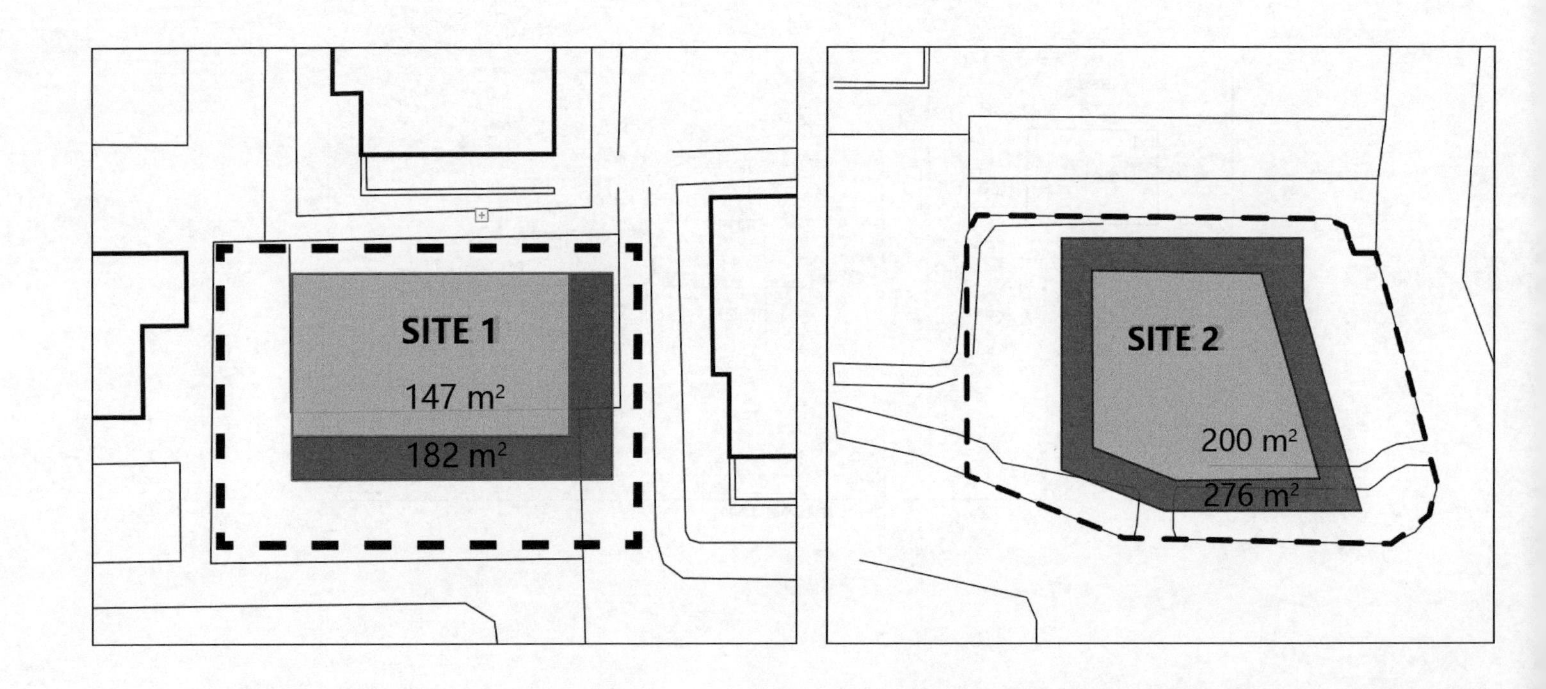

开题之后，学生运用前两个学期训练的技能进行场地调研与案例调研，了解场地现状特点，了解相似建筑空间的设计手法，为个人设计积累空间知识，提供借鉴。然后在听完讲座“任务书优化——走向个性化”之后，学生和指导老师通过调研和访谈制定自己的任务书，建筑功能的要求具体化。任务书一旦确定好后，设计中不可更改，目的是让学生遇到问题后学会想办法解决问题，而不是改变设计的初衷。

2）草图阶段

草图分为一草、二草、修正图三个阶段，这个是通用的教学做法，目的是强调学生设计过程的训练与把控，注重培养学生设计形成过程中的思维逻辑与习惯。一草为初步概念形成，二草为概念的深化和调整，修正图即三草，方案基本定型，是正图前的方案定稿，之后基本不会大改，仅完善细节。但实际教学中每个学生的进度不同，存在问题与困难的时间也有区别，需要老师灵活调整与把控学生的方案进度。

3）正图正模阶段

最终需提交正图与正模，正图要求A1手绘单色或彩色图纸，包括各层平面图（需布置家具设备，首层表达环境，比例为1 ： 100）、总平面图（完整表达人、车道路以及用地内及周边环境，比例为1 ： 300）、工作室局部放大图（比例为1 ： 50）、立面与剖面图（至少各一个，剖面表达至周边道路）、透视图（一张二号图纸规格的外观整体透视渲染图，其他视点透视渲染图规格个数不限）、分析图、设计说明和经济技术指标，为保证经济技术指标真实性，要求学生在A4纸上绘制面积框图，精确计算和表达建筑面积、建筑密度、绿地率等经济技术指标。实体模型要求1 ： 75，应包含场地及场地周边的建筑及环境，材料和形式应根据设计意图进行选择，鼓励创新性探索的表现。

4）评图推优

首先，2～3位老师共同点评一组（约10位）同学的最终成果，并推选组内2～3份优秀设计。然后，每个组的推优作业集中在一起，张贴图纸，摆出模型。全体老师与学生自由浏览，被推优的学生可以和老师们交流设计思路，相互讨论。随后，教师内部讨论和投票。最终根据票数评选出优秀作业。这种评图方式可以平衡小组与年级的优秀作业分布，充分锻炼学生的表达能力，提供更多学习交流的机会，并引发学生进一步的思考。

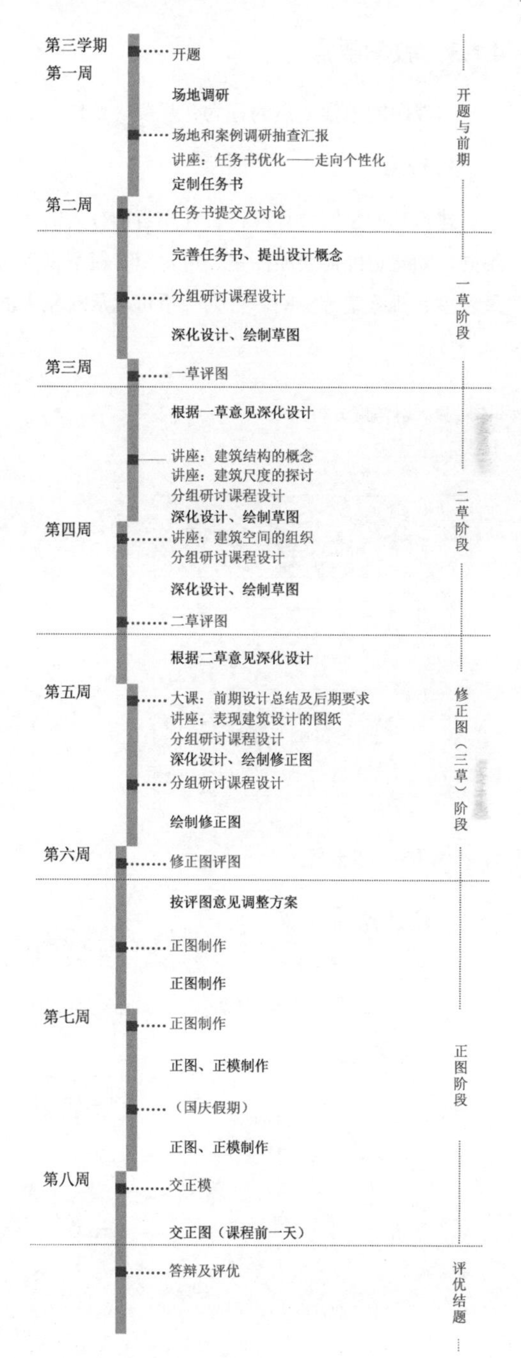

4.1.3 教学要点

本课题的教学要点为行为、尺度、结构。

1. 行为

建筑功能空间设计应符合使用者的行为需求。不同使用者的行为对应的空间形式不同，如建筑师需要绘图室、讨论室、模型室等功能空间；音乐艺术家需要练习室、录音室、排练室等空间。行为分析可以从对象人群、行为需求、历时性等方面展开。

a. 对象人群角度分析

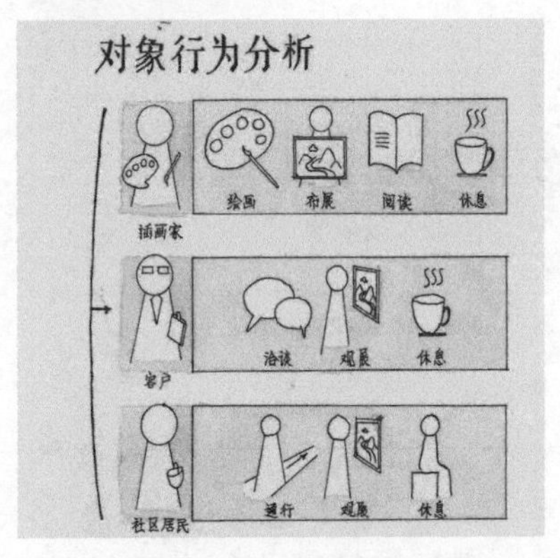

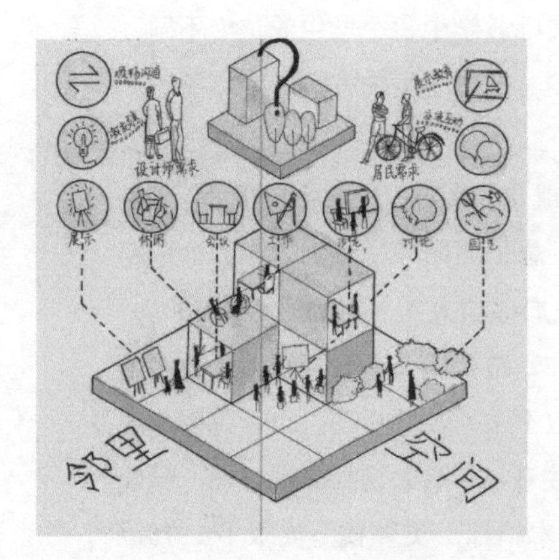

b. 行为需求角度分析

c. 历时性角度分析

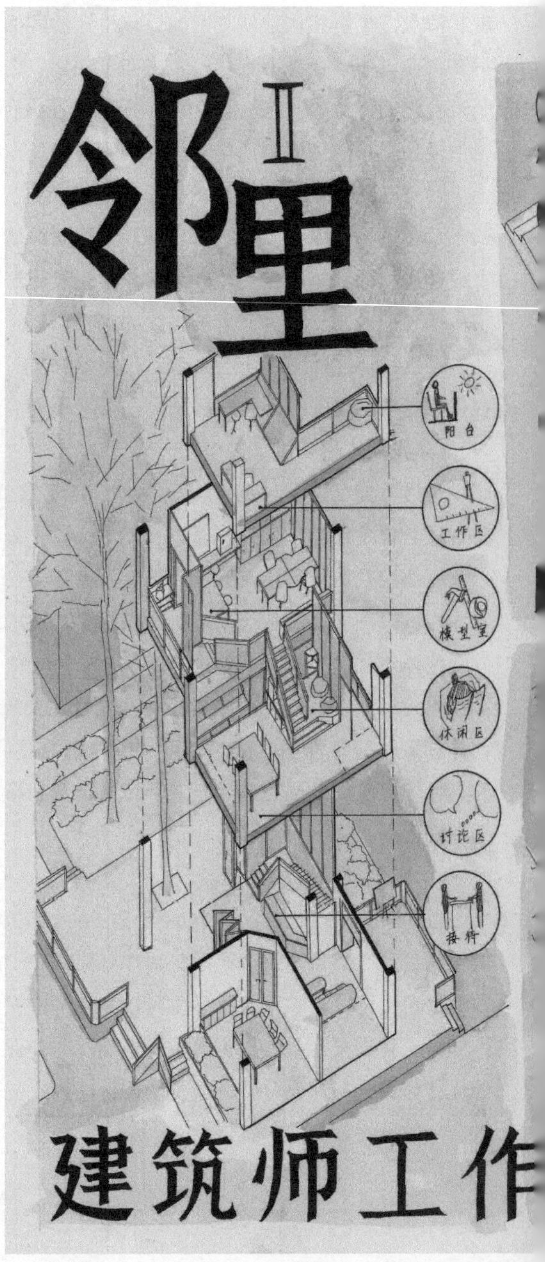

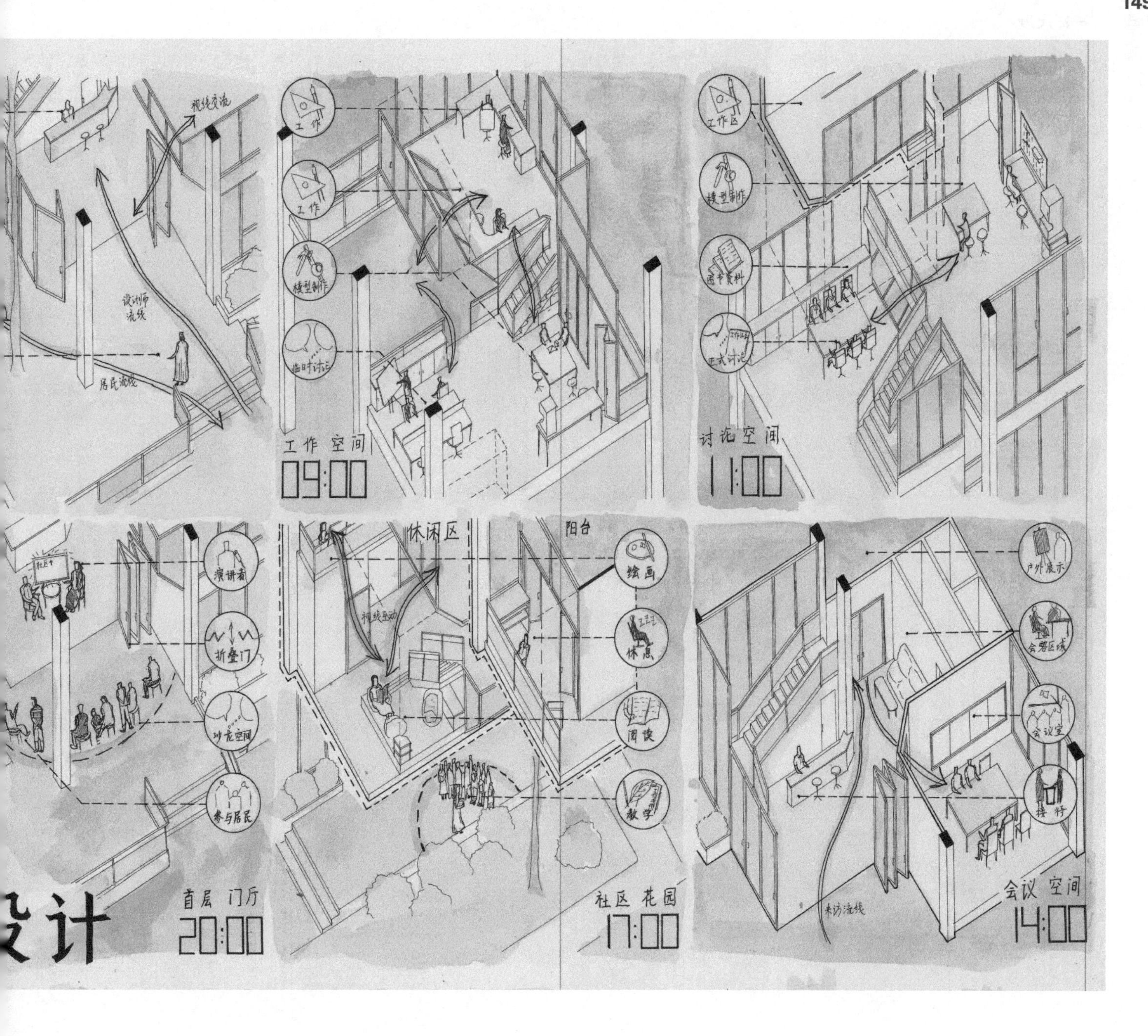
视线交流
设计师流线
居民流线
工作
工作
模型制作
临时讨论
工作 空间
09:00
工作区
模型制作
图书资料
正式讨论
讨论空间
11:00
演讲者
折叠门
沙龙空间
参与居民
休闲区
视线互动
阳台
绘画
休息
阅读
教学
户外展示
会客区域
会议室
接待
来访流线
设计
首层 门厅
20:00
社区 花园
17:00
会议 空间
14:00

2. 尺度

尺度一方面指使用者活动的人体尺度，另一方面指使用功能对应的空间尺度，即建筑功能与形式的关系，建筑与外部空间的联系。学生需要掌握基本的尺度、尺寸及其之间的关系，比如人体的活动，如站、坐、跳、走等动作的尺寸，建筑的基本尺寸要求，如高度、宽度、进深等。

a．人体尺度分析

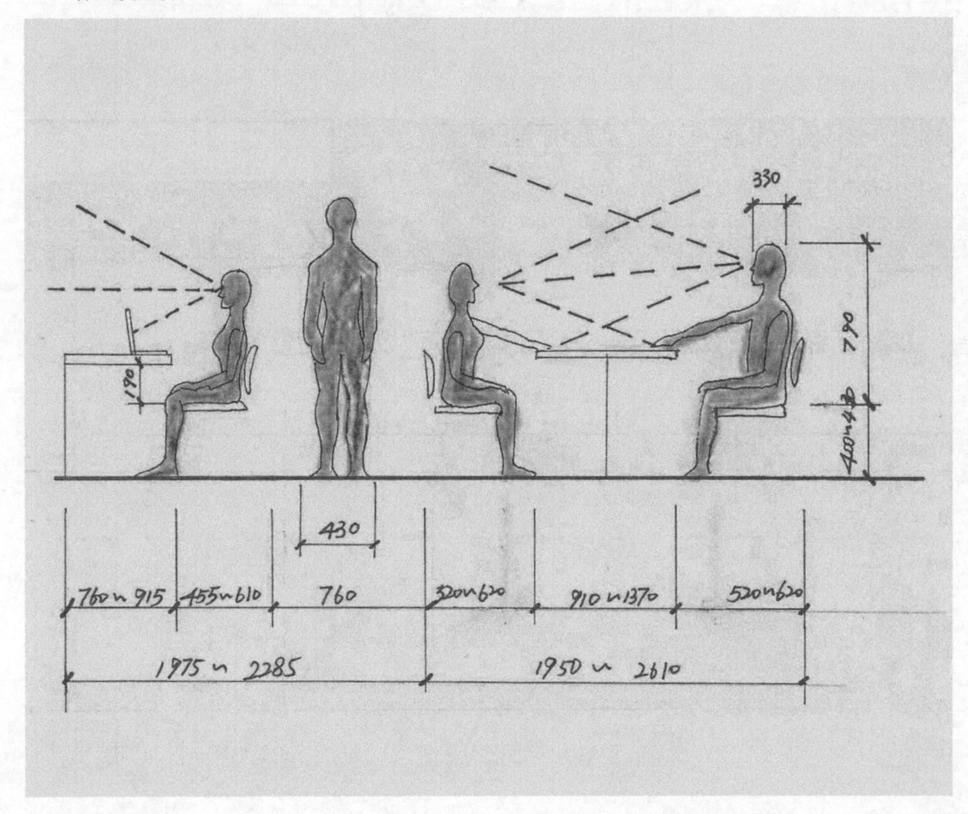

b．空间尺度分析

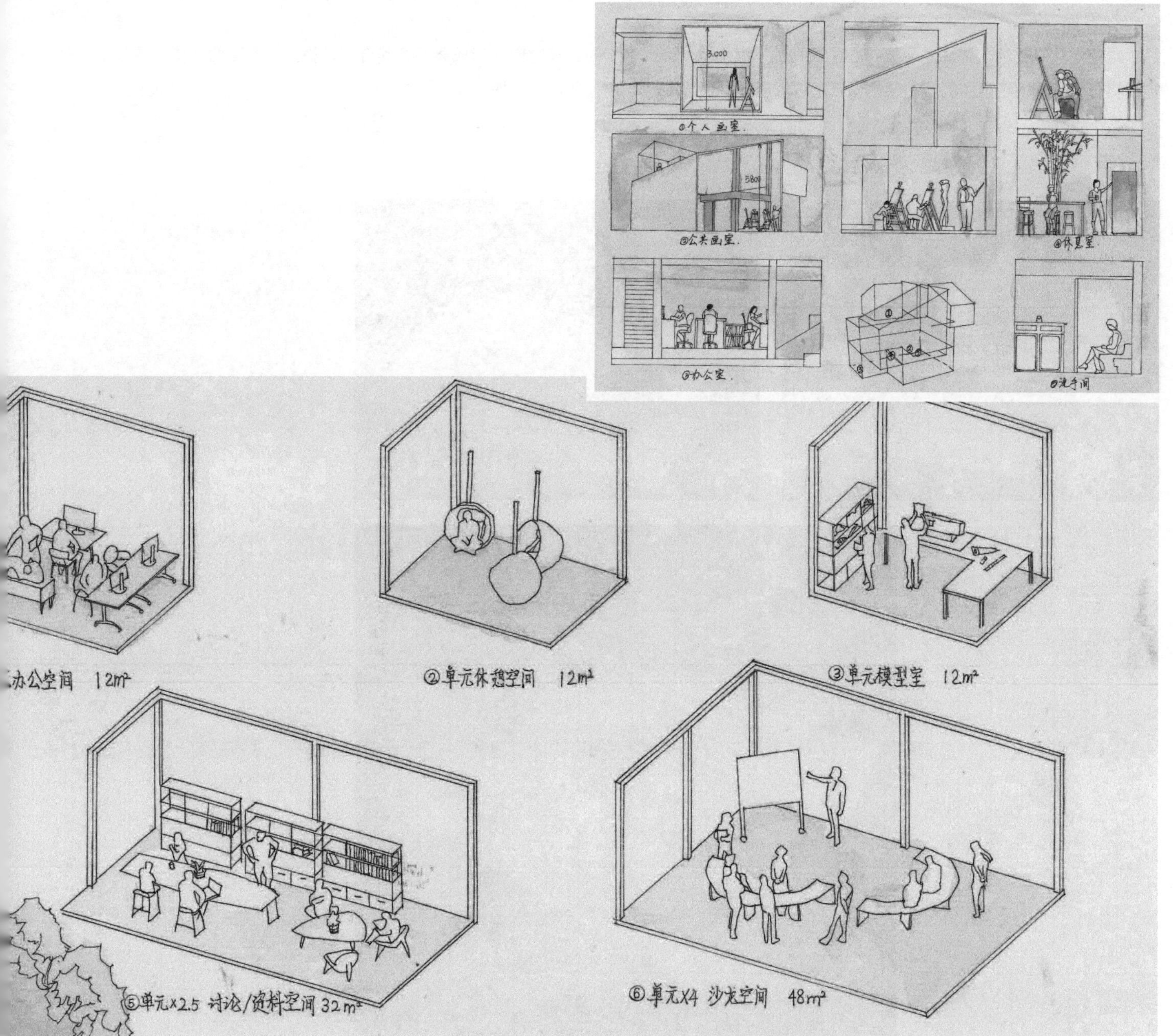
3.000
①个人画室.
5800
②公共画室.
④休息室
③办公室.
⑤洗手间
办公空间 12m²
②单元休憩空间 12m²
③单元模型室 12m²
⑤单元×2.5 讨论/资料空间 32m²
⑥单元X4 沙龙空间 48m²

3. 结构

结构是建筑物的支撑体系，要符合建筑物的受力规律。形式多样的建筑空间的形成离不开其合理、稳定、严谨的结构。课题要求对建筑结构有个基本的选型和基本的结构图纸表达，同时要求学生制作清晰的结构模型。

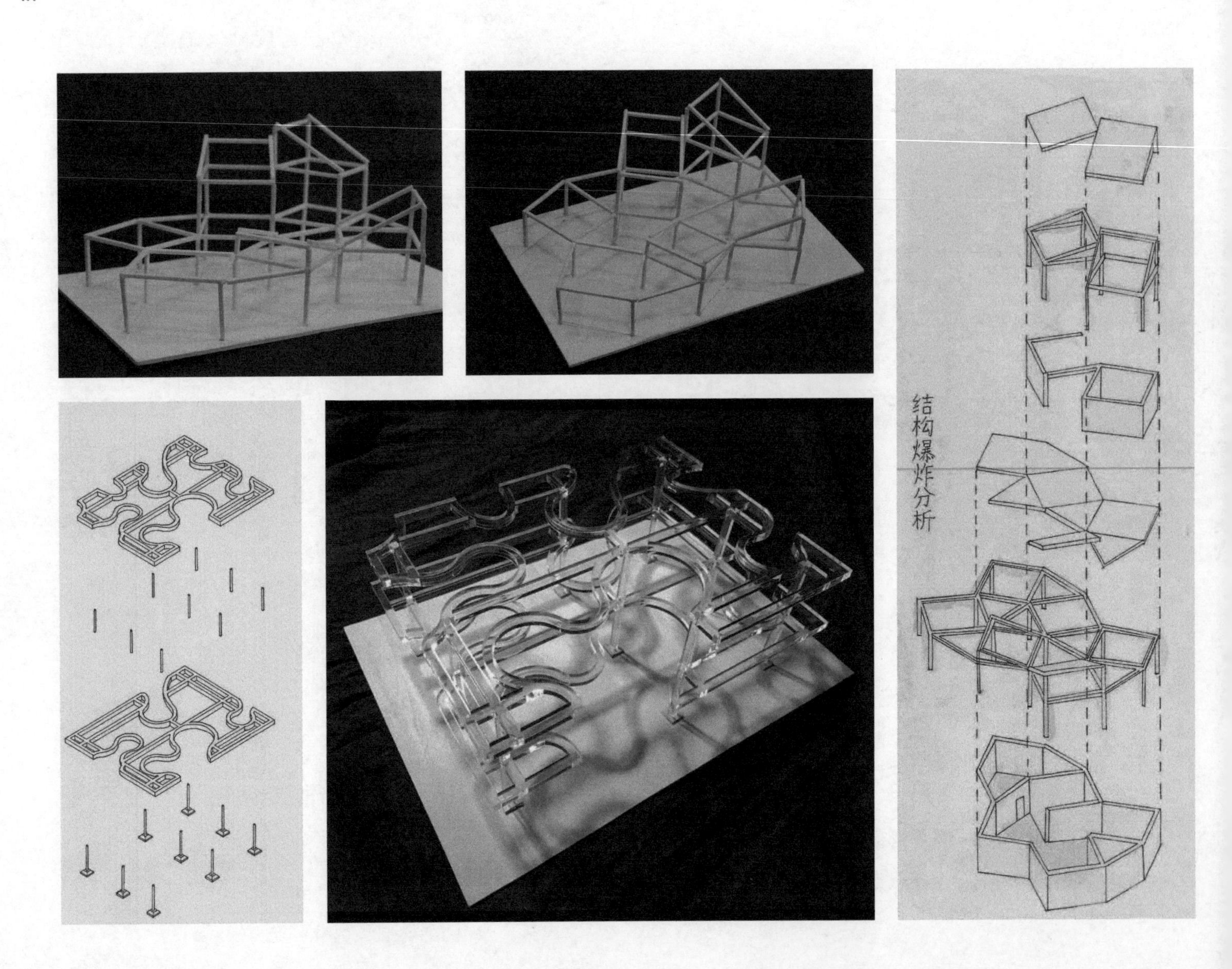

4.1.4 教学成果

教学成果以最终正图与正模为主要成果，但每个阶段都需要有过程成果。学生将阶段成果扫描后电脑排版，制作成A4文本。设计阶段、教学过程与过程成果要求见下表。

设计阶段	教学过程	过程成果要求
第一阶段设计（实地调研、案例研究及任务书研究）	开题与前期	① 个人调研报告 ② 个人任务书
	一草	③ 第一阶段设计方案
第二阶段设计（空间组织研究）	二草	④ 第二阶段设计图纸 ⑤ 第二阶段工作模型 ⑥ 结构体系研究成果
第三阶段修正图设计（技术综合研究）	修正图	⑦ 第三阶段设计图纸
第四阶段正图设计（最终成果及评图）	正图正模	⑧ 正式模型成果 ⑨ 最终图纸 ⑩ 各阶段成果文本
	评图推优	

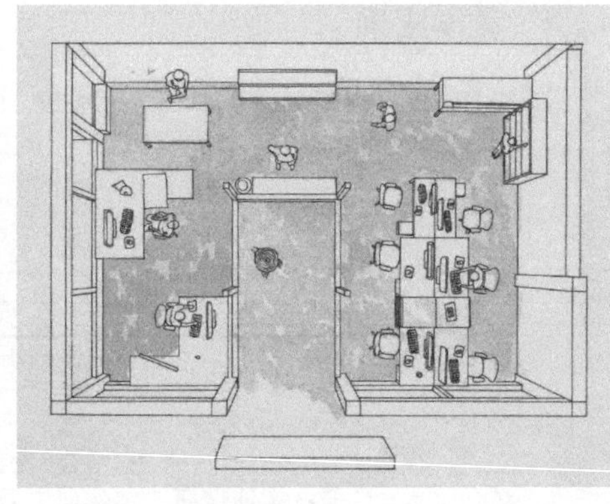

1. 工作室优秀作业赏析（一）

《森林小屋》

作者：梁靖

班级：2019 级城乡规划 1 班

指导老师：王璐

点评：以场地中保留的三棵树为设计出发点，建筑空间形式围绕人与树的互动而生，在考虑人的行为尺度对建筑尺度的影响的基础上，通过压低建筑体量、板片穿插以及玻璃的使用，营造轻盈的建筑形态，与周边环境较好地融合。功能布局合理，空间尺度舒适，交通流线组织顺畅，做到形式、功能、理念的有机结合。

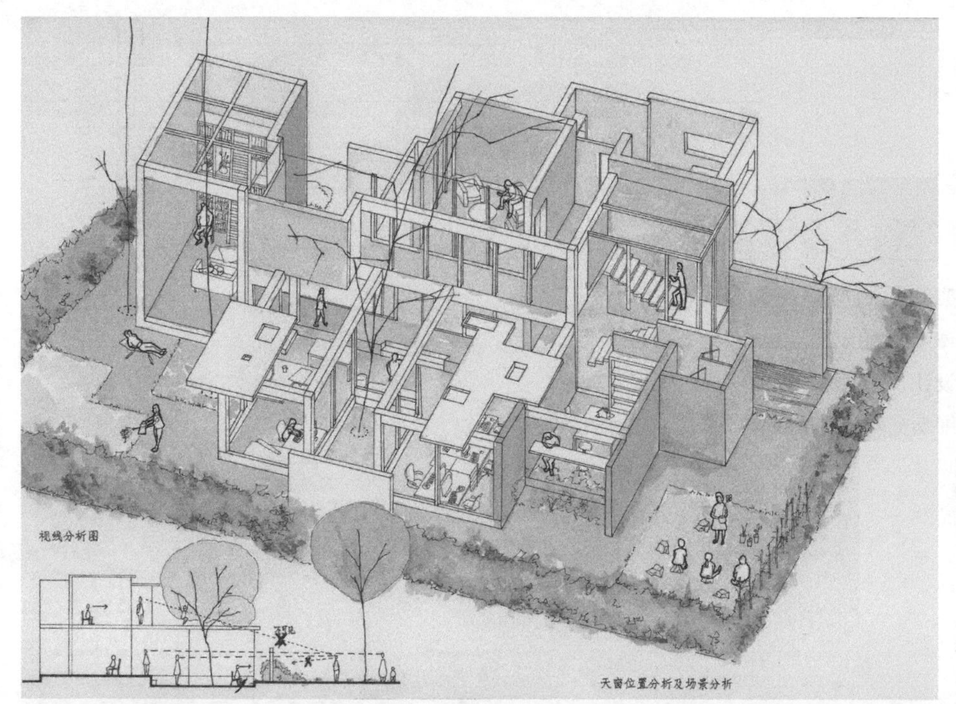
视线分析图
天窗位置分析及场景分析

2. 工作室优秀作业赏析（二）

《建筑师工作室》

作者：佟劲燃

班级：2019 级建筑学 1 班

指导老师：田瑞丰

点评：方案采用立方网格结构作为基准构架，形成单元化的隐形限定空间，在此基础上，对单元化的空间排列组合，用墙体或玻璃围合，从而满足不同功能需求，形成虚实对比的效果。结构构建与场地设计、功能流线结合考虑，尺度适应人体活动。对于细节设计也有所涉及，提高细部空间感受。设计较完整，完成度高。

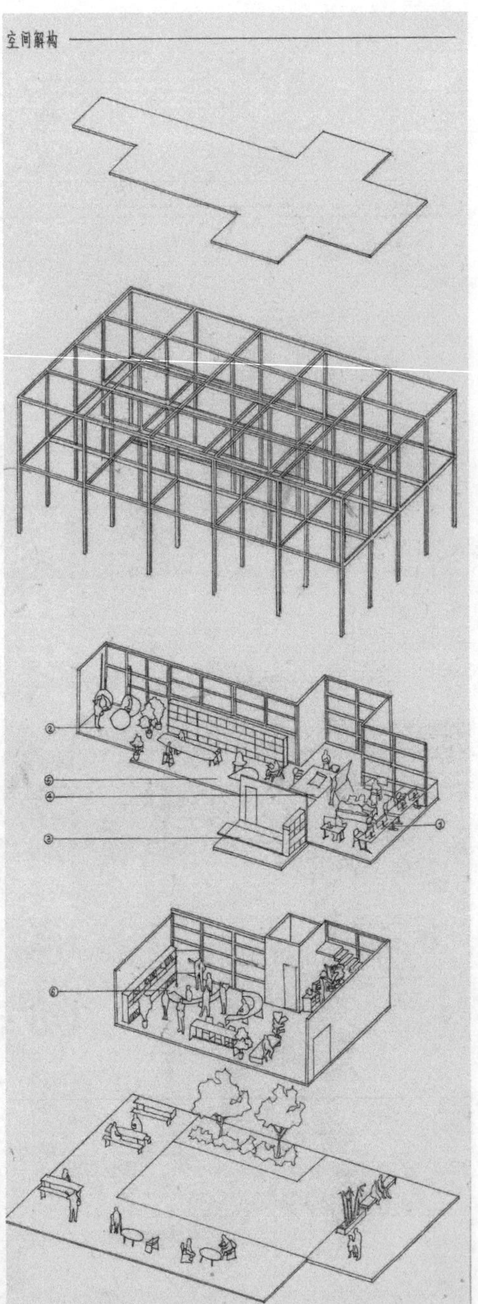

独立办公区
公用林道/1F
露台/
会议空间/2F
空间/
门厅空间/1F
自由办公空间/

建筑师工作室
MESH STUDIO III

WEST FACE

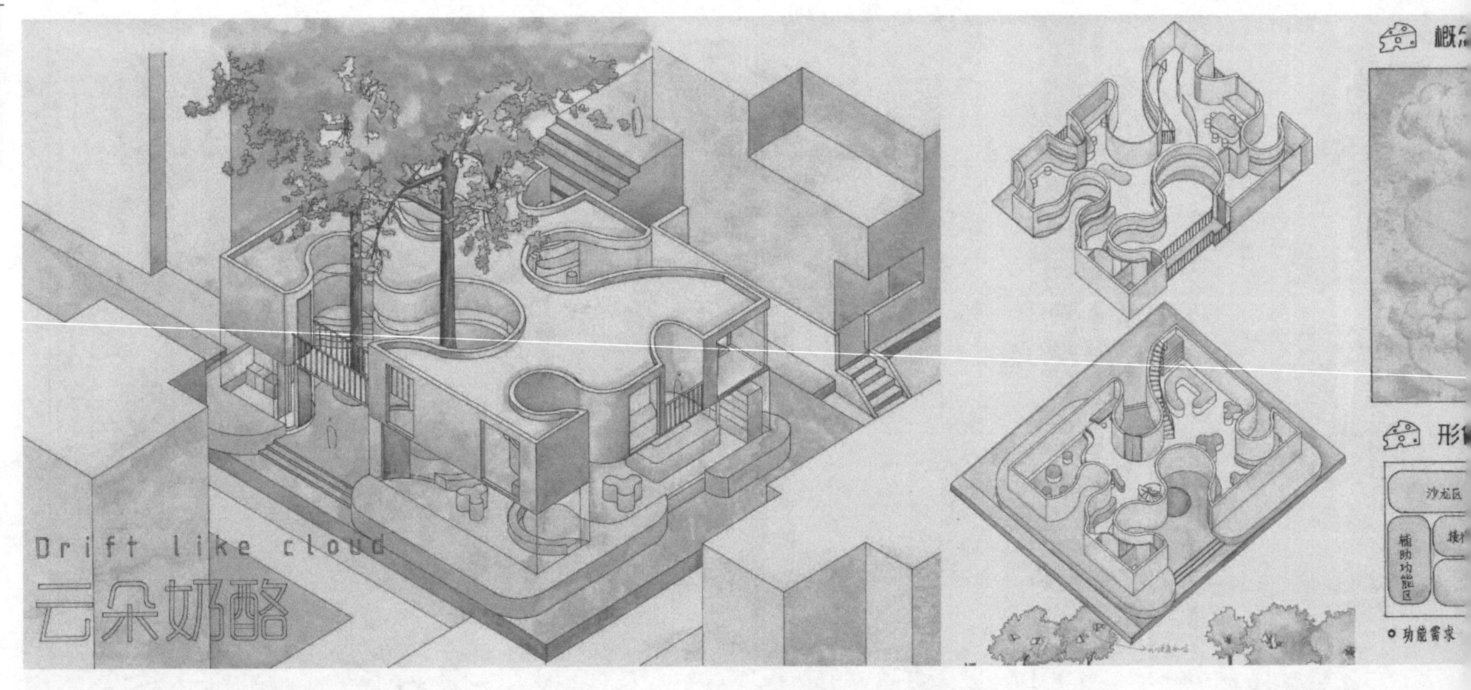

3. 工作室优秀作业赏析（三）

《云朵奶酪》

作者：钟婧

班级：2019 级建筑学 1 班

指导老师：陈昌勇

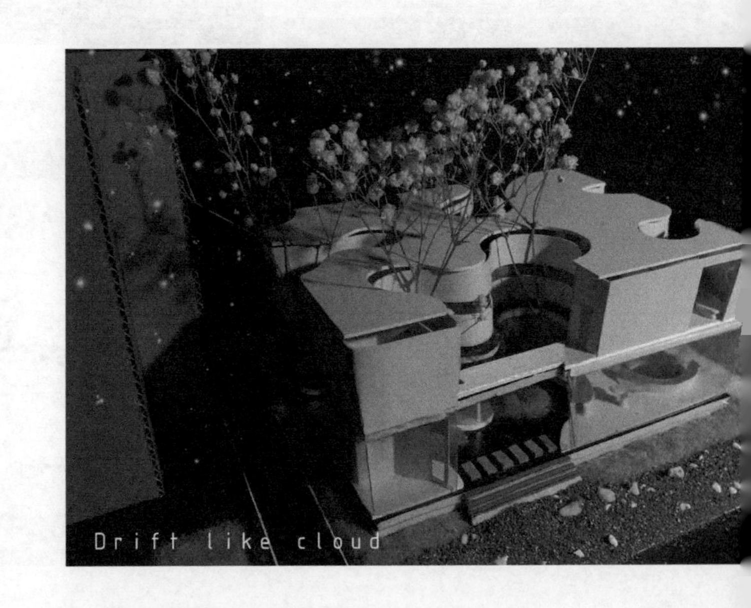

点评：该同学的设计风格较为灵动，在整体规矩方正的形体下，寻求了非线性的变异，给整体空间塑造注入了一种流动的活力，成功地通过内部空间相互渗透，使视野得到了充分的扩展，功能组织较为流畅，将一、二层有机地联系起来。不规则的建造也会带来结构的问题，对于结构体系的复盘再思考也是很有必要的事情。图纸表达效果不错，技术图绘制认真，建改立面图分清材质层次，剖面图加入阴影和配景人。可拆卸模型制作较有创意。

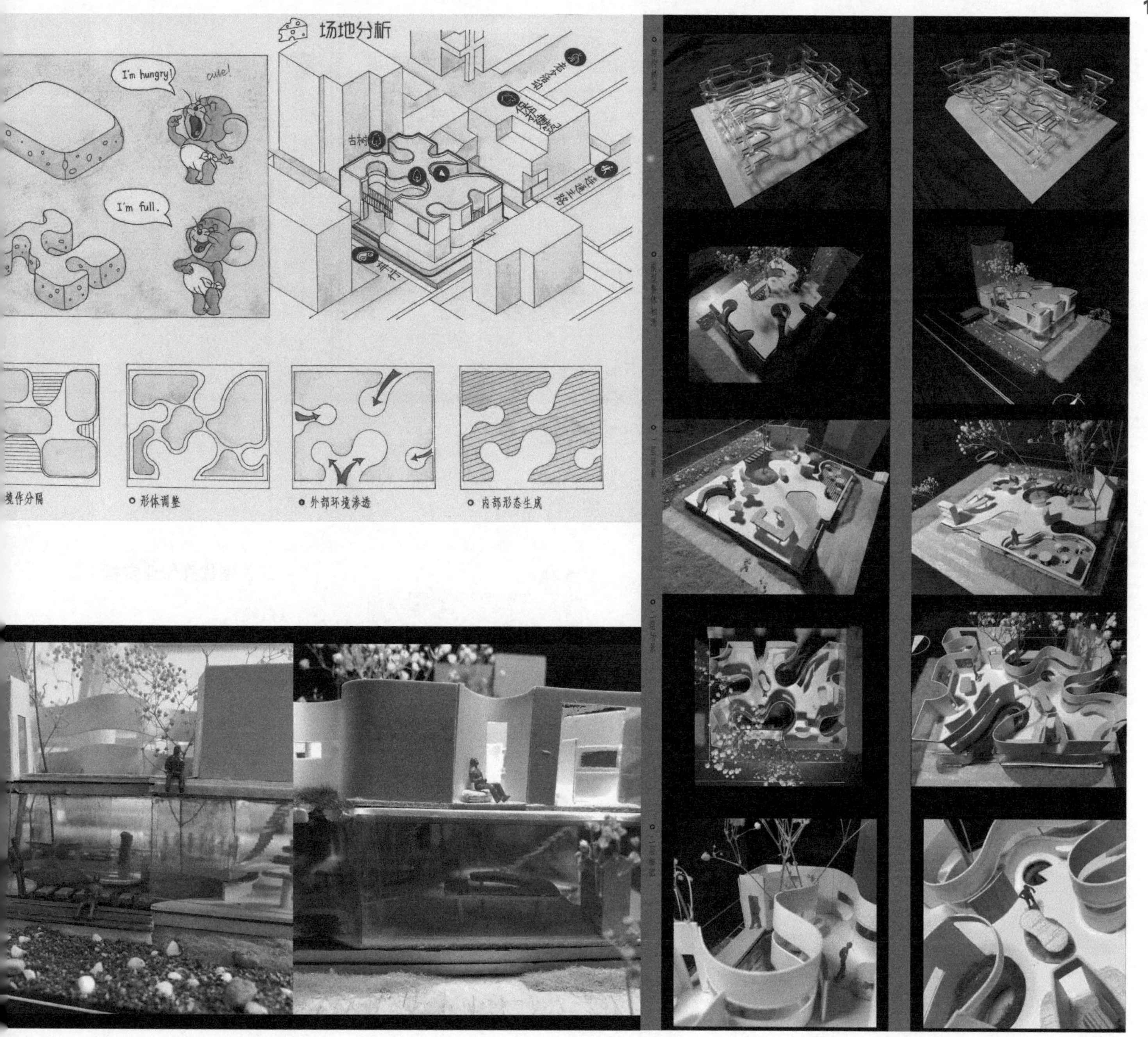
场地分析
I'm hungry!
cute!
I'm full.
古村
境作分隔
形体调整
外部环境渗透
内部形态生成

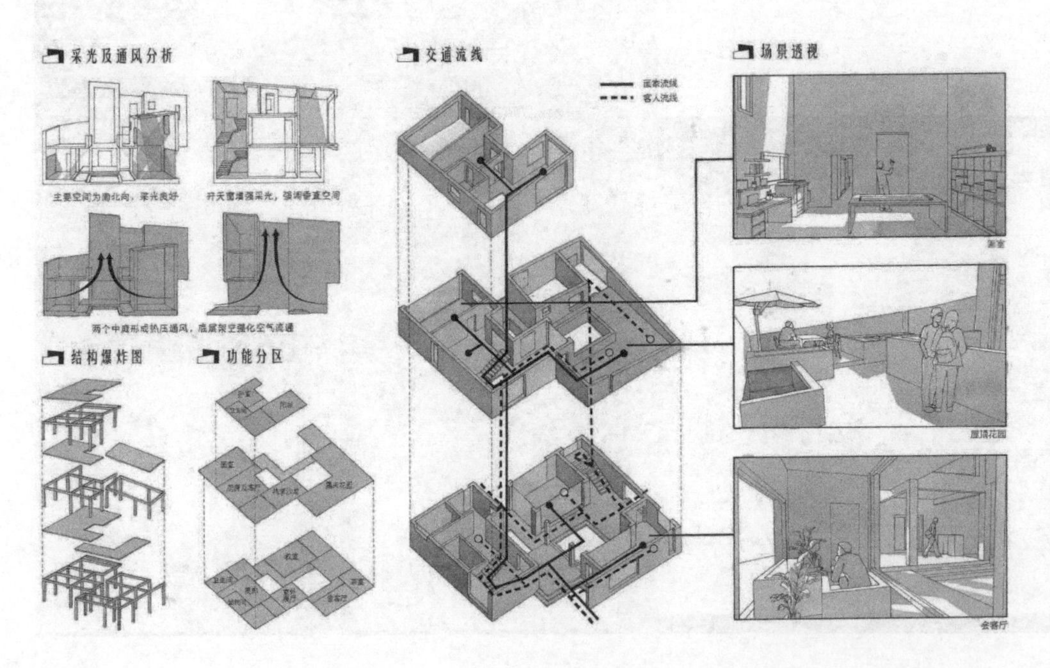

4. 工作室优秀作业赏析（四）

《白岭》

作者：罗怡晖

班级：2021 级建筑学 1 班

指导老师：魏成

点评：设计采用合院的形式组织空间，具有较好的整体性和协调性。空间构成墙体逻辑清晰。平面布局合理，各类图面绘制规范整洁。整体排版规整，表达较好，特点突出。

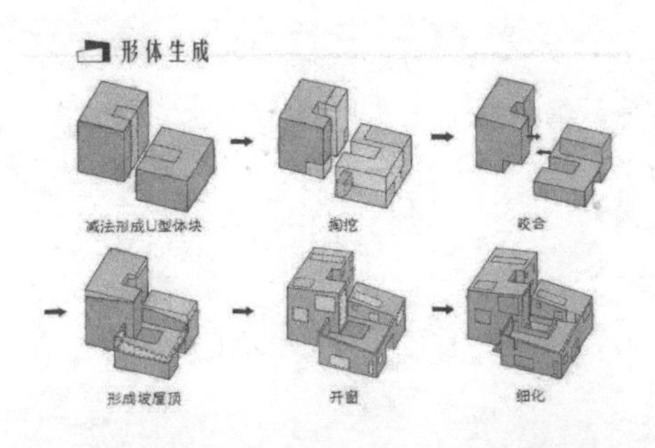
形体生成
减法形成U型体块
掏挖
咬合
形成坡屋顶
开窗
细化

白岭
画家工作室设计

5. 工作室优秀作业赏析（五）

《穹顶之下》

作者：温健

班级：2019 级建筑学 1 班

指导老师：方小山

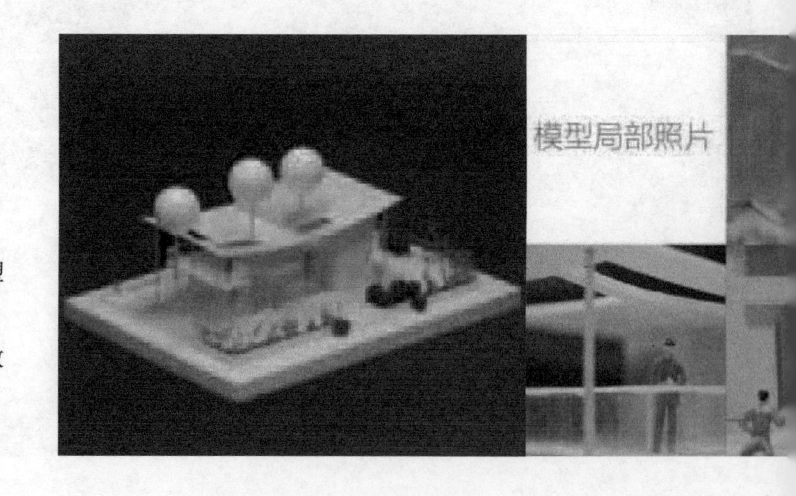

点评：设计引入曲线形屋面，与下方方形体量形成对比，塑造出了轻盈的屋顶形式。方案细节推敲较为完善，整体性较高，但仍有进步空间。图纸版面排布合理、图量适中、表达较好。效果图、分析图清晰、美观。技术图纸规范性较高。模型细节丰富，但模型照片角度选取可进一步推敲，以最大化表达设计亮点。

4.1.5 课题总结

从整体作业成果来看，学生基本可以运用前面四个阶段对空间认知训练的技能，从空间出发思考建筑设计，如优秀作业（一）和优秀作业（二），可以看出空间设计阶段，对板片的训练以及空间限定对其方案的影响。许多学生的分析图会对人与空间的关系进行分析，包括活动与空间、视线与空间、家具布置等，还有许多对空间原型、形体生成进行分析。这些都体现出学生在行为尺度与建筑空间设计中的思考与探索。

这是学生第一个真正意义上的建筑设计作业，初步尝试应用空间设计思维进行建筑设计的训练。建筑空间设计思维复杂且综合，这一课题作为入门的初级训练，首先侧重训练空间与人体行为的关系的处理方法，兼顾了建筑与环境、功能与流线的问题。艺术家创作室中要求的各类功能空间，与人体办公和休息等活动密切相关，学生要了解各项活动的合适尺度，再进行空间设计，还要结合环境、场地、造型进行整体协调，运用已经学习的建筑空间设计方法、分析方法、表达方法等，完成一个完整的建筑设计，同时也初步了解建筑设计规范对建筑设计的约束。通过这个小型建筑训练，学生熟悉建筑尺度与人体行为之间的关系，学习了与环境协调的方法，初步对功能分区与流线有所了解，对设计流程也有了初步体验，本学期的课程成果从基础训练逐渐过渡到了建筑设计训练。

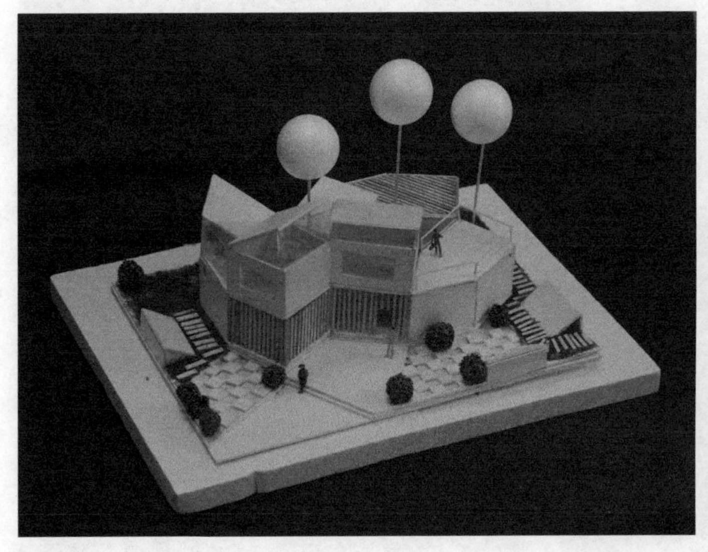

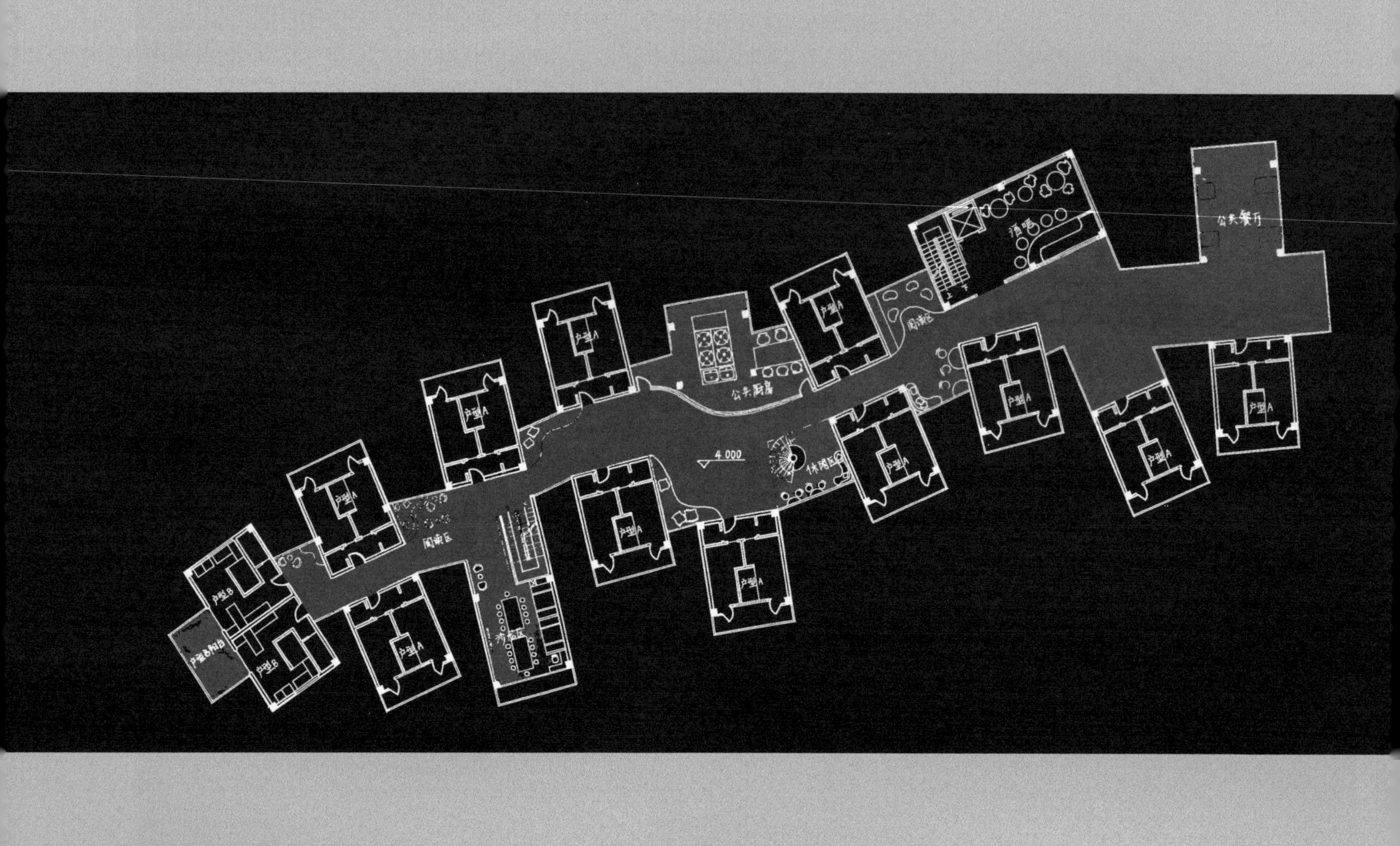

公共餐厅
酒吧
户型A
公共厨房
阅读区
4.000
休闲区
户型B
户型B阳台

4.2 功能组织

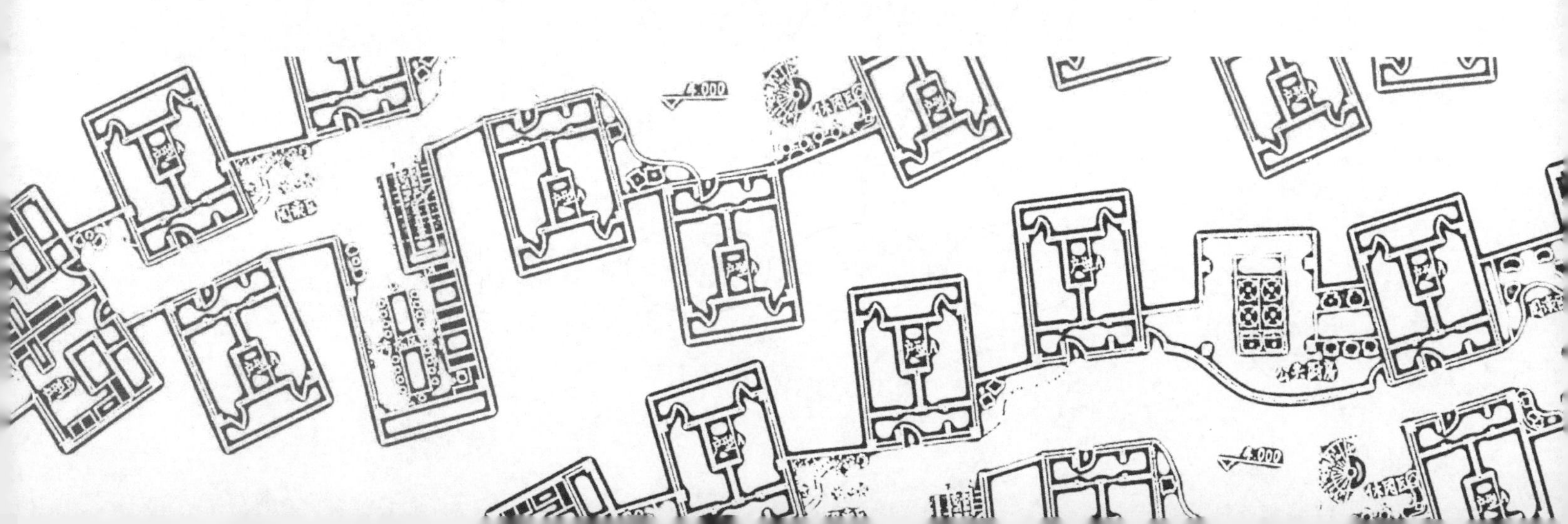

4.2.1 专题设置

对空间尺度有了初步把握后，第二个课题的专题设置为功能组织，训练学生对多种功能的建筑空间进行组织，形成合理的分区与流线。这需要学生在空间构思中就为功能流线的合理预留可能性，将空间属性抽象概括，按必要性在设计中实现。这一特征在专题一中有所涉及，但未被突出强调，这一专题则作为重点进行训练。本课题选取社区青年公寓作为设计对象。该课题的建筑类型有以下四个原因：①社区青年公寓需要动静分区，且具有多种功能空间，适合学习功能分区与流线设计，通过组织交通空间、使用空间、辅助空间等不同或相同功能空间，达到训练空间的功能组织的目的。②建筑规模较专题一有所增大，但空间重复率高，与专题一的建筑类型形成对比。③公寓居住单元的设计与人体尺度密切相关，是对专题一的巩固。④学生生活相关，能引起学生的设计热情与兴趣。设计要求根据青年人的实际需求，探索复合功能的社区模式，包含生活、学习和娱乐交往等功能。同时，这一课题的规模较大，强调了对建筑结构的关注。

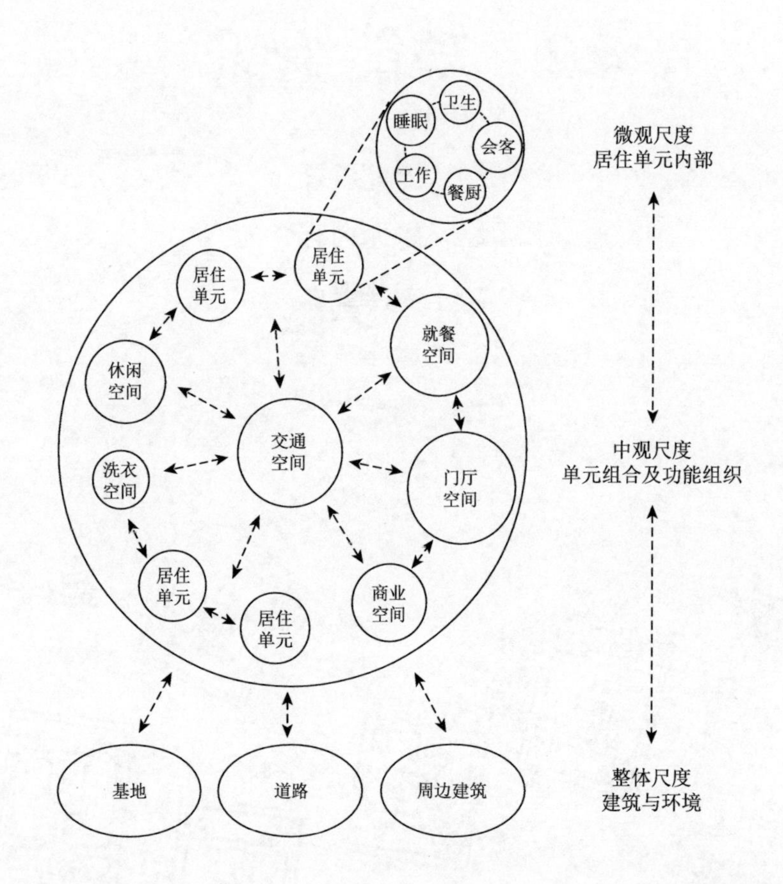

4.2.2 课题内容

1. 教学目标

以“青年公寓”为建筑载体，继续培养学生对“行为与空间”“功能与形式”“建筑与环境”三个建筑设计原理的理解和应用。以居住功能为主，从微观、中观、整体三个尺度，进行空间设计与功能组织。微观尺度即居住单元，巩固学生处理人体尺度、行为模式和建筑空间的尺度、朝向、布局之间关系的能力，与行为尺度专题的训练目标有所衔接。

鼓励多种处理方法的探索。中观尺度即单元组合与功能组织，训练学生处理多种功能间的组合关系，流线设置等空间组织的方法，探索居住功能与相关配套功能间的关系，如面积比重、如何运营、公私分区等，探索“社区式”的青年公寓模式。

整体尺度即建筑与环境的关系处理，应对基地进行调研与分析，在整体布局与场地设计上做到合理，包括场地交通、人车分流、动静分区、与周边建筑、植被、地形的关系。培养学生以人为本的设计价值取向，以及设计的思维逻辑性。本课题还融入建筑结构的研究学习，培养学生结构与空间的关系处理能力。

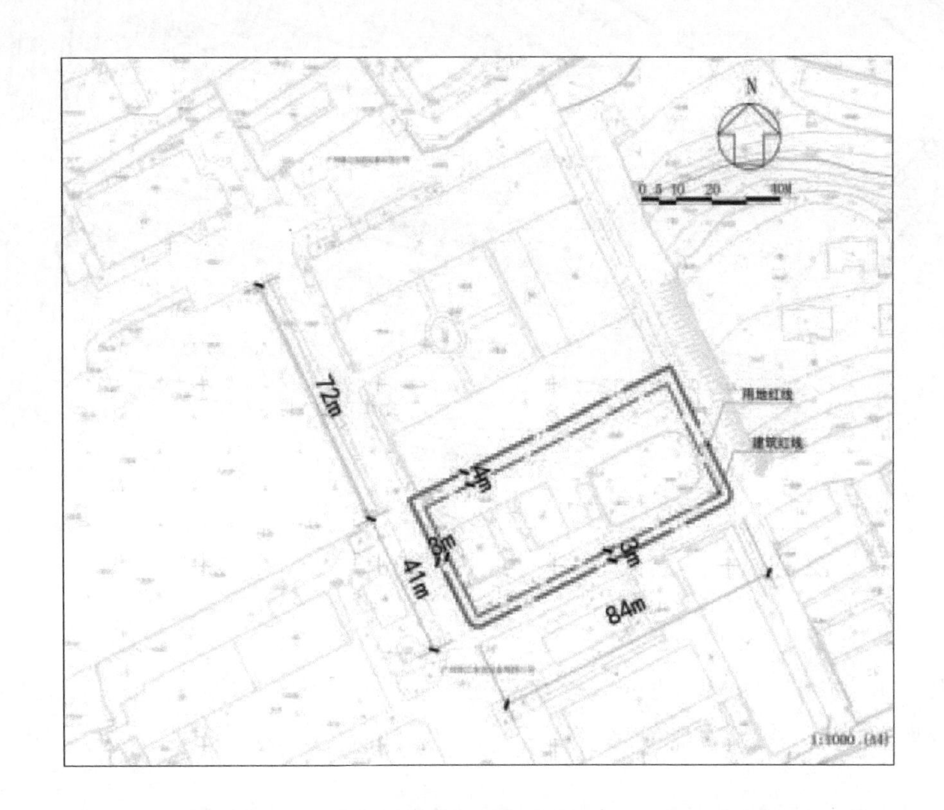

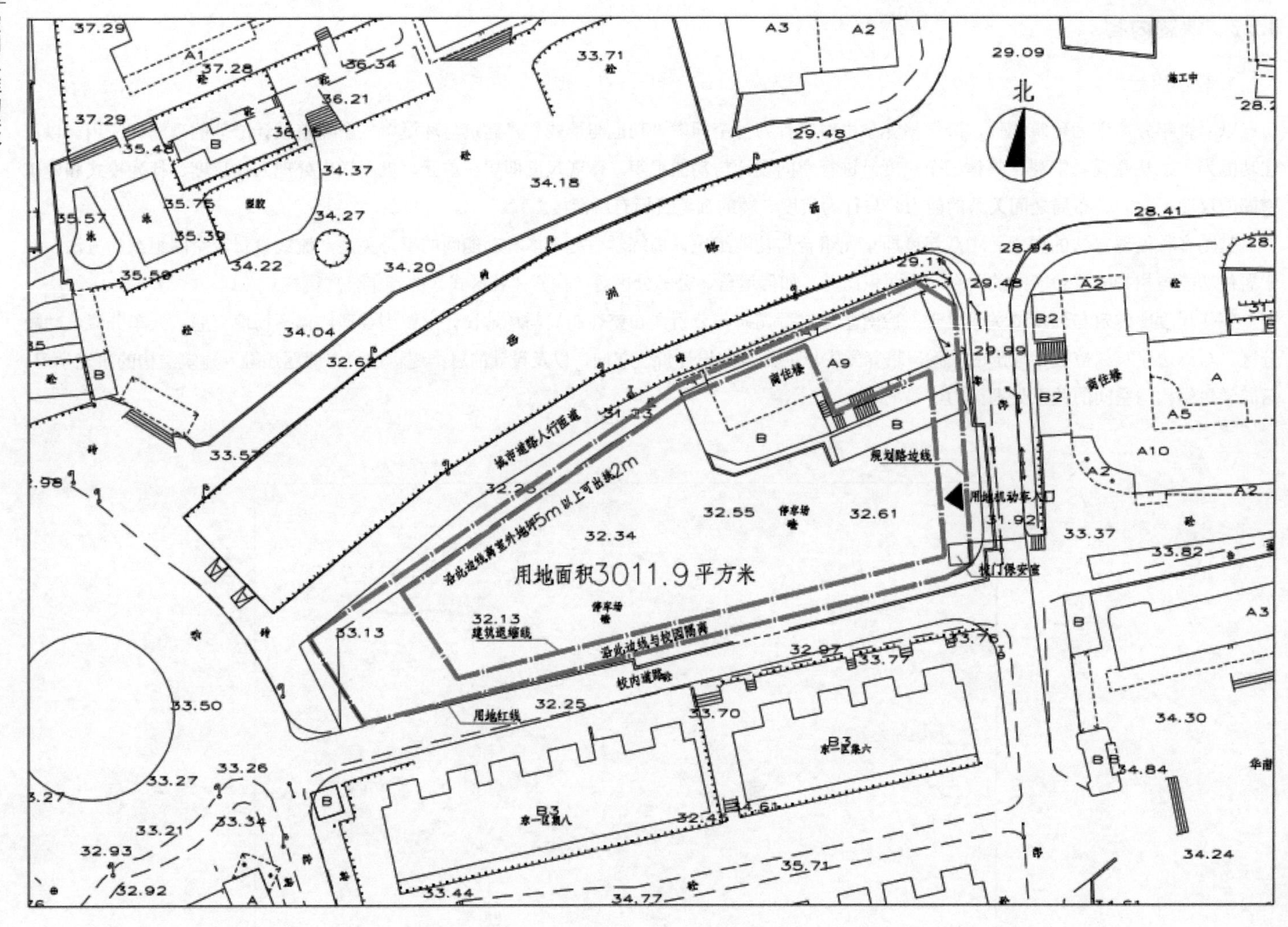

2. 教学过程

课程共 8.5 周，与行为尺度专题一样分为开题与调研、草图、正图正模和评图推优四个阶段。在一草评图前穿插设置了渲染练习，作为对传统建筑教学方法的了解学习，不是主要训练内容。

1）开题与调研

开题布置课程设计的内容，讲解训练的要求。本课程设计要求在给定的地块内为该地区的青年从业者设计一个满足 50 人居住要求的“社区式”青年公寓，满足年轻人生活、学习、娱乐、交往等需求。用地面积 2190 m^2，公寓总建筑面积 1500 m^2 左右，限高 24 m，不应超过 6 层。

公寓由居住空间、公共空间、管理设备用房组成。居住空间即公寓单元，每个单元可容纳 1 ～ 2 人，套内人均面积不小于 15 m^2，至少设计两种户型单元。单元内保证每人有独立的个人空间，可包含的功能有睡眠、工作、会客、餐厨、卫生、储藏等公寓起居功能，平面与空间设计充分考虑年轻人的居住习惯与需求，鼓励创新。单元的衔接是需要重点考虑的内容，包括单元之间在水平与垂直方向上的衔接，单元与场地和其他空间的衔接，注意结构和设备的合理性。公共空间不少于 400 m^2，其具体功能与空间形式可根据设计需要调整，主要包含就餐空间、洗衣空间、室内外活动空间、商业空间、门厅及快递收发室等。

调研分为线上和线下调研，包含场地调研和案例调研，现场案例调研年级安排 2 ～ 3 组调研一个，可以覆盖更多案例，避免学生集中重复地调研。课上进行调研报告的汇报，可相互交流，增加资料的广度，有助于学生积累更多建筑空间设计手法。

2）草图阶段

通过三个阶段层层细化的草图把控，教师掌握学生的设计逻辑发展，及时提供指导。本课程设计的规模较上一设计增大了 7 倍，需注重学生组织大规模建筑空间的方法，整体与单元同步推进，协调深化，避免单向设计发展导致整体或内部细节的失控。

3）正图正模阶段

最终提交 A1 图幅的手绘图纸和 1 ∶ 100 的正式模型。图纸要求必须有总平面图（1 ∶ 500）、各层平面图（1 ∶ 200）、关键位置剖面图（1 ∶ 100）、单元图平面剖面（1 ∶ 75）和建筑整体表现图（不小于 A4 图幅），除此之外表达建筑设计理念与特点的分析图自选。模型表达方式不限，可结合设计本身选择合适的材质与表达方式。

4）评图推优

与上一课题评图推优方式相同，先两组教师互换进行组内答辩评析，选出较好的作业推优，参与年级评图，采用校内外专家共同参与公开答辩，最终打出分数并选出优秀作业。

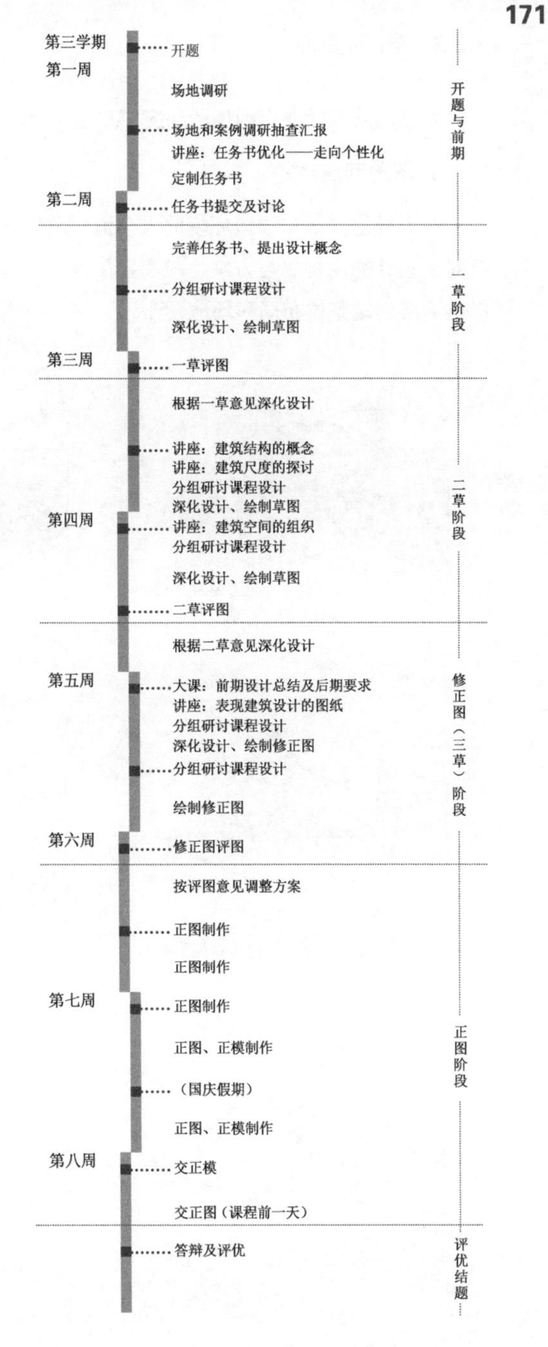

4.2.3 教学要点

本课题的教学要点为场地回应、户型单元、单元组合、活力共享。

1. 场地回应

对于场地内部与周边环境的人车流、地形条件、建筑关系、动静交通的分析对于设计初期构思与方案生成奠定了基础，对于场地关系的系统剖析将充分影响后续建筑整体布局和场地设计。

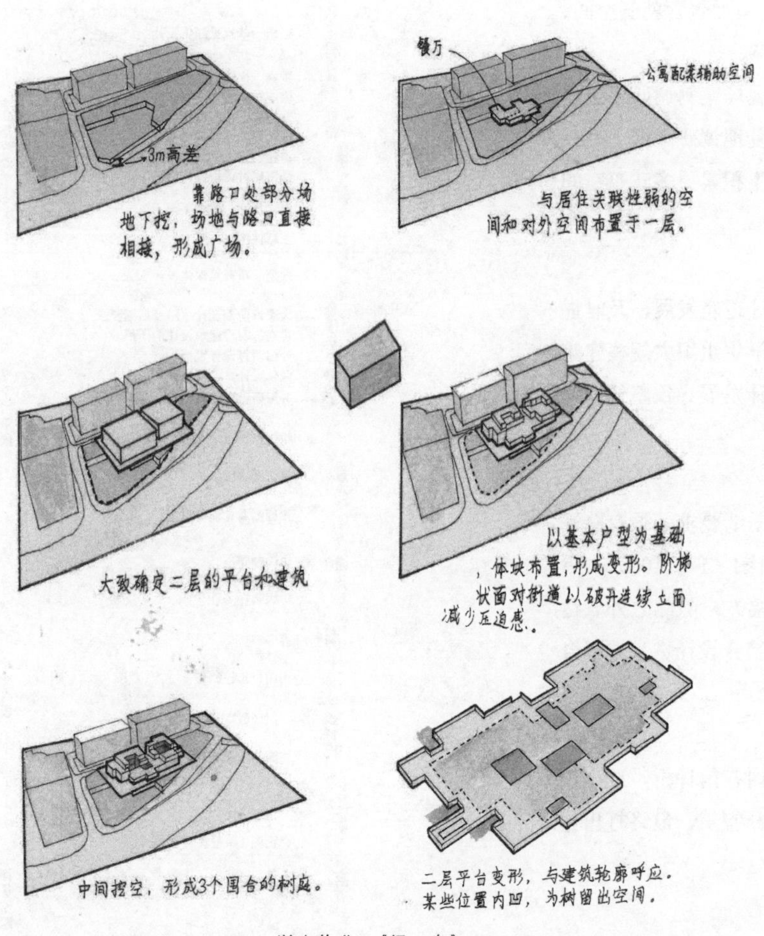

学生作业 《绿 · 岛》

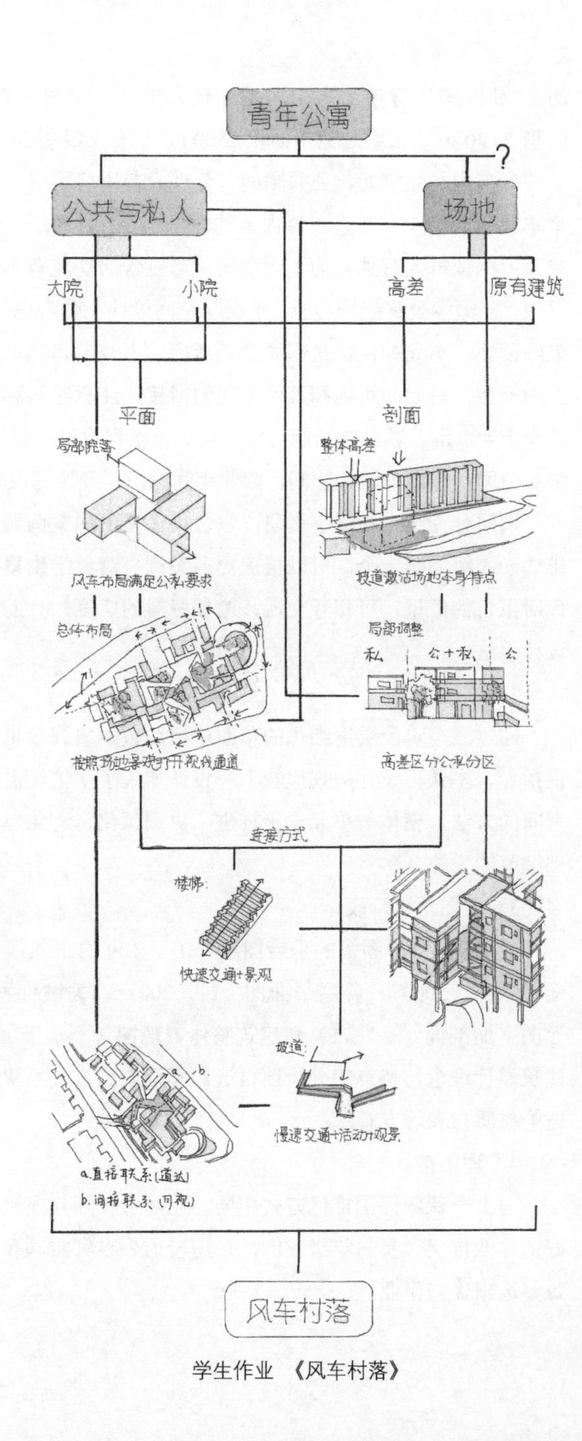

学生作业 《风车村落》

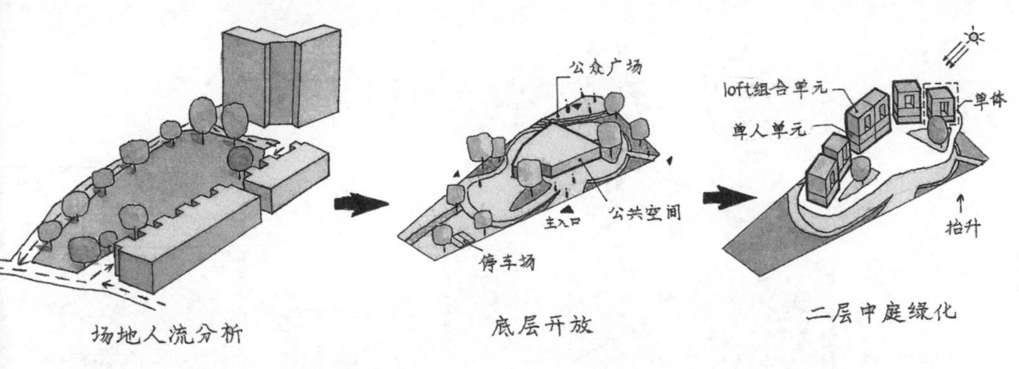

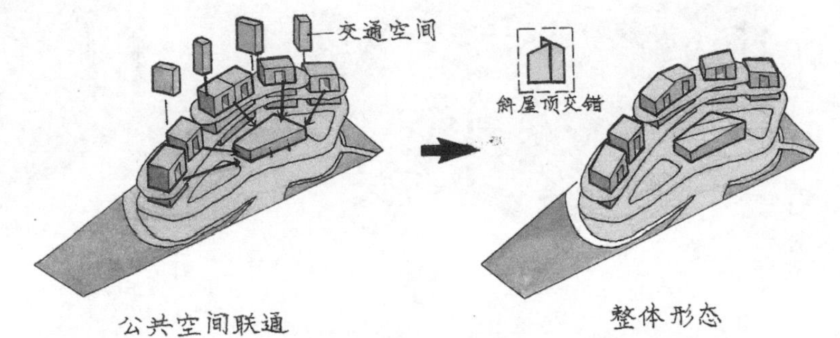

图示方案对于场地不同人群的交往互动需求分析后，将兼顾交往活动复杂性与丰富性的街道延续置入公寓的垂直交通体系，通过街道串联公寓内部的各互联交往空间，创造更多交往互动可能性。

学生作业 《城市岛屿》

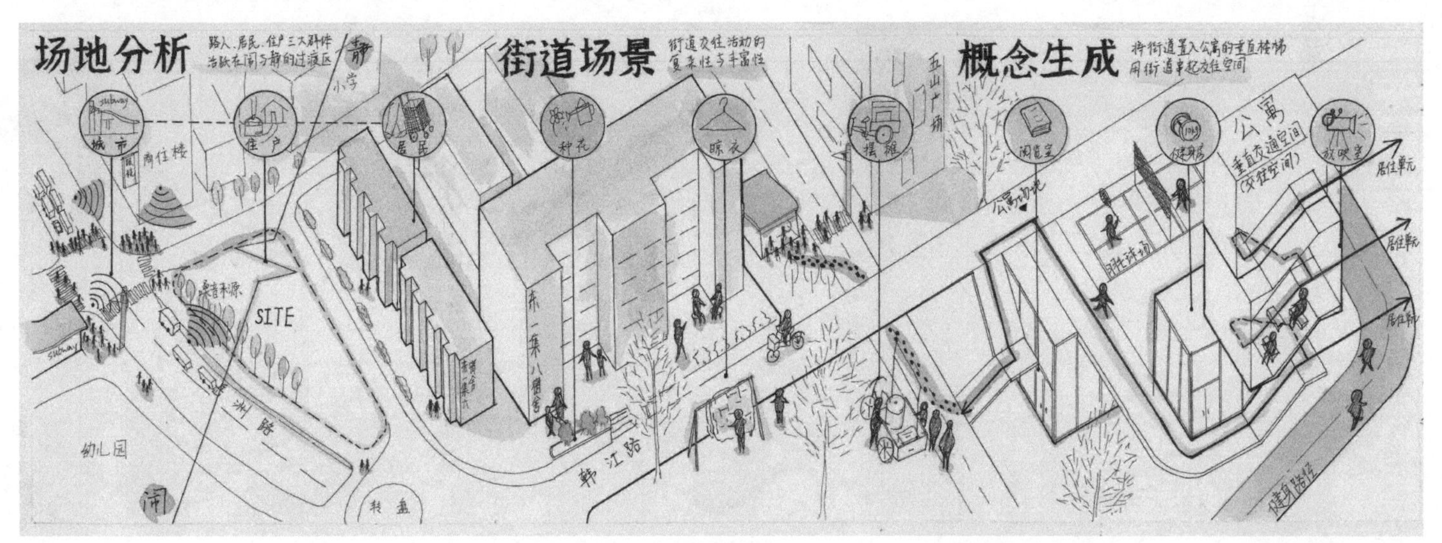

学生作业 《街道》

2. 户型单元

住宿单元是青年公寓的基本组成部分，公寓单元设计应符合人体尺度和家具布置的要求，实现功能使用的便利和舒适、空间布局的紧凑合理、居住品质的优化，鼓励根据年轻人的实际生活、学习、娱乐与交往活动等方面的需求探索具有创新价值的青年公寓居住模式设计。

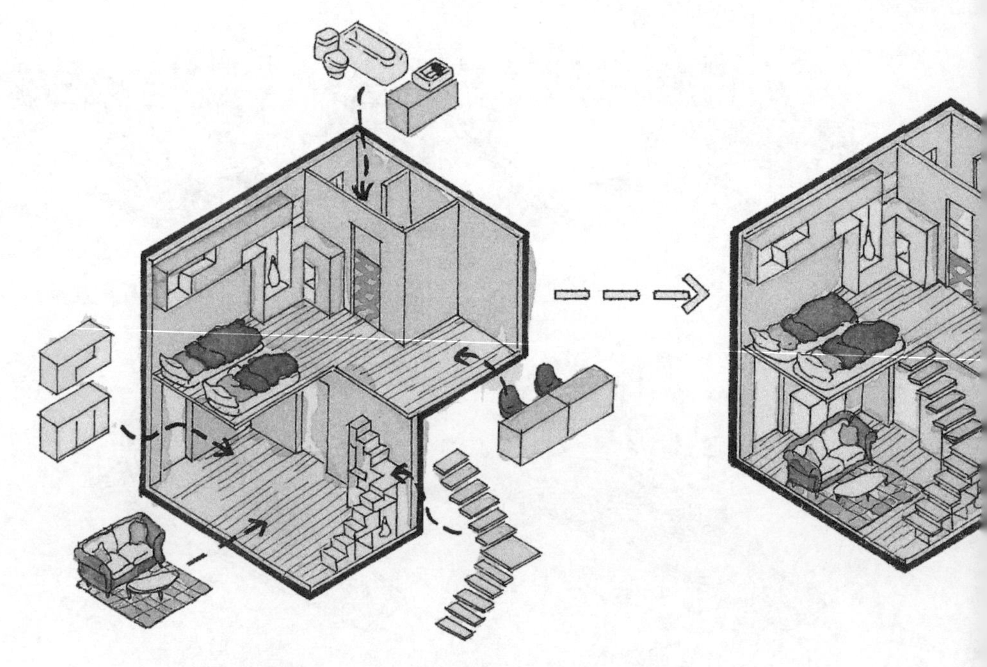

双人间户型轴测图

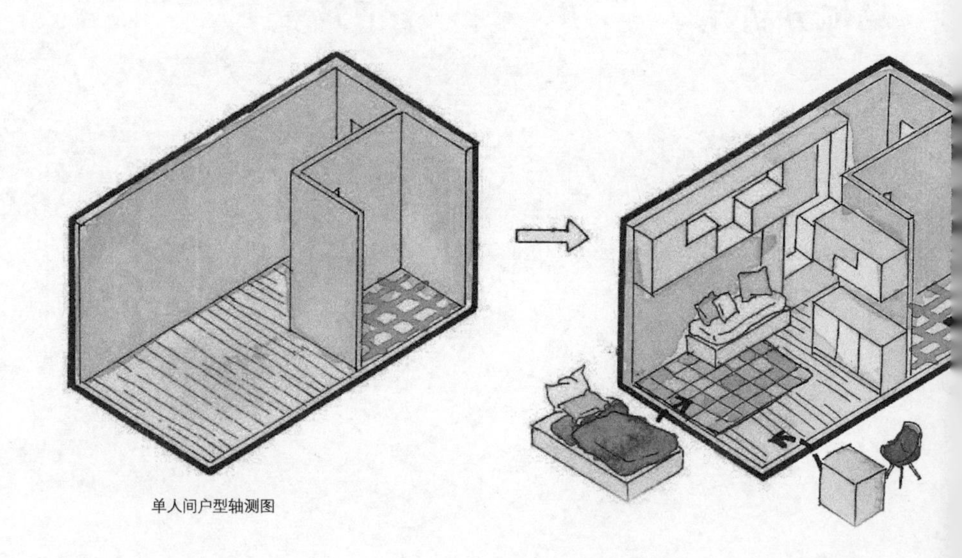

单人间户型轴测图

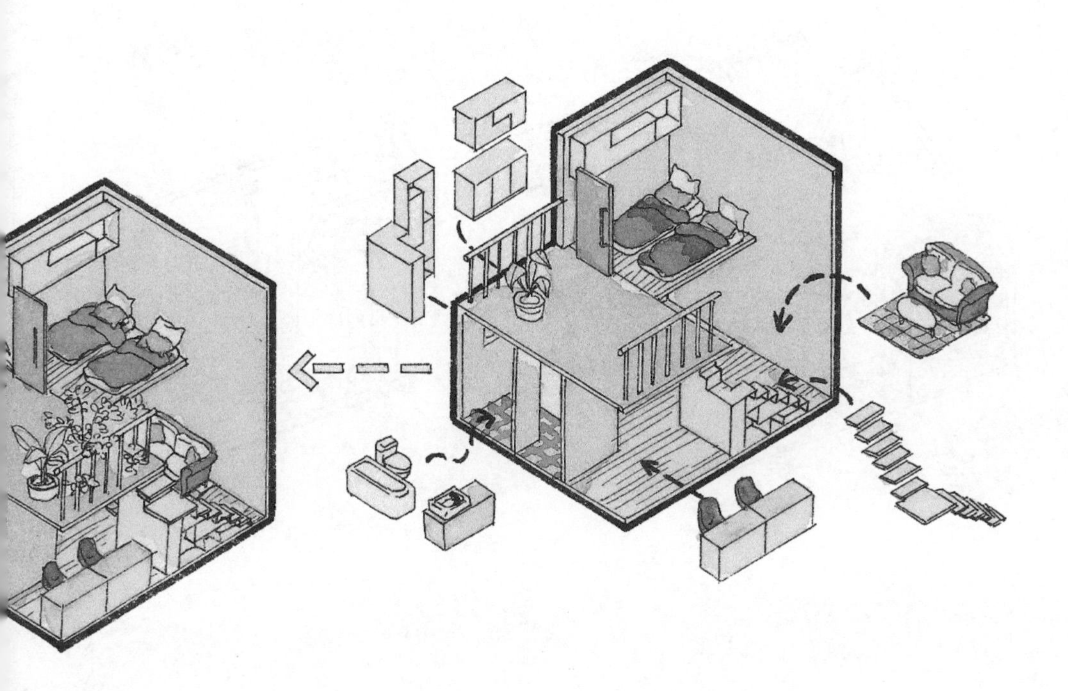

图示方案中双人间的设计采用双层 LOFT 的方式将起居部分的动区与住宿部分的静区在垂直向上分离，保证每个单元的动静分离。每户双人间均配备厨房、卫浴（干湿分离）。部分双人间之间设有公共阳台，增进两户之间的交流。

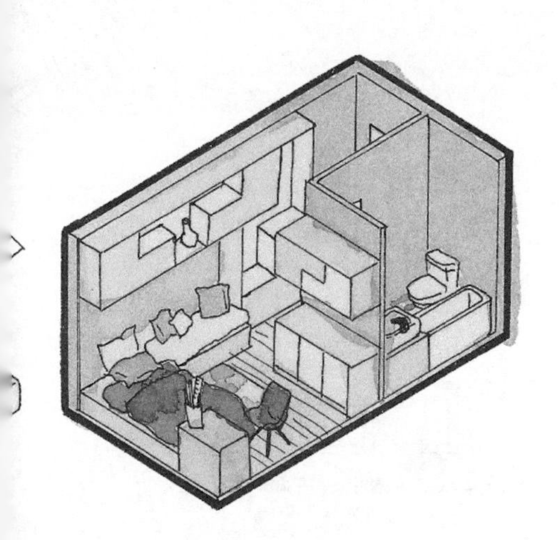

图示方案中单人间的设计充分考虑入住人的尺度与生活功能需求，保证基本的生活起居功能与办公功能。

学生作业 《攀趣》

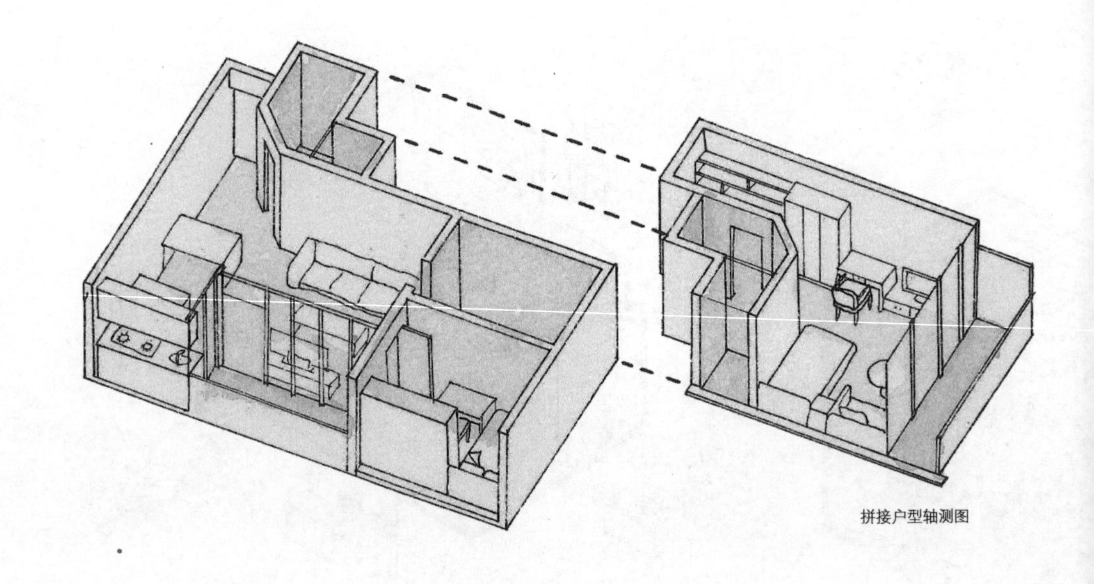
拼接户型轴测图

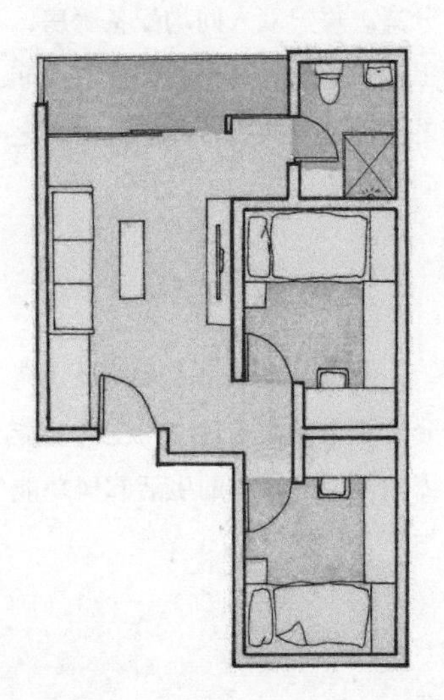
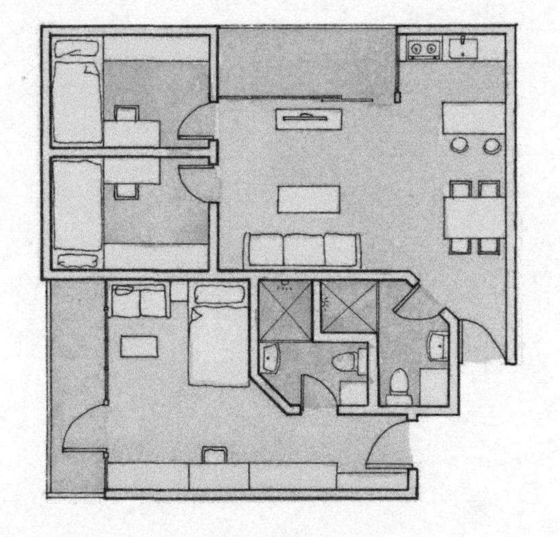
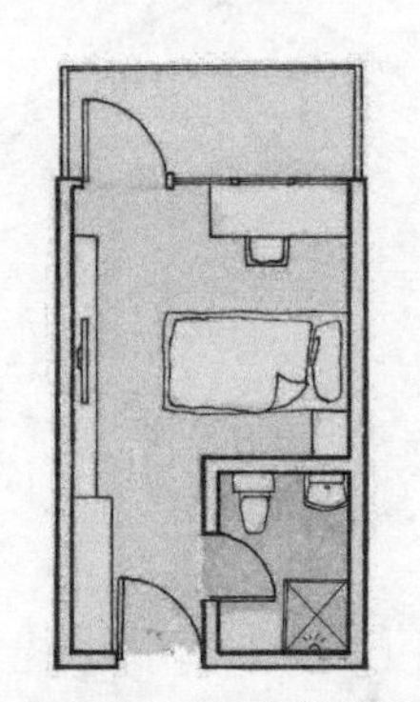
单人、双人、拼接户型平面图

学生作业 《绿·岛》

各方案在户型设计上从人的尺度出发，充分结合生活起居与办公需求，在有限的空间内探索最大化的多元活动空间可能性，充分考虑建筑尺度、朝向、布局等因素与青年生活起居行为模式之间的密切关系，进行了常规模式、多样性模式、弹性模式等多方位的探索。

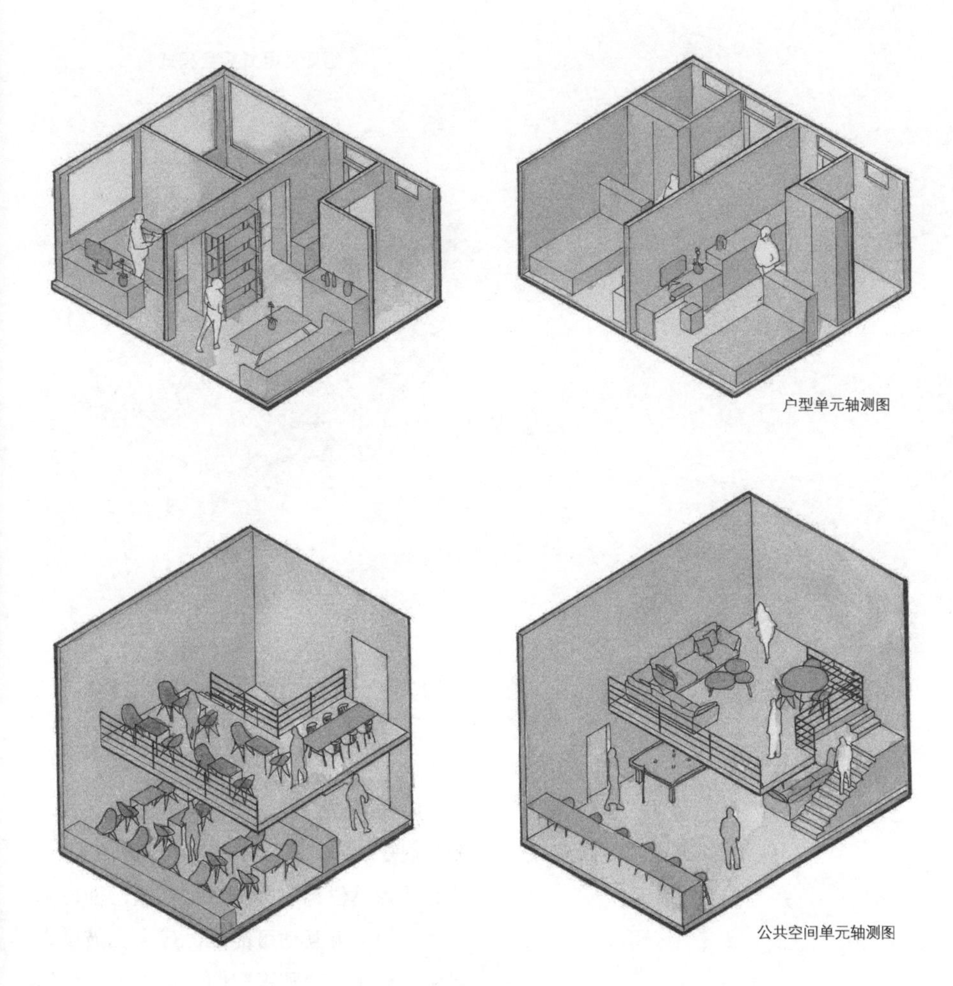

户型单元轴测图

公共空间单元轴测图

学生作业 《阡陌之间》

户型组合图

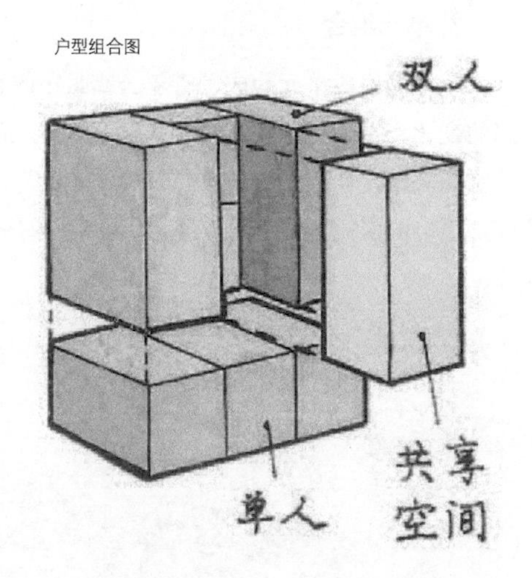

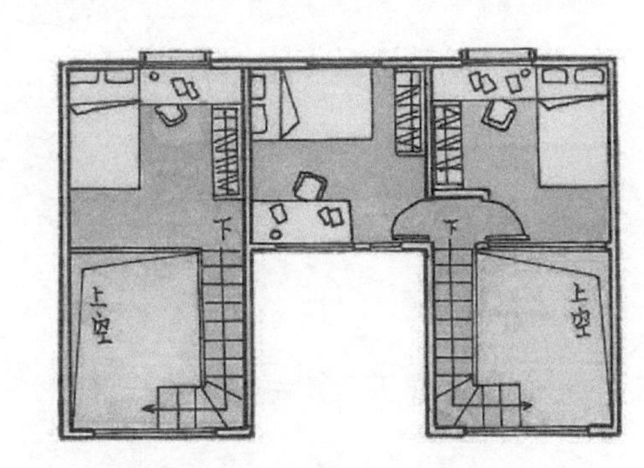

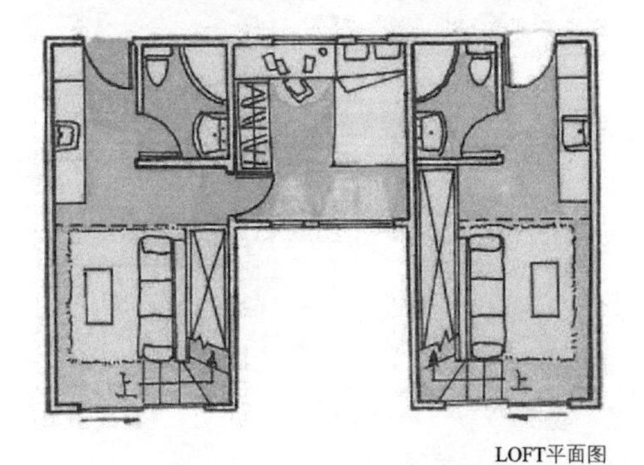

LOFT平面图

学生作业 《城市岛屿》

3. 单元组合

基本的组成单元构成了青年公寓最小的私密活动单元，而通过各个单元之间的组合模式的变化，探索居住功能与相关配套功能之间的比重关系、运营互动关系、私人空间与公共空间关系，将整个青年公寓从“小单元”组合而成“大家庭”的社区生活模式，为社区创造更多的多元活动空间，最大化各单元的采光通风与交往活动需求。

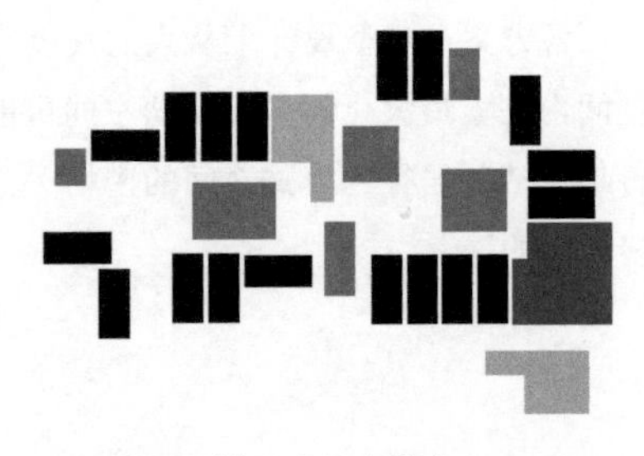
组团社区式组合模式

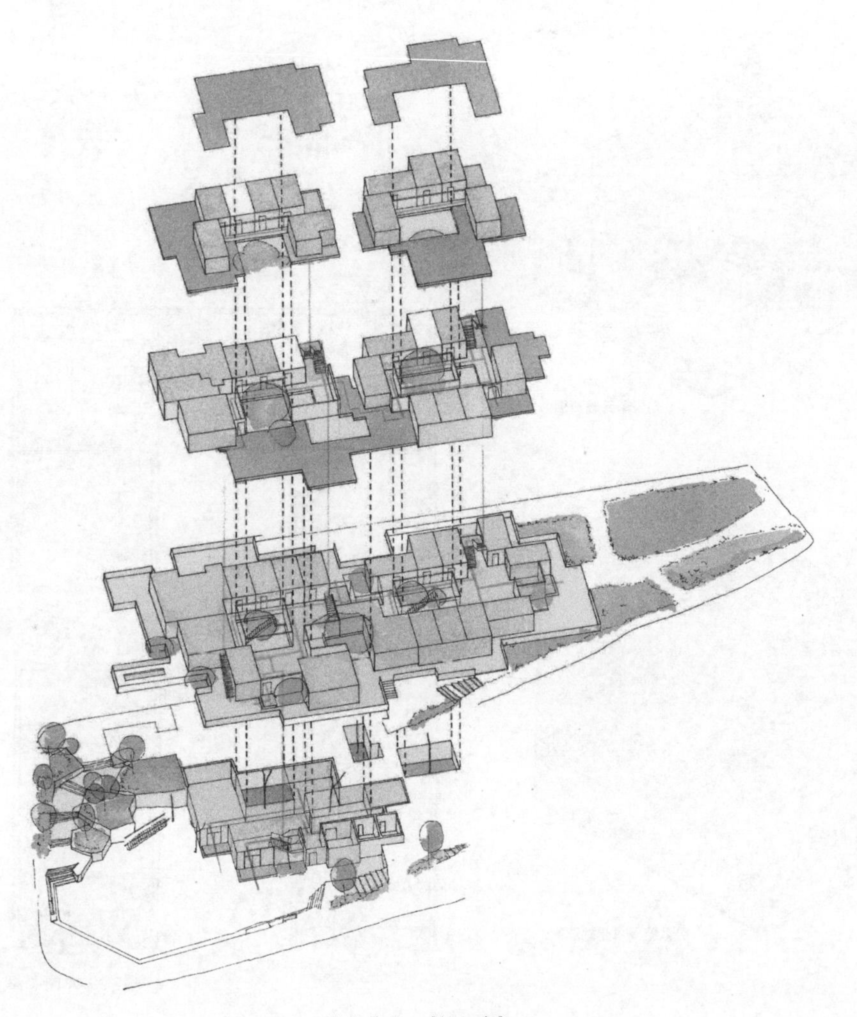
学生作业 《绿·岛》

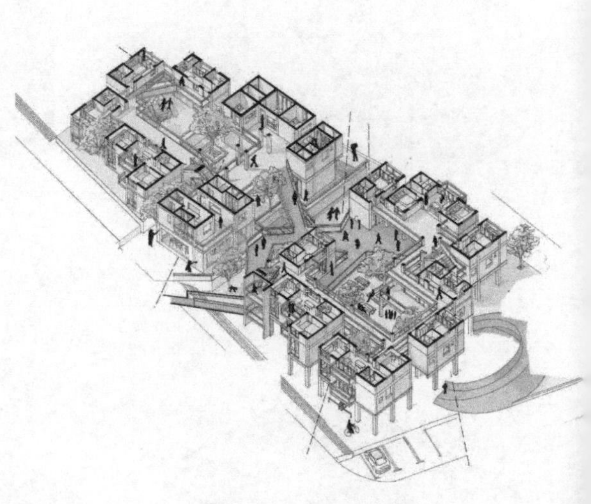
学生作业 《风车村落》

通过组团“社区式”的单元组合模式，多个重复单元之间围合成多个半开放庭院，以庭院为单位构成多个微型社区，创造多个组群的交流互动可能性，最大化鼓励青年从“自我”的私密空间走向“大家”的公共活动交往空间。

“一”字形集中组合模式

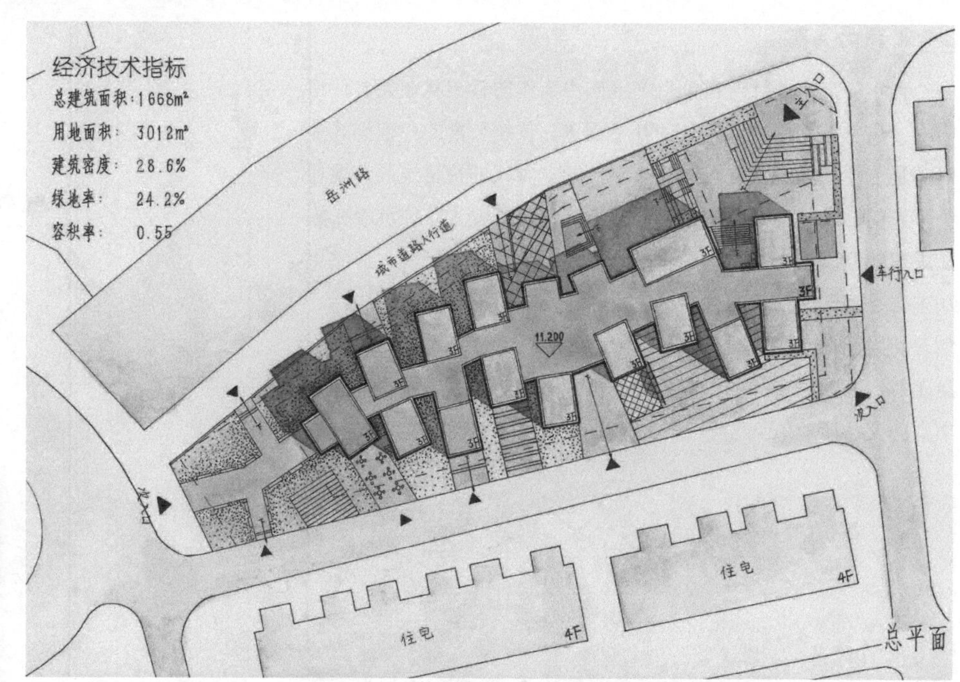

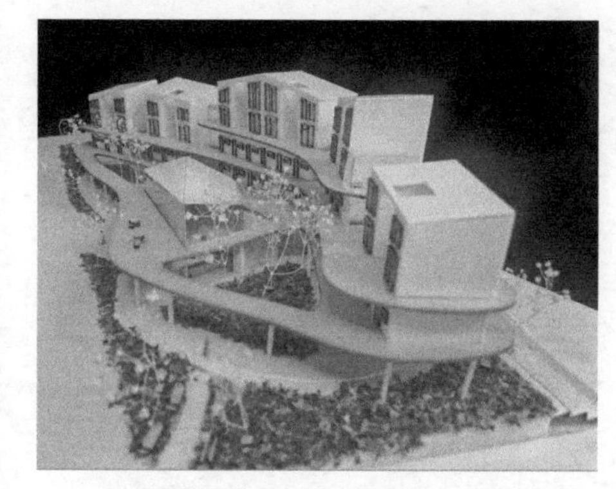

学生作业 《城市岛屿》

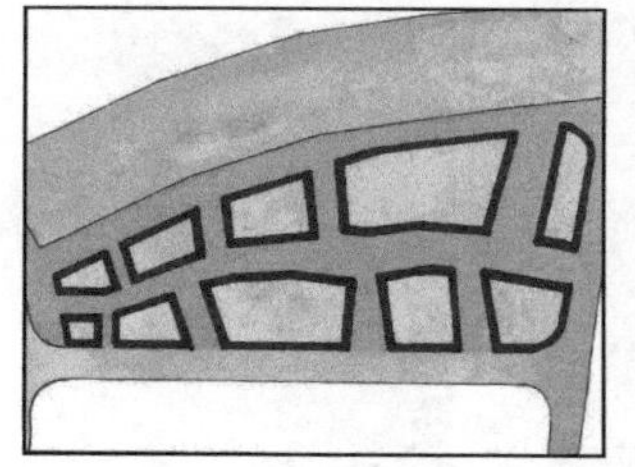

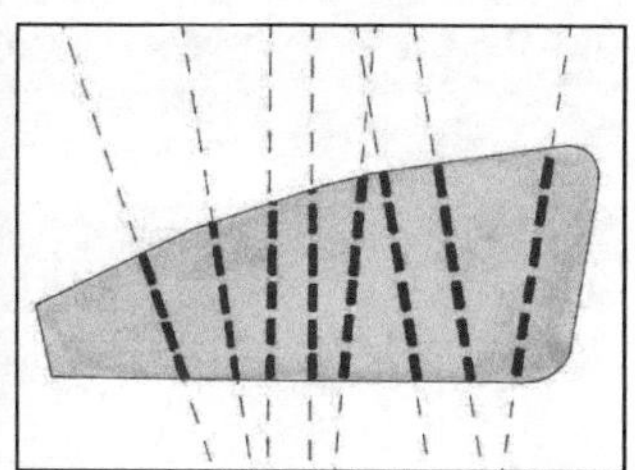

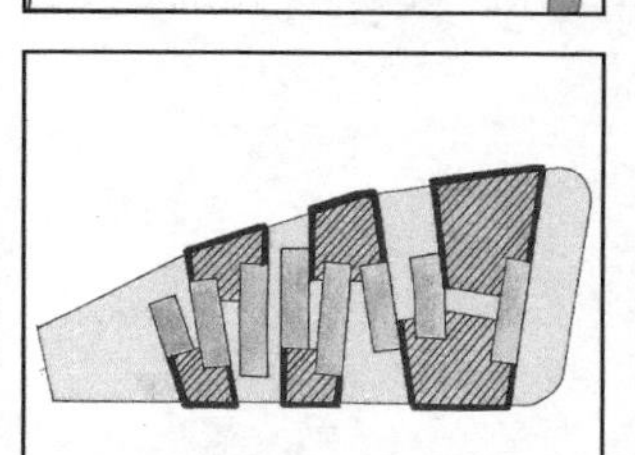

学生作业 《风车村落》

“一”字形集中的单元组合模式将住宿单元集中在单一体量，减少过长的行进流线，保证入住人活动的高效性。通过各个单元之间的架空、错位、滑动、变形、偏移等手法在单一的条形体量基础上进行空间的变化，创造大量丰富的活动、休闲、交往、娱乐空间，丰富内部采光通风条件以及活动娱乐需求。

4. 活力共享

青年公寓主要针对在创意产业园中工作的青年从业人员住宿需求，也考虑局部的园区外的社会需求。传统公寓的住宿模式多以满足入住人的基本需求为主，然而随着时代的快速发展，现代年轻人的需求与交际方式越来越复杂，使得年轻人往往沉浸在更加虚拟的互联网交往活动中，现代青年公寓亟待为年轻人提供更加丰富且多元的活力交往空间，满足不同人群的实际组织生活、学习和娱乐与交往活动等需求。作业可以通过架空、共享、串联、组团等活力共享空间的组织与设计方式鼓励年轻人展开更多元且丰富的交往活动。

学生作业 《街道漫步》

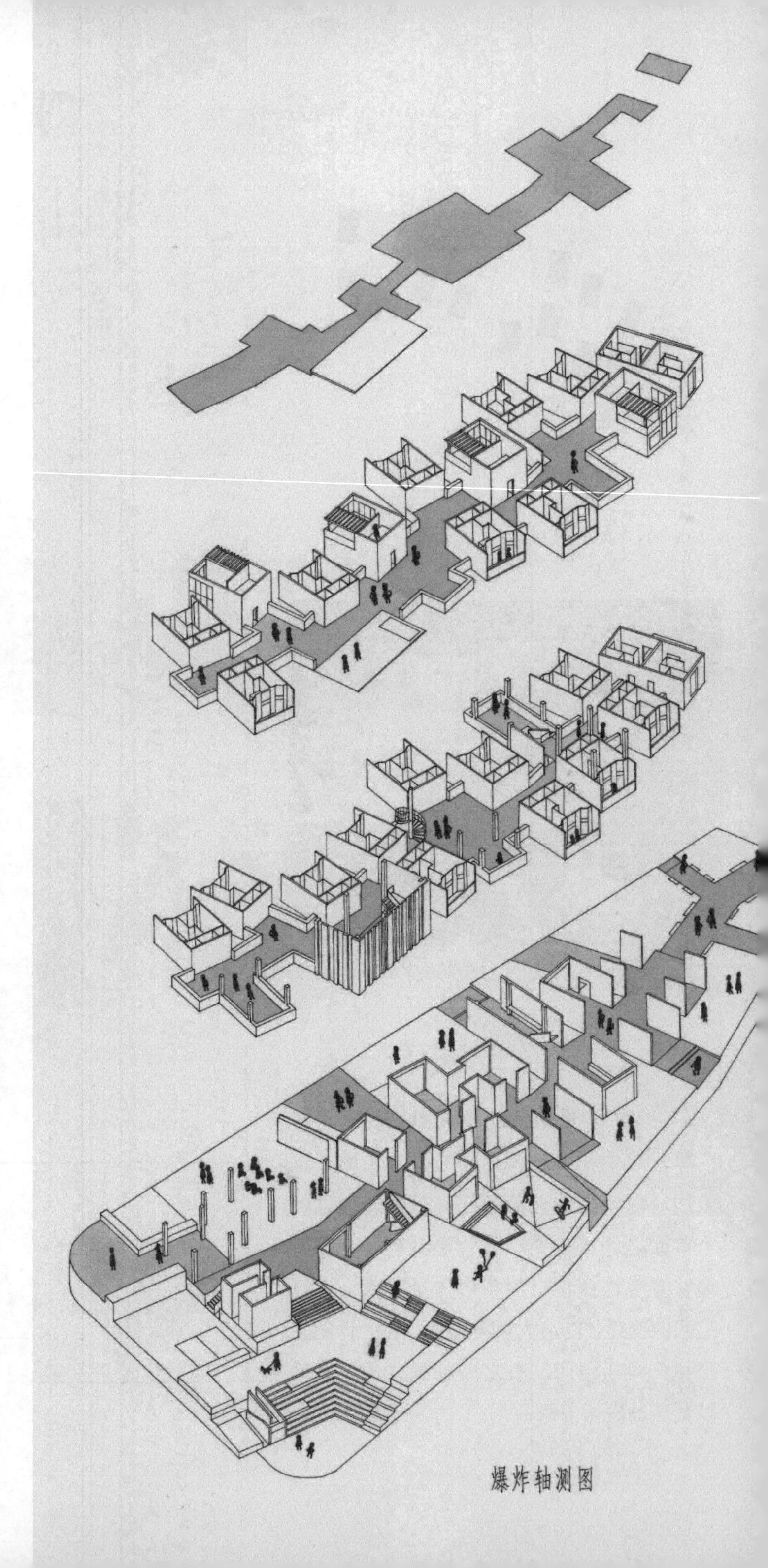

爆炸轴测图

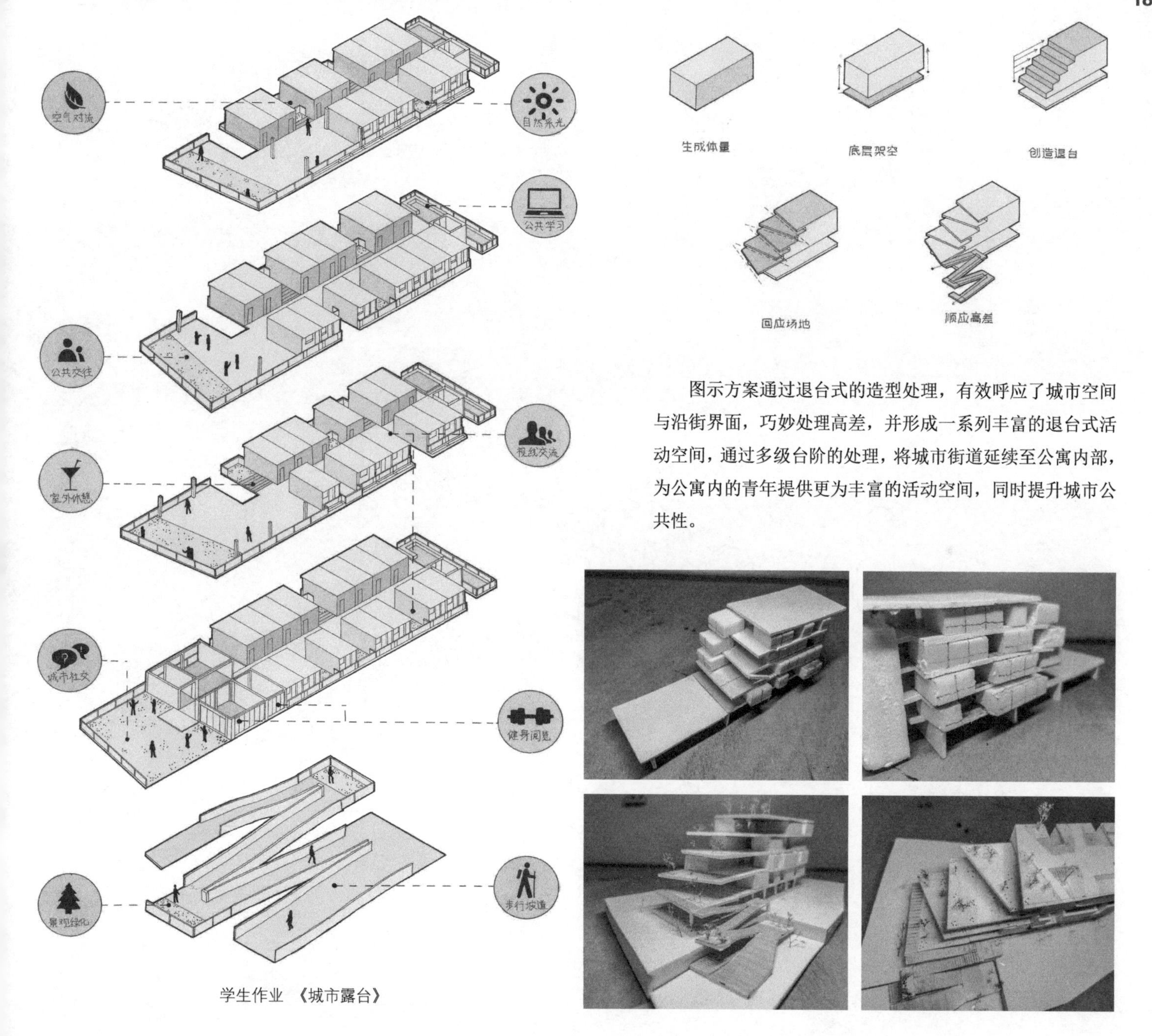

图示方案通过退台式的造型处理，有效呼应了城市空间与沿街界面，巧妙处理高差，并形成一系列丰富的退台式活动空间，通过多级台阶的处理，将城市街道延续至公寓内部，为公寓内的青年提供更为丰富的活动空间，同时提升城市公共性。

学生作业 《城市露台》

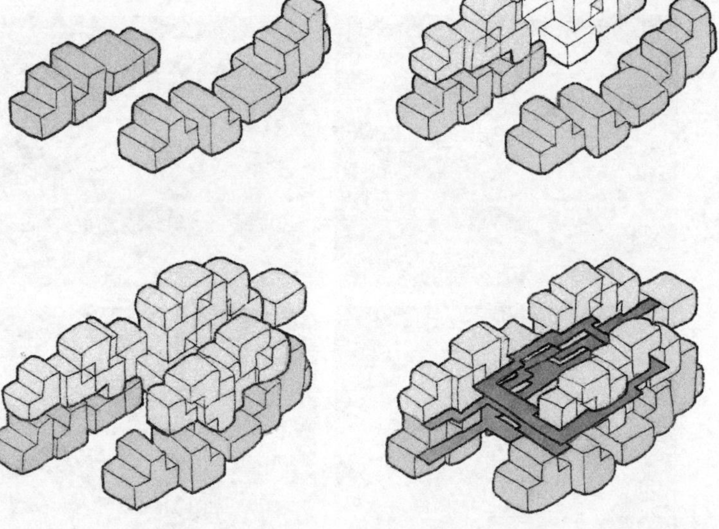

学生作业 《攀趣》

学生作业 《风车村落》

图示方案以风车为概念，围合出村落的形态，通过趣味廊道的植入联系多个聚居组团，创造出多个组团交往空间，丰富公寓青年交往活力。

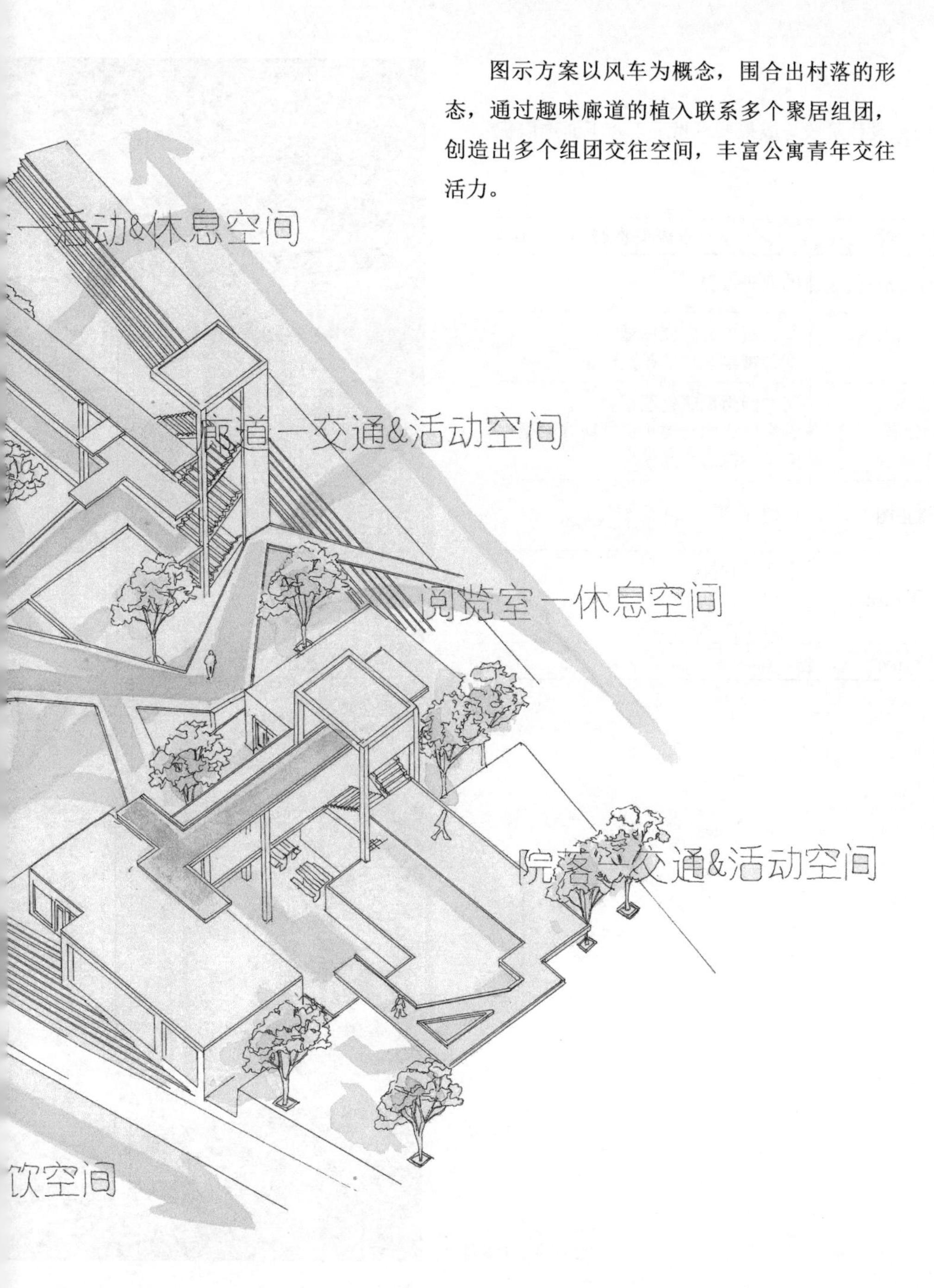

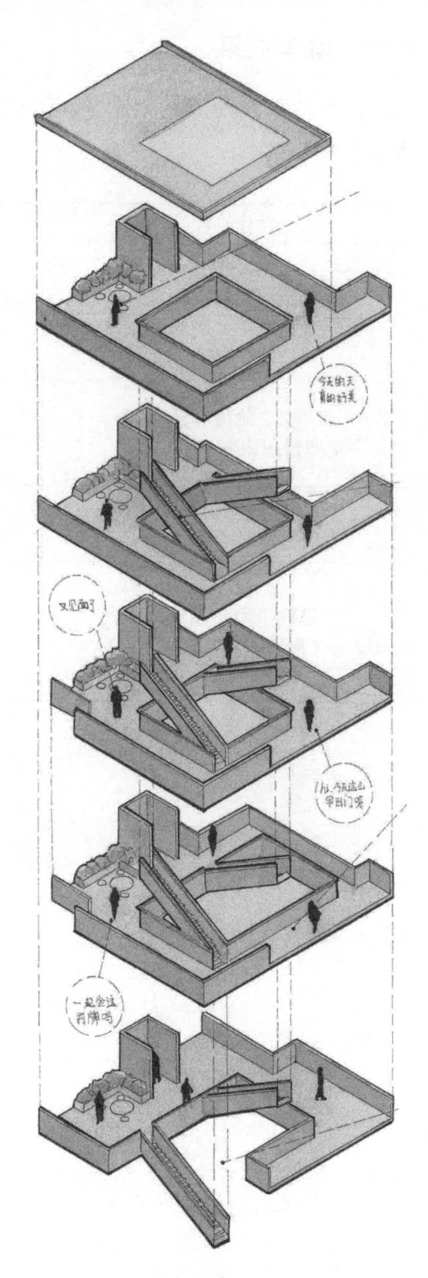

学生作业 《阡陌之间》

4.2.4 教学成果

教学中强调对过程的把控，教学过程对应的设计阶段与成果要求见下表。下面选取优秀作业进行点评。

设计阶段	教学过程	过程成果要求
第一阶段设计 （基本单元研究）	开题与前期	①调研报告
	一草	②公寓单元研究图纸 ③公寓单元户型研究模型
第二阶段设计 （空间组织研究+建筑布局）	二草	④空间组织研究图纸 ⑤空间组织与建筑造型研究模型 ⑥结构概念研究模型
第三阶段修正图设计 （技术综合研究）	修正图	⑦修正图
第四阶段正图设计 （最终成果及评图）	正图正模	⑧正式模型 ⑨最终图纸 ⑩各阶段成果文本
	评图推优	

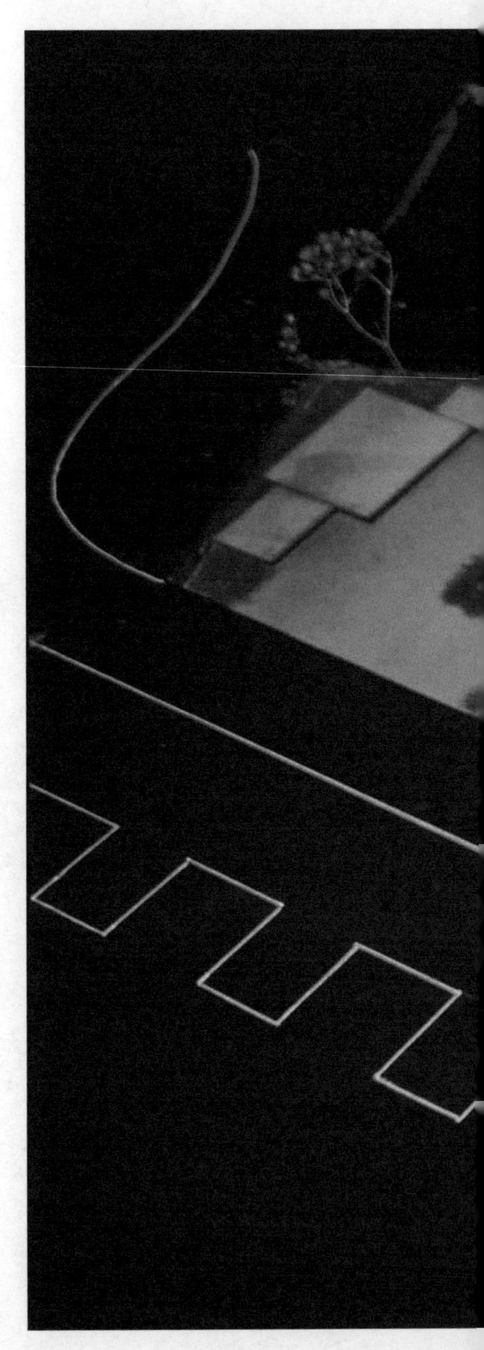

学生作业 《攀趣》

绿·岛
青年公寓设计(一)
设计说明：城市的钢筋水泥中能否有一处暂时逃离的住所。从城市肌理中抽离出来，构成新的景观。它是一座“漂浮的绿色岛屿，与绿意互相环绕。生活其中，片刻脱离城市。

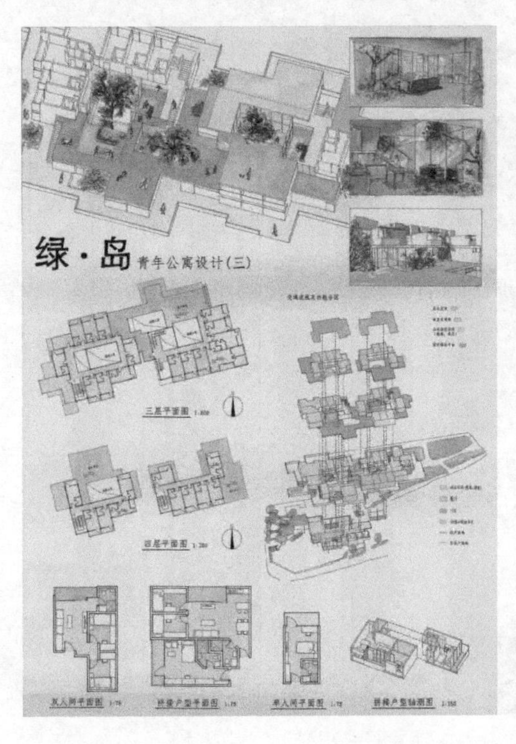

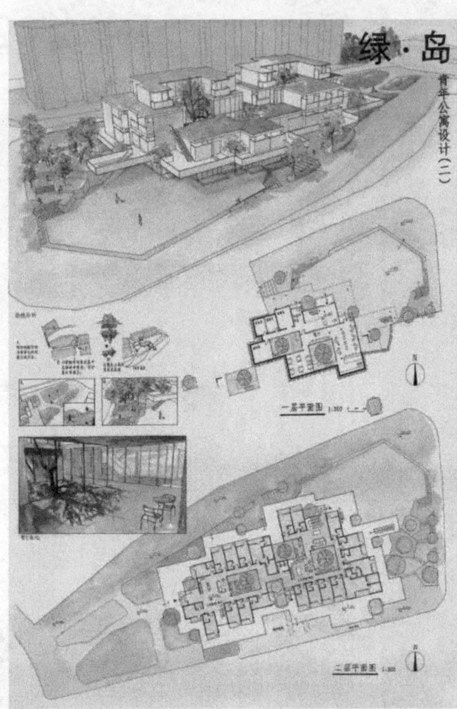

1. 公寓优秀作业赏析（一）

《绿·岛》

作者：梁婧

班级：2019 级城乡规划 1 班

指导老师：陶金

点评：面向场地中不同的环境要素形成差异化、各具特色的空间设计。灵活运用单元组合多样公共空间，通过多个庭院空间串联多元活动空间，空间节奏起承转合明快多变。巧妙地通过功能性质的不同解决了场地高差问题，庭院和实体空间错落组合成立体多元化活动空间。建模表达细节丰富、内容完整，清晰体现出方案特色。

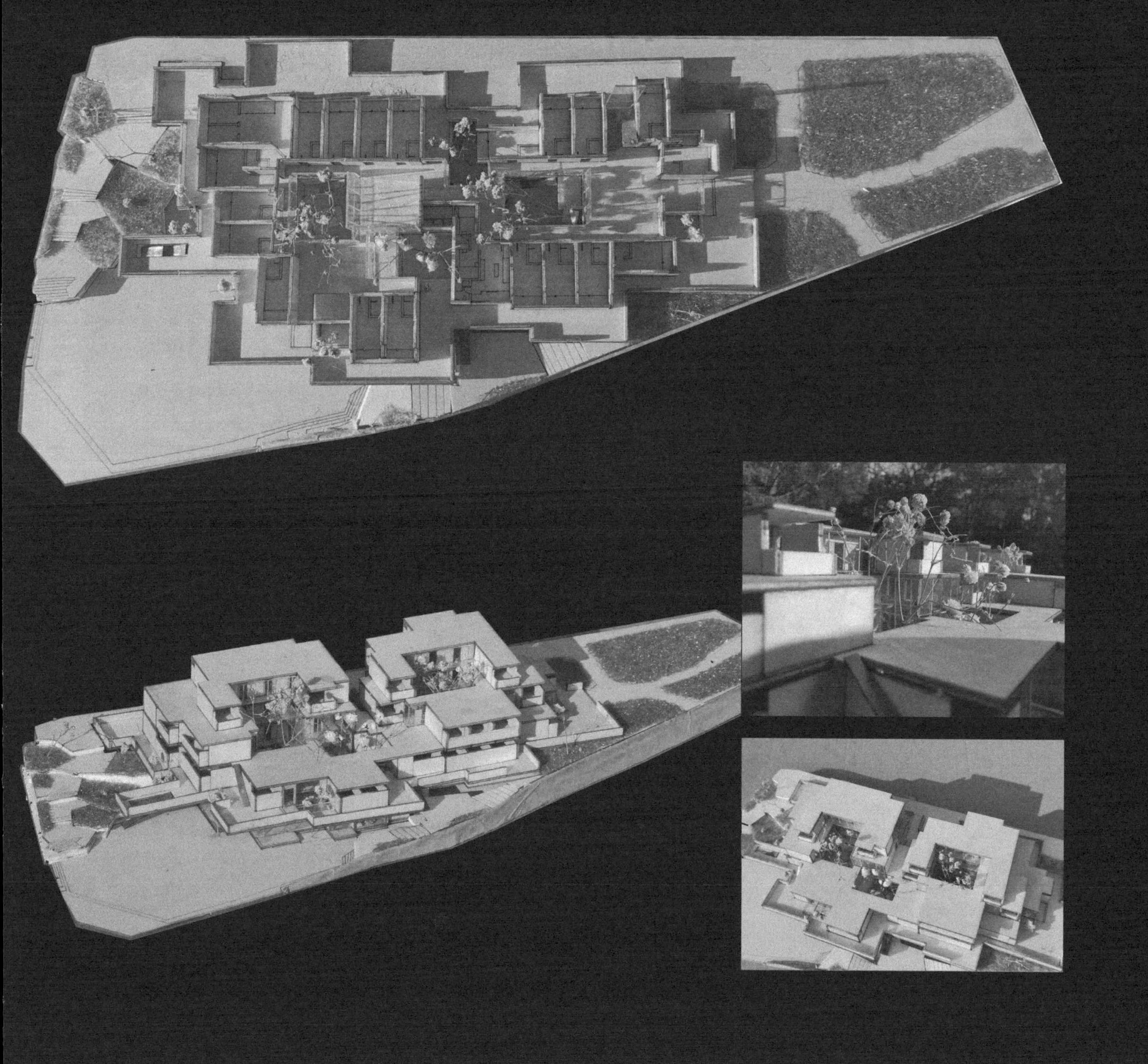

2. 公寓优秀作业赏析（二）

《街道漫步》

作者：钟婧

班级：2019 级建筑学 1 班

指导老师：钟冠球

点评：以公共街区作为切入点，通过增加公共空间，拉大单元间距形成松散的街区式方案，提升场地各向人流流动性，加强场地商业性，满足区域生活、休闲及消费需求。户型设计丰富且能够满足不同人群需求。图纸逻辑清晰，多方面展现方案特点，制图严谨基本功扎实。景观绿化有进一步深化的空间，同时可增加更多细节和场景氛围丰富空间表达。

○ 前期构思模型

有熊 青年公寓设计

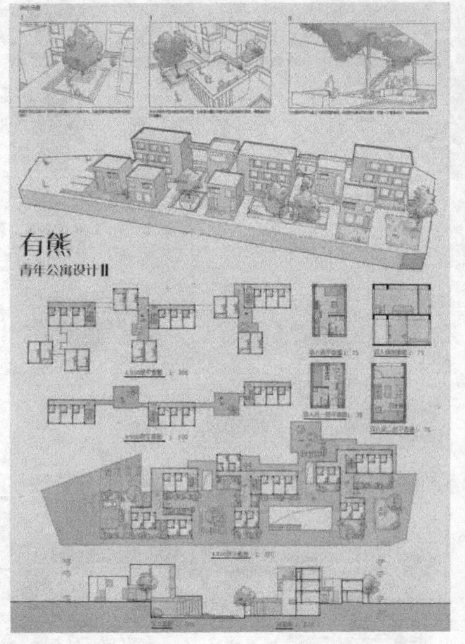
有熊
青年公寓设计Ⅱ

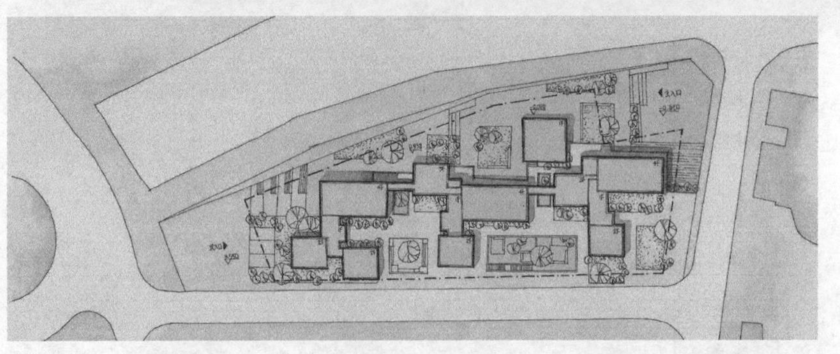

3. 公寓优秀作业赏析（三）

《有熊》

作者：邹雨恩

班级：2019 级建筑学 1 班

指导老师：陈昌勇

点评：该设计强调城市部落概念，通过设计部落单体，置入场地，并在场地中用平台与空中连廊串联，充分利用了整个场地，拉近当代青年社交距离，形成亲近和谐的社区空间。以下沉庭院作为交往、休闲、交通的多功能复合空间，使部落与部落间，上层与下层间得到自然过渡。设计手法灵动而具有活力。图纸表达清晰精致，配色简约淡雅，图面效果优良。

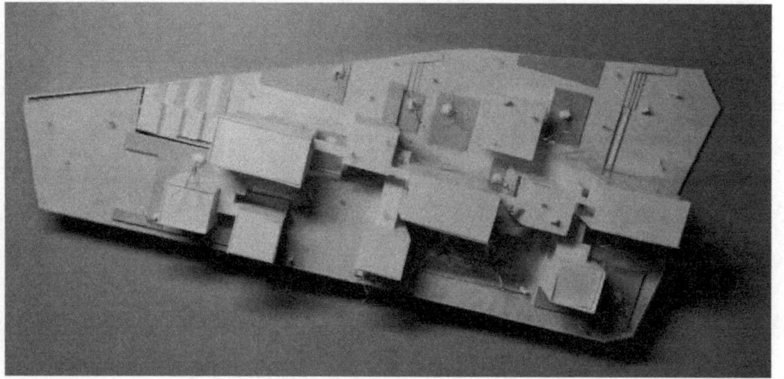

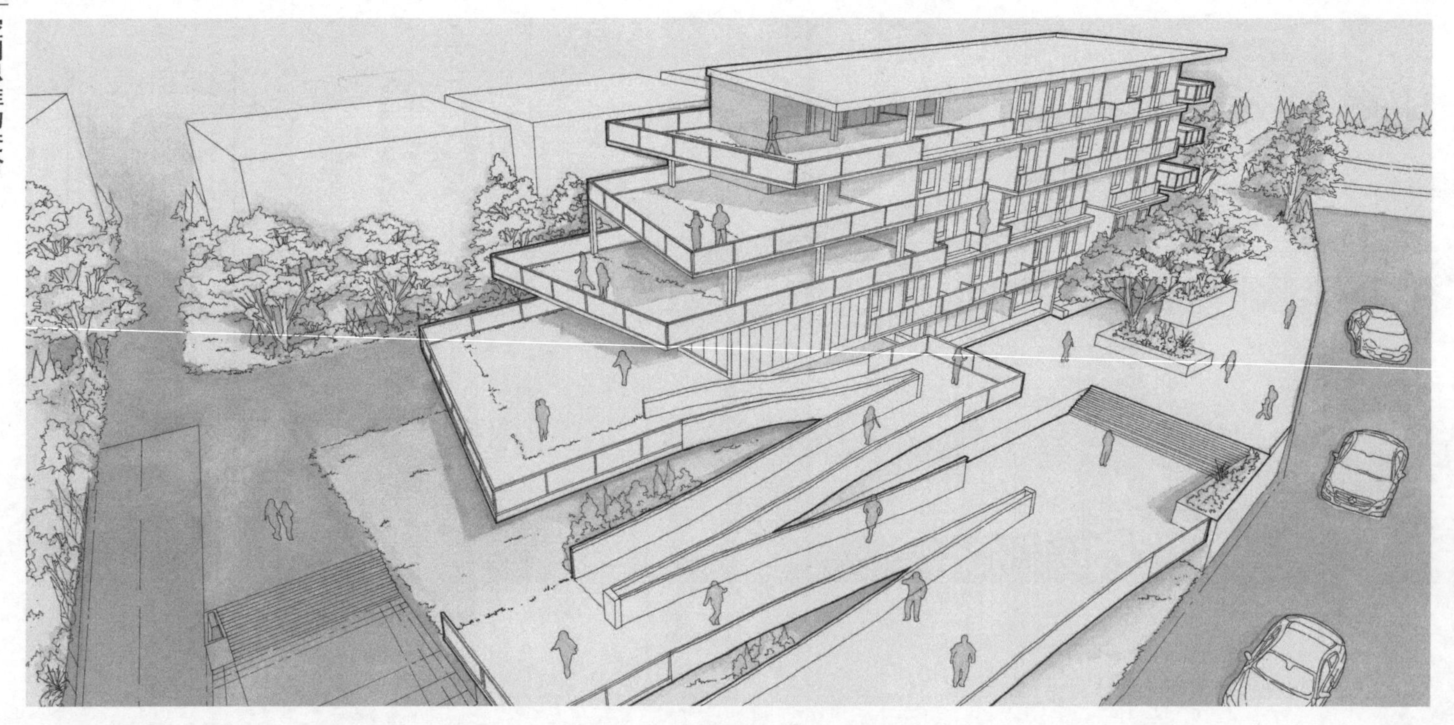

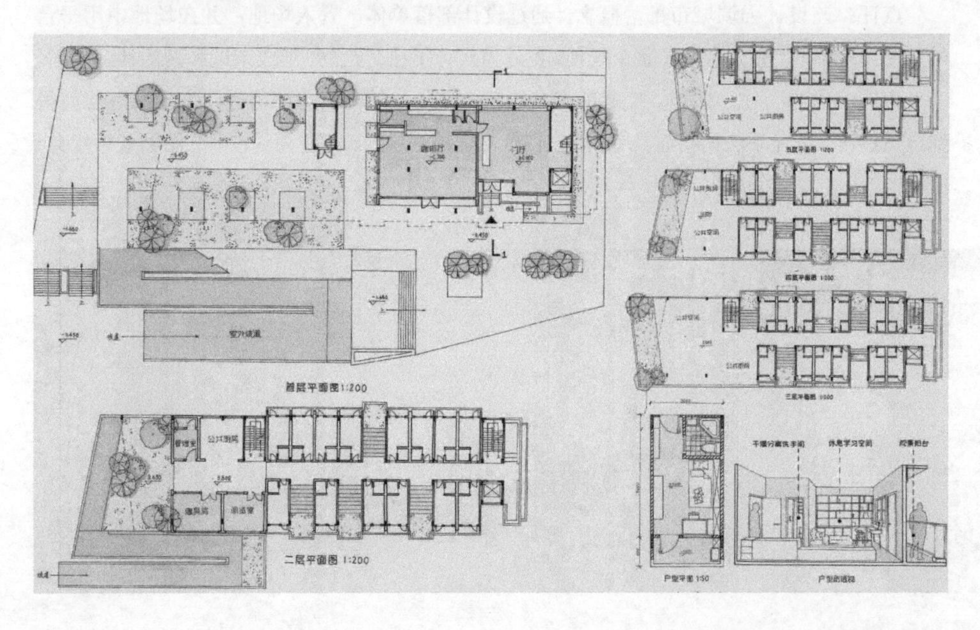

4. 公寓优秀作业赏析（四）

《城市露台》

作者：李沛霖

班级：2019 级建筑学 1 班

指导老师：张颖

城市露台·青年公寓
CITY TERRACE
CREATE A THREE-DIMENSIONAL CITY LIVING ROOM
·我们不是在设计建筑
我们是在用建筑,探寻城市边界

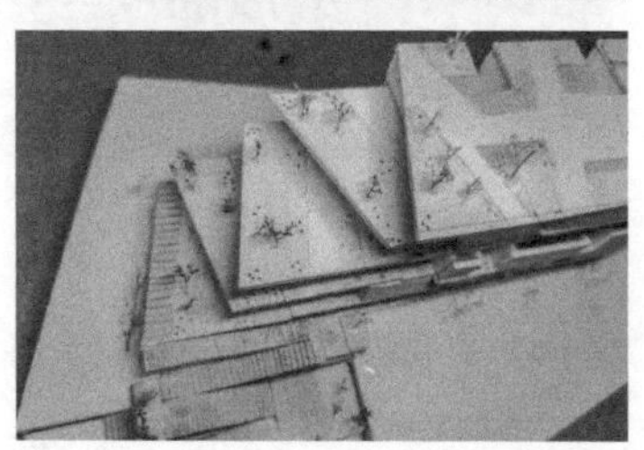

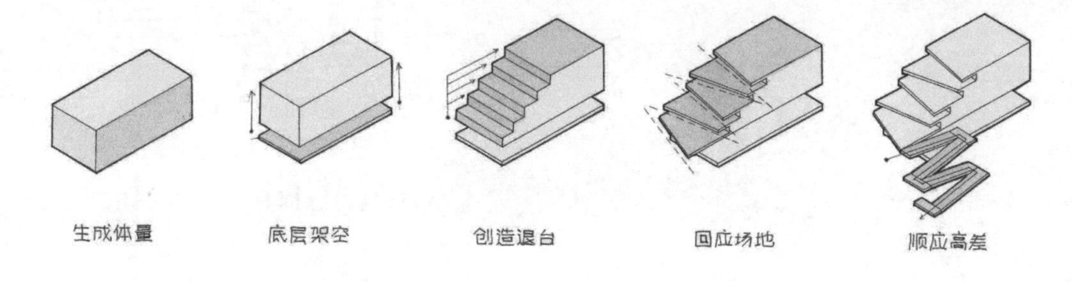

点评：方案通过退台式的造型处理，有效呼应了城市空间与沿街界面，巧妙处理高差，并形成一系列丰富的退台式活动空间。动静分区明确，与场地结合良好，高差及过渡空间的处理简洁到位，标志性及引导性强。制图表达和概念清晰简洁明了，表达规范严谨，线型美观。但缺少对于部分技术问题的考虑。

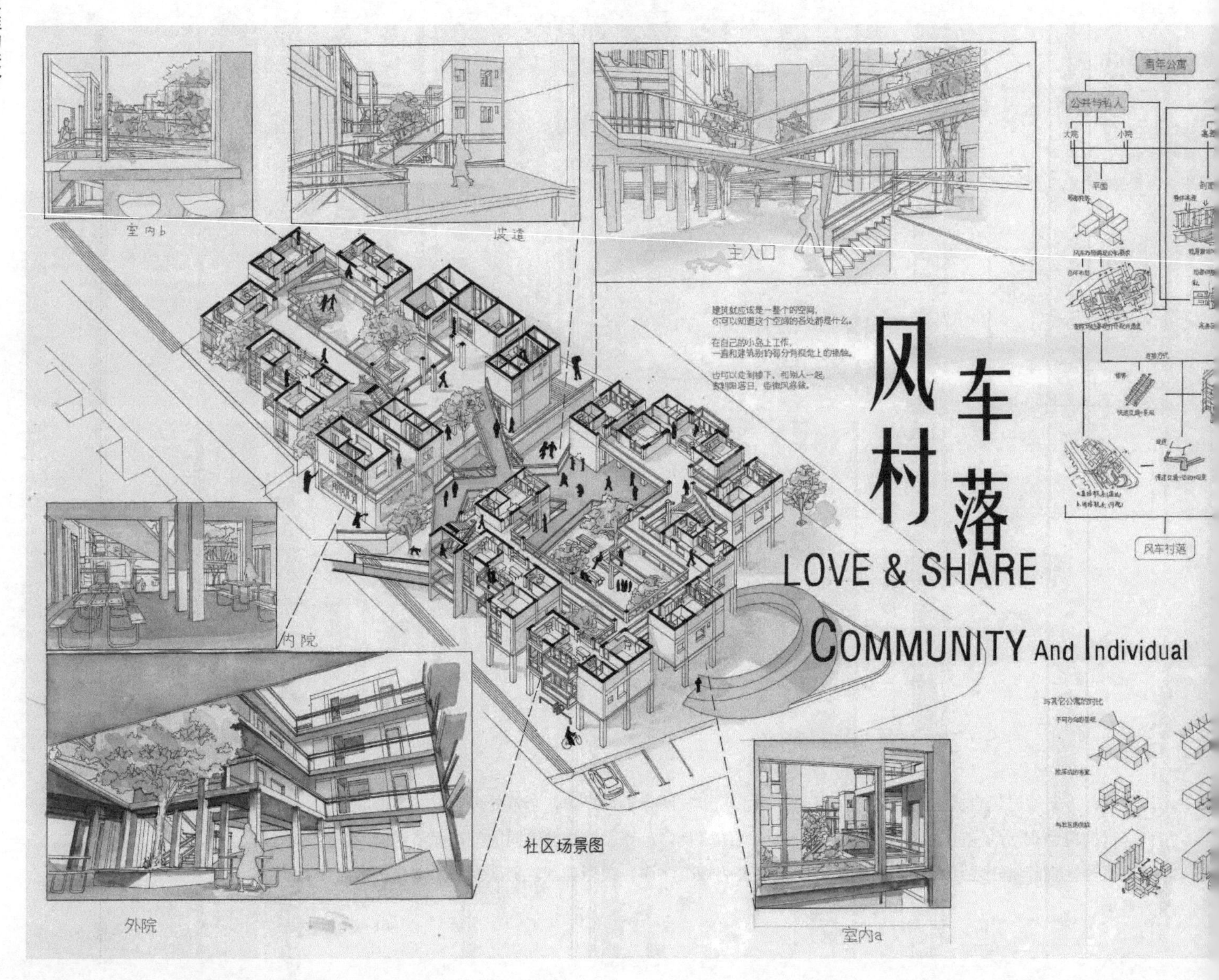
室内b
坡道
主入口
建筑就应该是一整个的空间，
你可以知道这个空间的各处都是什么。
在自己的小岛上工作，
一直和建筑别的部分有视觉上的接触。
也可以走到楼下，和别人一起，
风车
村落
LOVE & SHARE
COMMUNITY And Individual
青年公寓
公共与私人
大院
小院
平面
风车村落
内院
外院
室内a

社区场景图

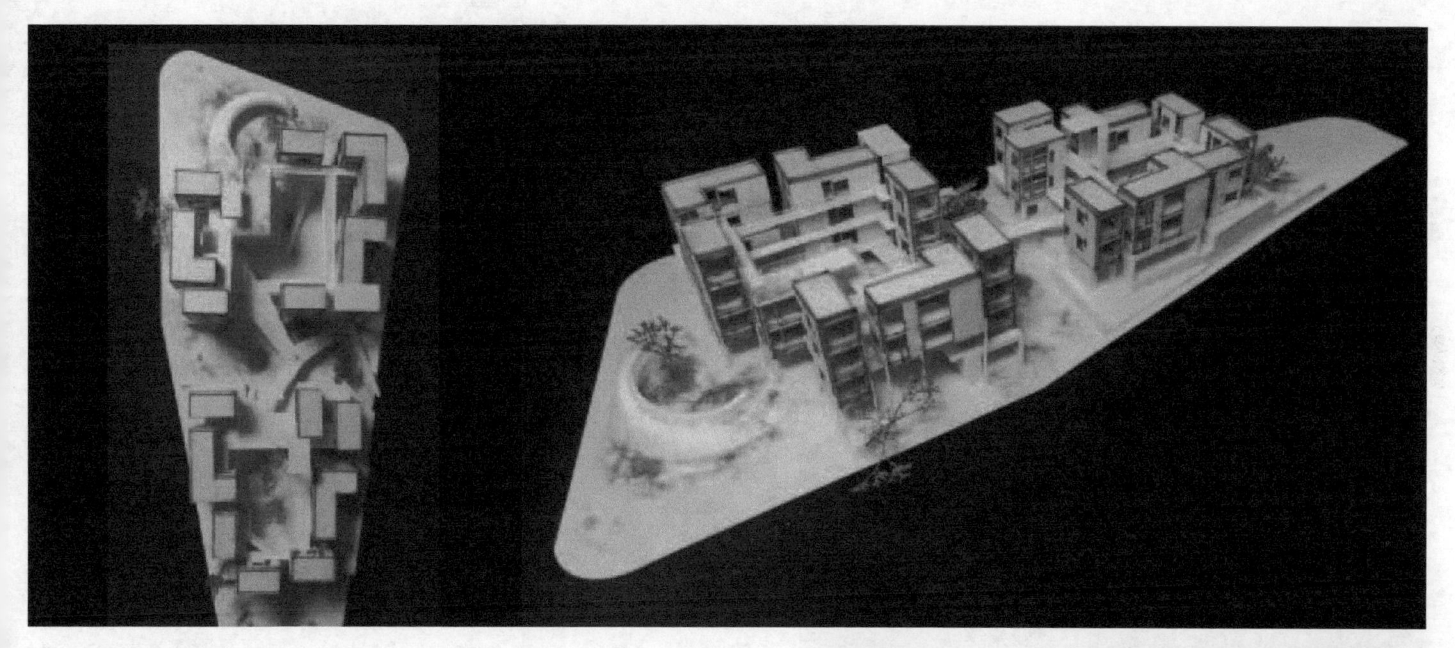

5. 公寓优秀作业赏析（五）

《风车村落》

作者：马昊

班级：2019 级建筑学 1 班

指导老师：苏平

点评：方案以“风车”为概念围合出村落的空间形态，创造一系列尺度宜人的丰富活动空间，增进邻里关系。同时居住单元通过错位移动组合的方式组合成一系列错落有致的活动空间，通过交通廊道和活动平台串联各单元形成连续交往互动空间。图纸表达缜密，剖轴侧内部结构表达清晰，人群活动关系表达丰富。

4.2.5 课题总结

本课题是功能组织专题训练，空间层级与连接关系复杂性有所增加，同时也给了学生更大发挥空间。学生运用空间设计思维解决较为复杂的功能组织与流线问题，可以采用从整体到细部与从细部到整体两条设计思路。整体到细部的，先根据场地环境等因素，进行建筑整体形态设计，居住功能与公共空间安置在整体建筑的适宜位置，造型具有整体感；从细部到整体的，从单元出发，将单元空间进行组合堆砌，或先单元组合，再形成组团，加入形式相同或不同的公共空间，形成整体建筑。学生的作业反映了学生在空间设计与功能组织之间的协调，最终的成果展现了学生对功能组织专题训练的效果。

什么是书店 +

怎样的小而精的活力场所

如何室内外一体化设计

4.3 场所建构

4.3.1 专题设置

这一课题训练学生建筑空间操作时对场所的构建能力，构建手法可通过建筑空间的暗示、建筑材料的运用、光线的设计等。针对这一专题，选取“书店＋”课题，即在传统书店的建筑功能中加入多种与时俱进的业态内容的建筑形式。学生通过调研，学习新型书店在建筑场所营造上的可取之处，了解当下的业态空间需求。尝试进行业态策划，扩展建筑设计的层面。然后与建筑技术知识课程（结构、构造、材料等）结合，学习运用不同材料构建场所，更深层次地理解建筑建造，最终完成一个室内外一体化的设计，包括区域场地活化。本课题重要的侧重点是“建构”，即通过材料和构造进行空间设计，要求需要表达剖透视、墙身大样等，并和建筑立面对应起来。课程最终的建筑表现鼓励采用拼贴的方法，可以做不用材料的建材，结合建筑模型进行拼贴，来表现建筑的各种场景，充分表达建筑的空间特点。

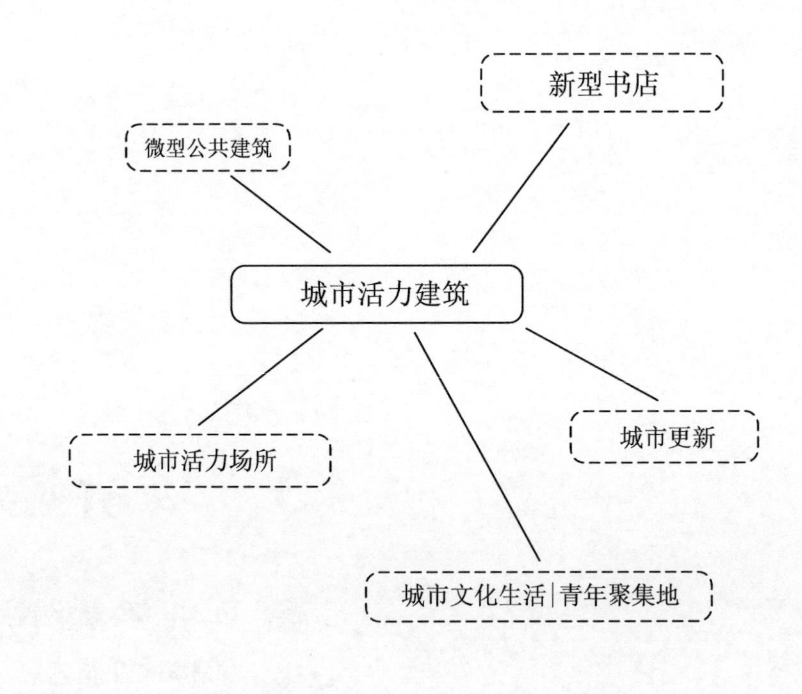

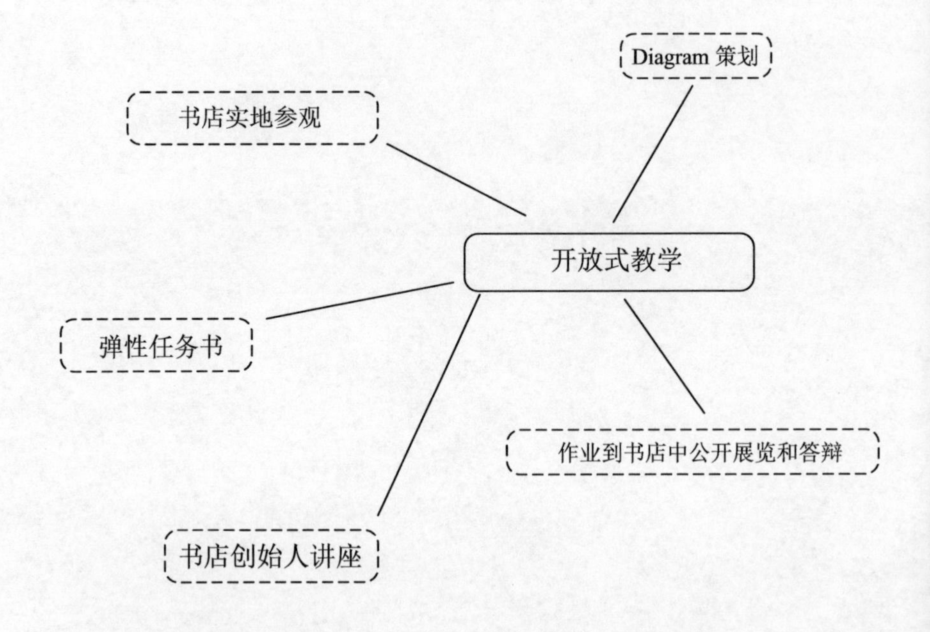

4.3.2 课题内容

1. 教学目标

时代转型的时刻，改造逐渐代替大拆大建，这就需要建筑师更精细的设计和一定的策划能力，往往是室内外空间一体化设计。互联网时代的书店较传统书店有较大的改观，新型书店商业形态丰富，设计与场地环境结合紧密，设计一体化且细节精致。于是本课题选取新型书店作为建筑载体进行场所建构的训练，注重细节与构造设计。首先希望学生调研了解当下复合业态和一体化设计的需求，然后是对传统建筑中地域特色的学习，包括平面格局、剖面、气候适应性、材质等。通过调研学习，再创造有细节的场所空间，结合学习过的构造知识，尝试设计墙身大样与细节构造。

	用地面积/m^2	建筑规模/m^2	建筑高度	地块要求
恩宁路地块A	317	500～600	2～3层 建筑高度小于15 m	位于十一甫新街和大地旧街之间，地块临路有大树，地块现状为空地，拟新建一新型书店，考虑新建建筑与老城的关系，按照彩色平面图实施考虑。地块东南L型转角如相邻建筑立面有开窗则必须为不开洞口实墙防火墙，如相邻建筑没开窗，可将相邻建筑外墙看作防火墙。
恩宁路地块B	335	500～600	2～3层 建筑高度小于15 m	位于十二甫西街和恩宁涌之间，地块西侧有大树，地块现状有较破旧建筑，按照重建考虑，考虑新建建筑与老城的关系，按照彩色平面图实施考虑。要设计南端入口处河涌水处理设施如何整合进景观中去。注意场地和恩宁路有高差。
各地块共同要求				
①相邻有建筑时，建筑外边缘至少退相邻建筑（或保留建筑）1 m；结构至少退1 m； ②暂不考虑停车问题； ③巷道的消防间距问题暂不考虑；须满足消防疏散规范；一侧为不开窗的相邻建筑可按防火墙处理； ④按照《GB/T 50353-2013 建筑工程建筑面积计算规范》计算建筑面积； ⑤务必考虑建筑中的采光和通风等问题； ⑥阳台或者构筑物或者连廊不得凸出于地块线； ⑦自行规划建筑出入口动线等。				

2019年任务书（只规定面积层数和红线）

书店+	
书店	+
书籍空间、阅读空间、活动交流区/展览空间、Cafe/茶空间、卫生间等。	这是一个怎么样的书店？增加额外功能，回答"书店+"是什么？能够和书店结合起来；在老城会怎么样？自行策划决定。
面积自行合理配置	

业态功能（由学生自行策划）

2. 教学过程

教学过程整体可分为开题讲座、实地调研、内容策划、建筑设计、评图推优等环节，教学辅导基本涵盖学生设计的全部过程。

评图过程分为小组评图、合组评图、组内答辩（邀请校内外评委）和公开展览答辩四种评图形式，分阶段促进学生推进设计；有趣的主题和教学方式使得学生设计积极性强。

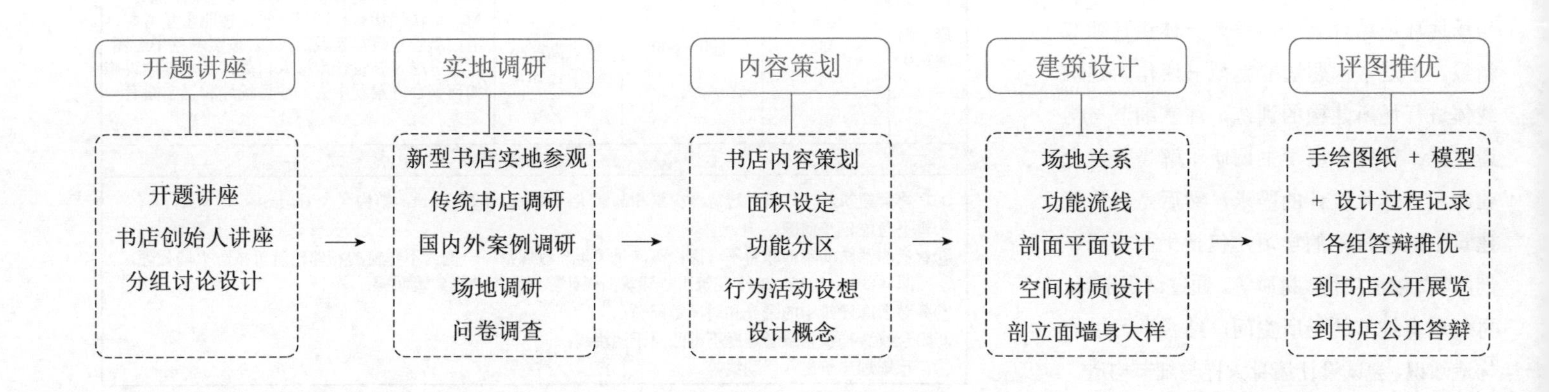

书店现场答辩

GUANGZHOU
1200
book
shop
1200书店的故事

书店创始人讲座

设计老师现场教学

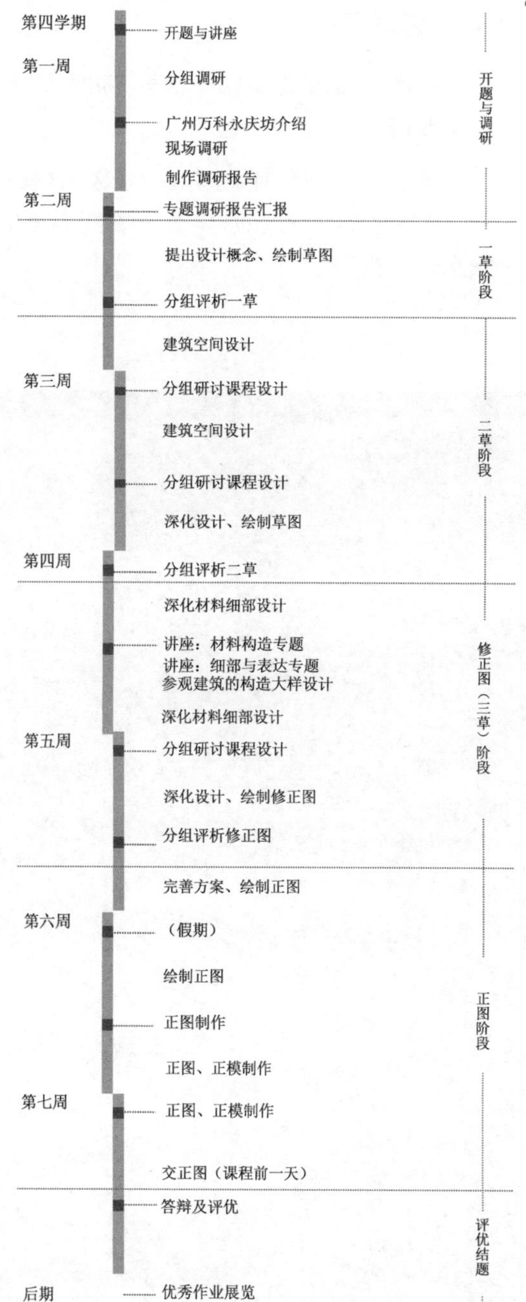
第四学期
开题与讲座
第一周
分组调研
广州万科永庆坊介绍
现场调研
制作调研报告
第二周
专题调研报告汇报
开题与调研
提出设计概念、绘制草图
分组评析一草
一草阶段
建筑空间设计
第三周
分组研讨课程设计
建筑空间设计
分组研讨课程设计
深化设计、绘制草图
第四周
分组评析二草
二草阶段
深化材料细部设计
讲座：材料构造专题
讲座：细部与表达专题
参观建筑的构造大样设计
深化材料细部设计
第五周
分组研讨课程设计
深化设计、绘制修正图
分组评析修正图
修正图（三草）阶段
完善方案、绘制正图
第六周
（假期）
绘制正图
正图制作
正图、正模制作
第七周
正图、正模制作
交正图（课程前一天）
正图阶段
答辩及评优
评优结题
后期
优秀作业展览

4.3.3　教学要点

本课题教学的要点为场所、建构、拼贴。

1. 场所

建筑空间与抽象空间除了具备功能这一区别外，要求建筑空间具有场所感，由实体材料和结构围合或限定，与环境呼应，有在空间中进行某些特定活动的功能设定。这一课题训练学生建筑空间操作时对场所的构建能力，构建手法可通过建筑空间的暗示、建筑材料的运用、光线的设计等。

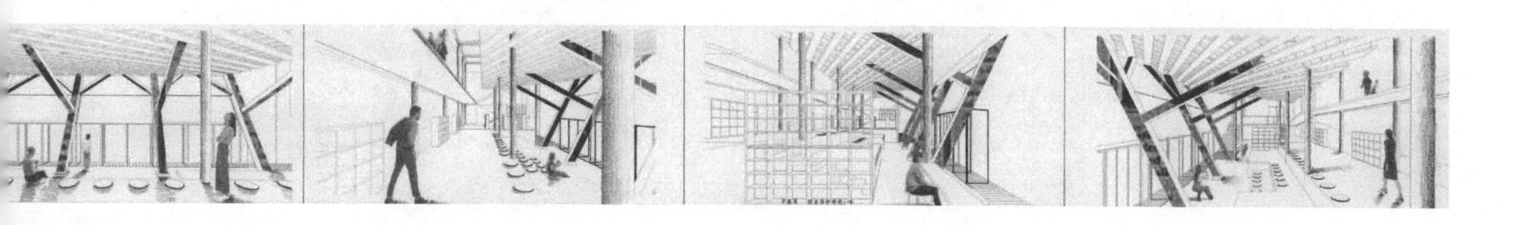

2. 建构

本课题重要的侧重点是“建构”，即通过材料和构造进行空间设计，要求需要表达剖透视、墙身大样等，并和建筑立面对应起来。强调方案完整的生成逻辑。

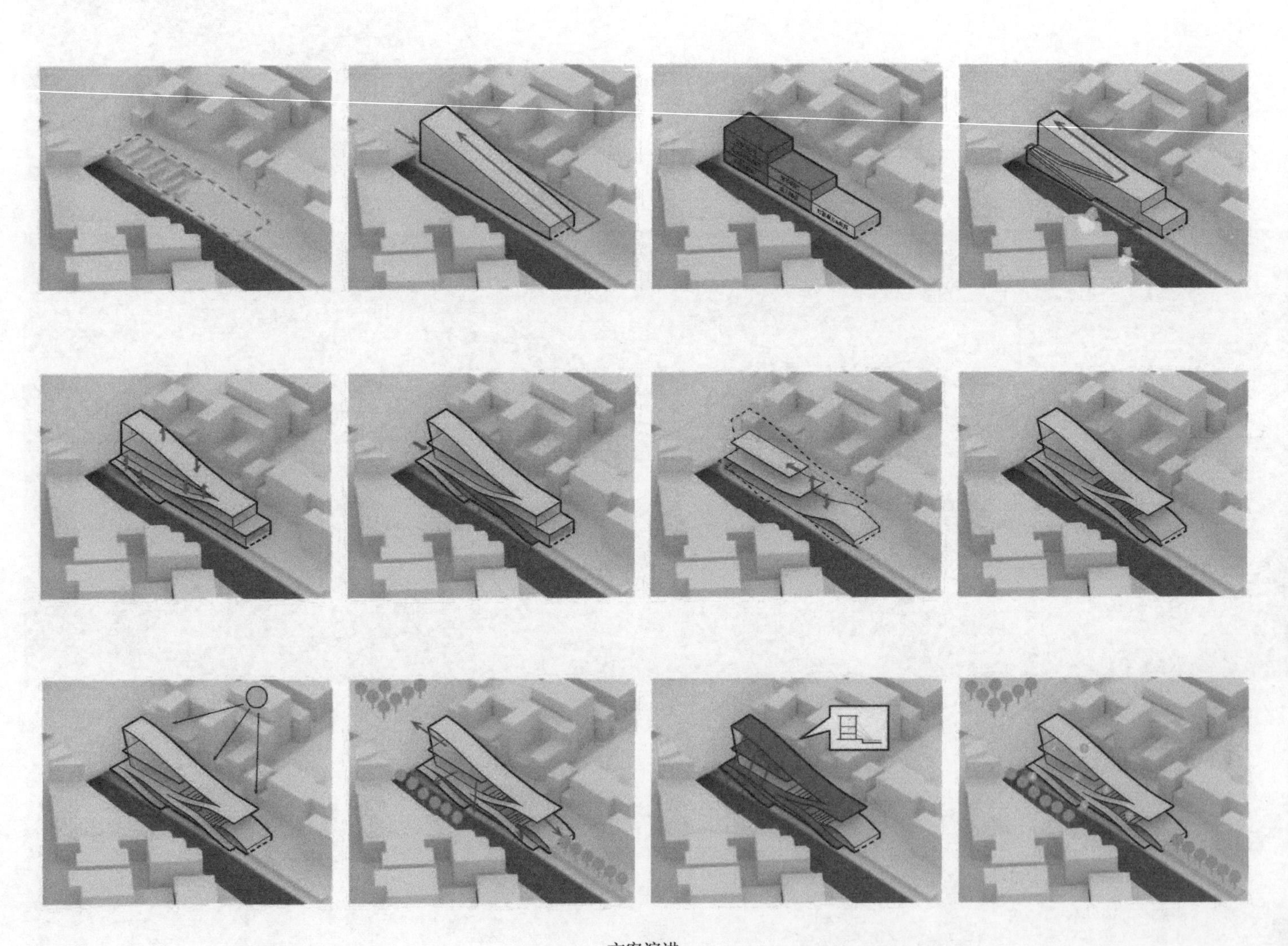

方案演进

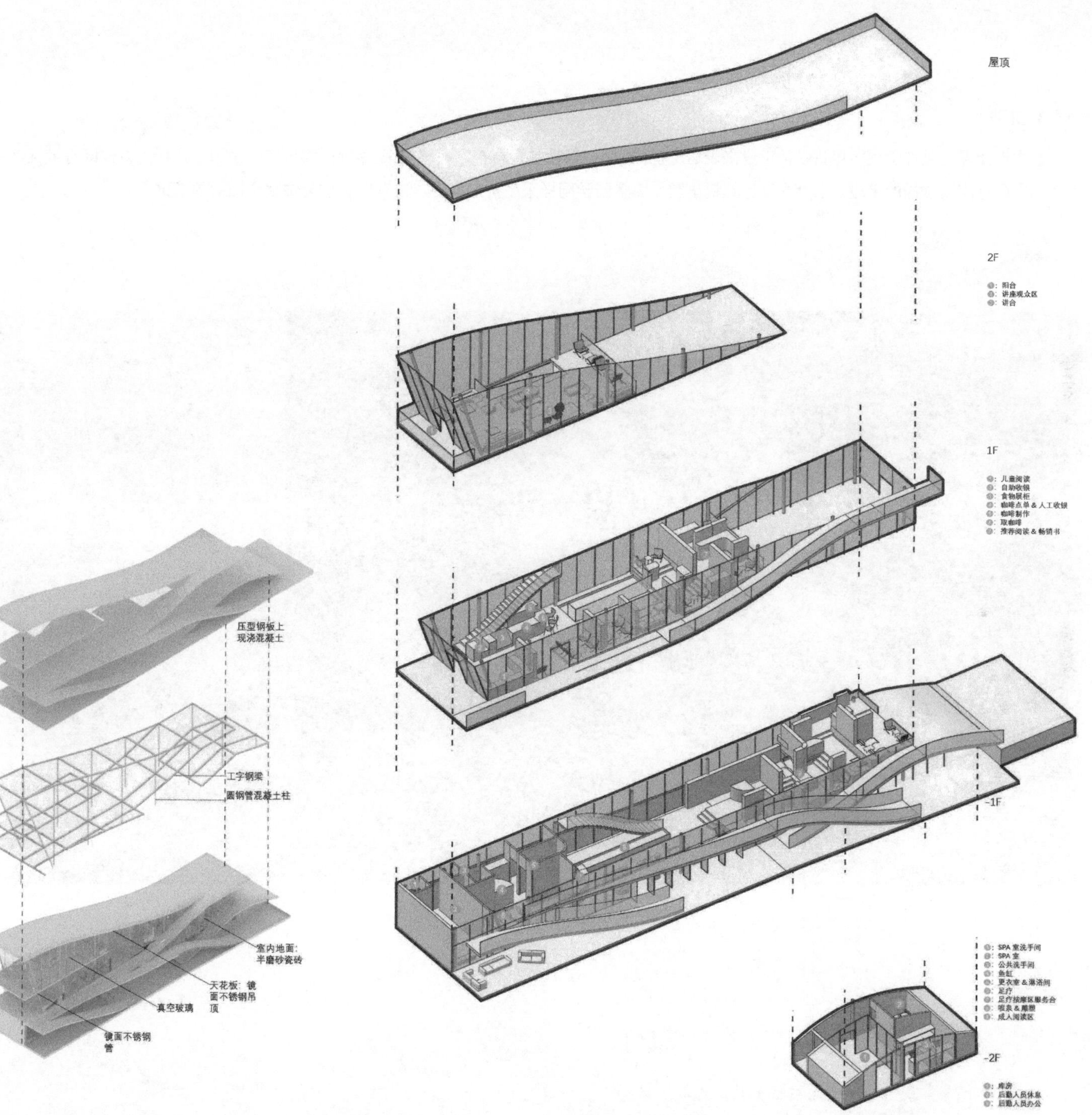
屋顶
2F
：阳台
：讲座观众区
：讲台
1F
：儿童阅读
：自助收银
：食物展柜
：咖啡点单 & 人工收银
：咖啡制作
：取咖啡
：推荐阅读 & 畅销书
-1F
：SPA 室洗手间
：SPA 室
：公共洗手间
：鱼缸
：更衣室 & 淋浴间
：足疗
：足疗按摩区服务台
：喷泉 & 雕塑
：成人阅读区
-2F
：库房
：后勤人员休息
：后勤人员办公
压型钢板上
现浇混凝土
工字钢梁
圆钢管混凝土柱
室内地面：
半磨砂瓷砖
天花板：镜
面不锈钢吊
顶
真空玻璃
镜面不锈钢
管

3. 拼贴

本次设计课还允许学生运用拼贴的手段来表达透视图，即可以搜集素材打印剪辑出来，粘到手绘的效果图中，这样的方式既有趣又方便，很多学生愿意应用这样的手段。后期允许计算机出图，大多同学同样采用拼贴风格。也有用素材装饰整个图面的尝试。

园
游
书店+设计
会

4.3.4 教学成果

1. 设计分析方法

设计的开始是学生最困惑和最需要帮助的时候。教师指引学生通过图底关系、城市机理分析等方法找到场地的体量生成关系和方法；通过观察人的行为进行行为活动和空间策划，通过设计图解（diagram）表达空间策划内容；通过剖面图进行空间设计或者采光设计，引导学生走向室内外一体化设计的思维；或用爆炸图来分类表达设计。更多样的设计分析方法让低年级的学生找到做出好作品的方法。

图底关系　　　　背景调研

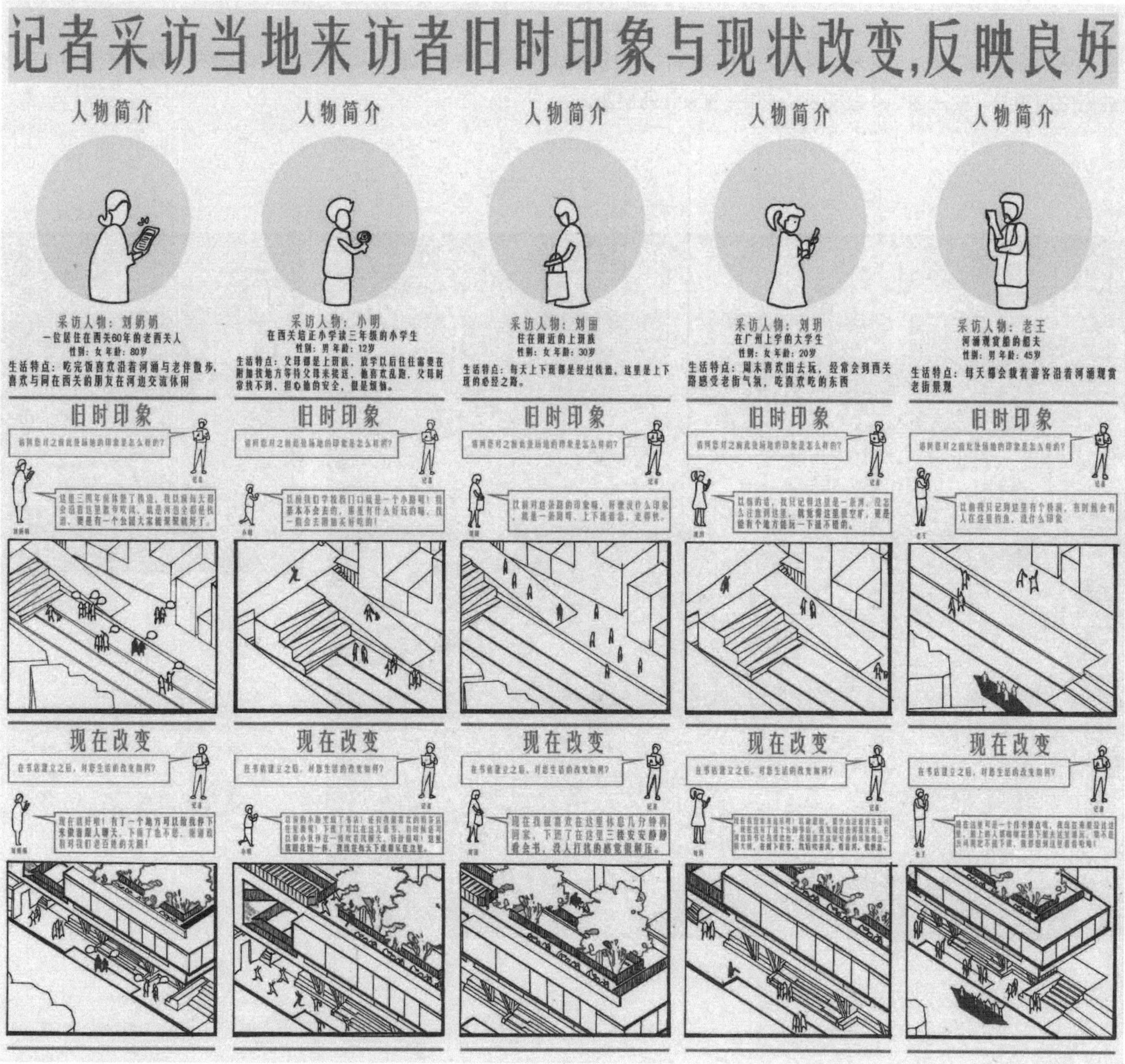

记者采访当地来访者旧时印象与现状改变,反映良好

人物简介

采访人物：刘奶奶
一位居住在西关60年的老西关人
性别：女 年龄：80岁
生活特点：吃完饭喜欢沿着河涌与老伴散步，喜欢与同在西关的朋友在河边交流休闲

人物简介

采访人物：小明
在西关培正小学读三年级的小学生
性别：男 年龄：12岁
生活特点：父母都是上班族，放学以后往往需要在附近找地方等待父母来接送，他喜欢乱跑，父母时常找不到，担心他的安全，很是烦恼。

人物简介

采访人物：刘丽
住在附近的上班族
性别：女 年龄：30岁
生活特点：每天上下班都是经过栈道，这里是上下班的必经之路。

人物简介

采访人物：刘玥
在广州上学的大学生
性别：女 年龄：20岁
生活特点：周末喜欢出去玩，经常会到西关路感受老街气氛，吃喜欢吃的东西

人物简介

采访人物：老王
河涌观赏船的船夫
性别：男 年龄：45岁
生活特点：每天都会载着游客沿着河涌观赏老街景观

旧时印象

现在改变

现场访谈

在传统书店的建筑功能中加入多种与时俱进的业态内容的建筑形式。学生通过调研，学习新型书店在建筑场所营造上的可取之处，了解当下的业态空间需求。尝试进行业态策划，扩展建筑设计的层面。

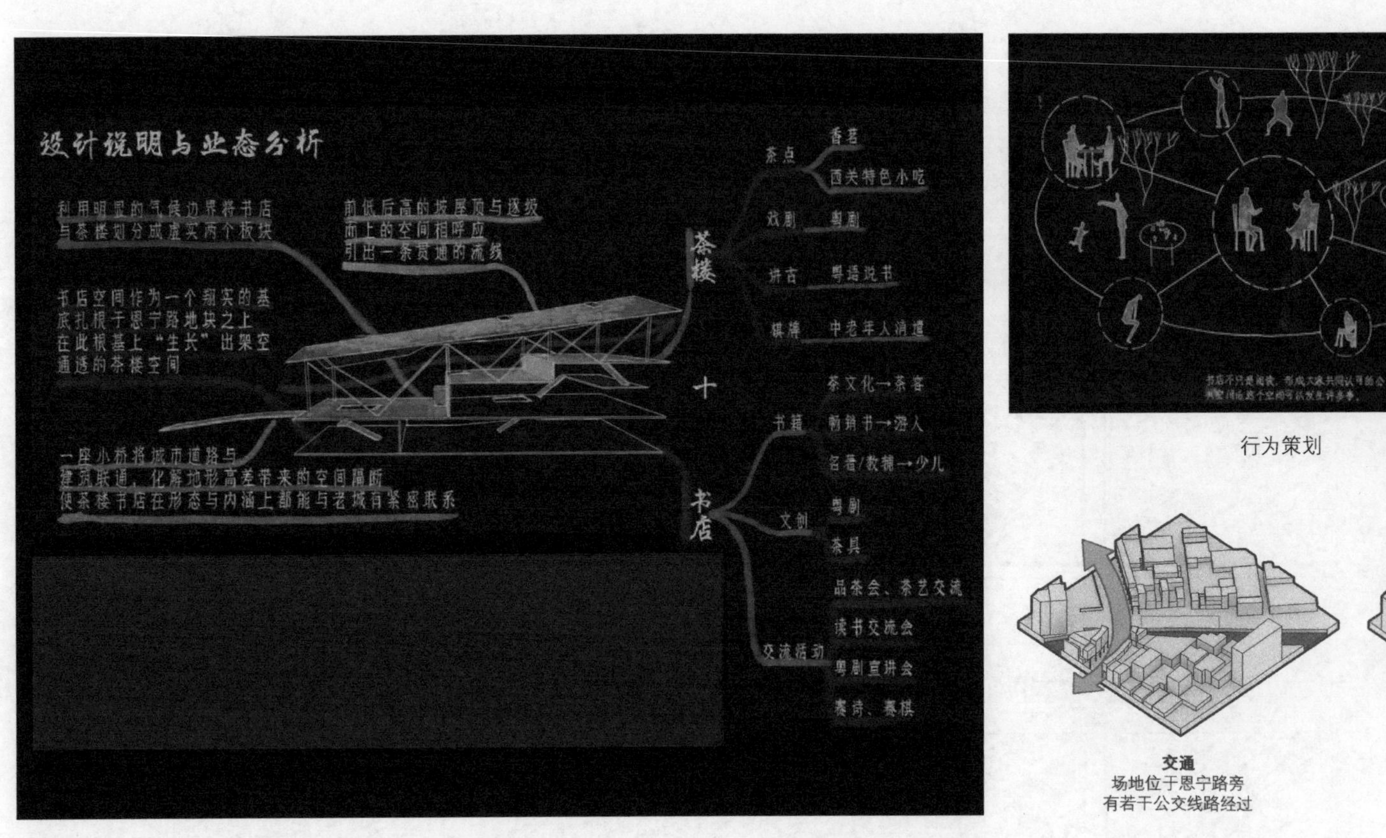

业态分析

行为策划

交通
场地位于恩宁路旁
有若干公交线路经过

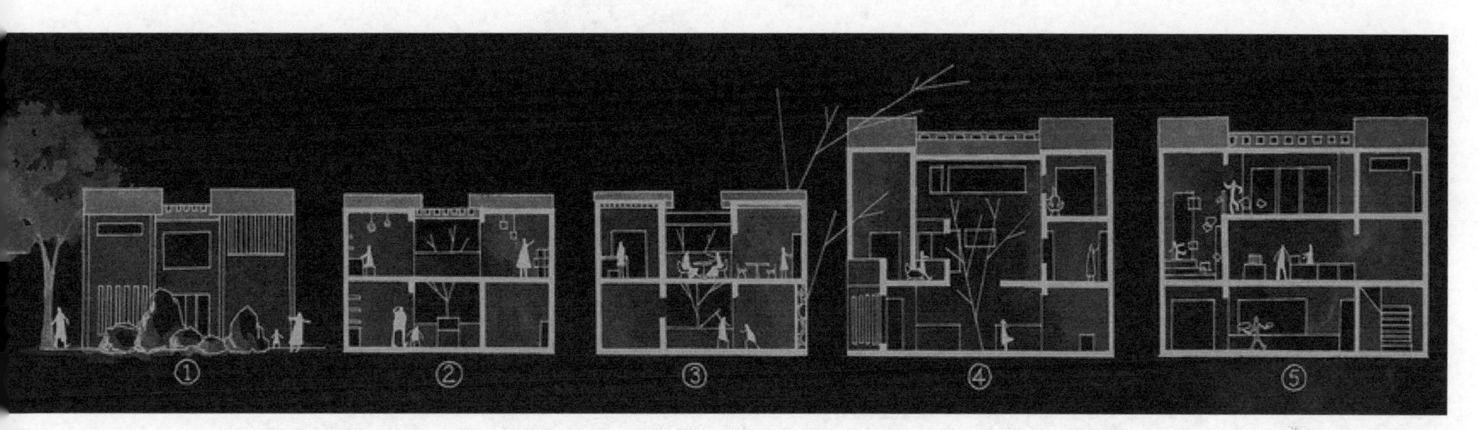

多个剖面设计

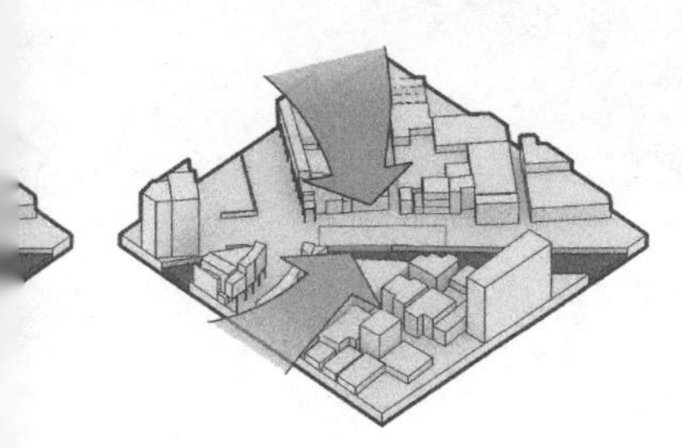

风向
4 至 7 月份期间，盛行东南风；9 月至次
年 3 月份期间，主导风向为北风

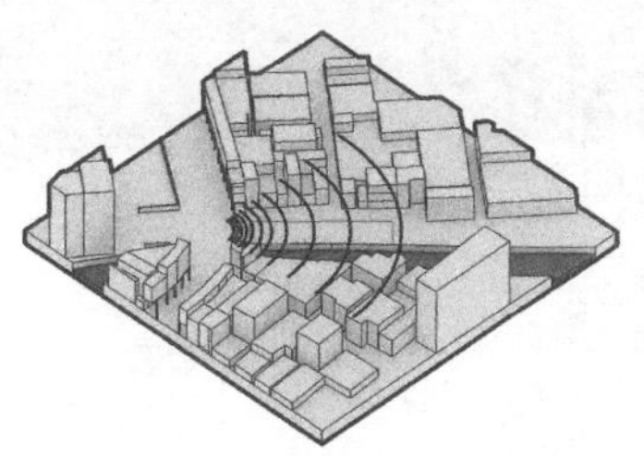

声音
主要来源于马路上机动车行驶

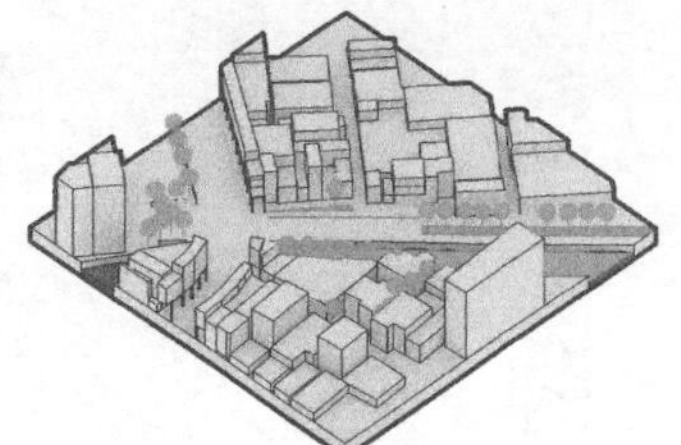

自然景观
场地四面都有绿植，位于昌华涌旁

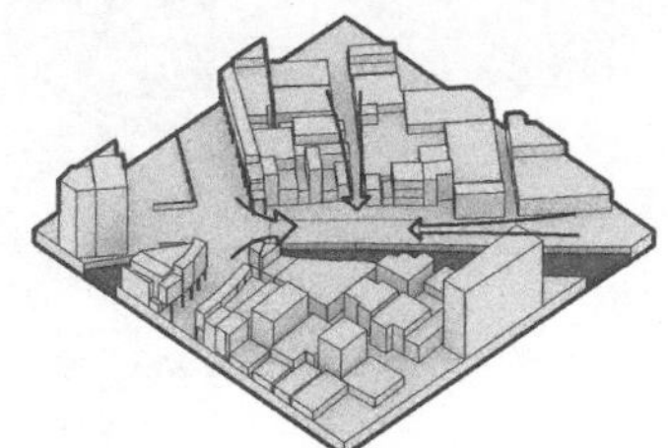

人群来向
人群主要来自马路方向
包括游客、当地居民和小学生

场地分析

2. 剖立面墙身大样

建筑规模比较小，学生在做室内外一体化设计时，为了让学生更好地理解“立面”是怎么做出来的，让学生选取各自方案中一个部分做“剖立面”墙身大样。墙身大样对于二年级的学生似乎比较难，但课程是和二年级的构造课同步进行的，理论课可以与设计课联动，课程中有构造墙身大样讲座，构造理论课的学习有助于学生理解墙身大样，并能应用到自己的设计中去。

学生在做建筑设计的时候，能够更具体地涉及到各类建筑材料和材料的交接，不再是在设计“模型”。

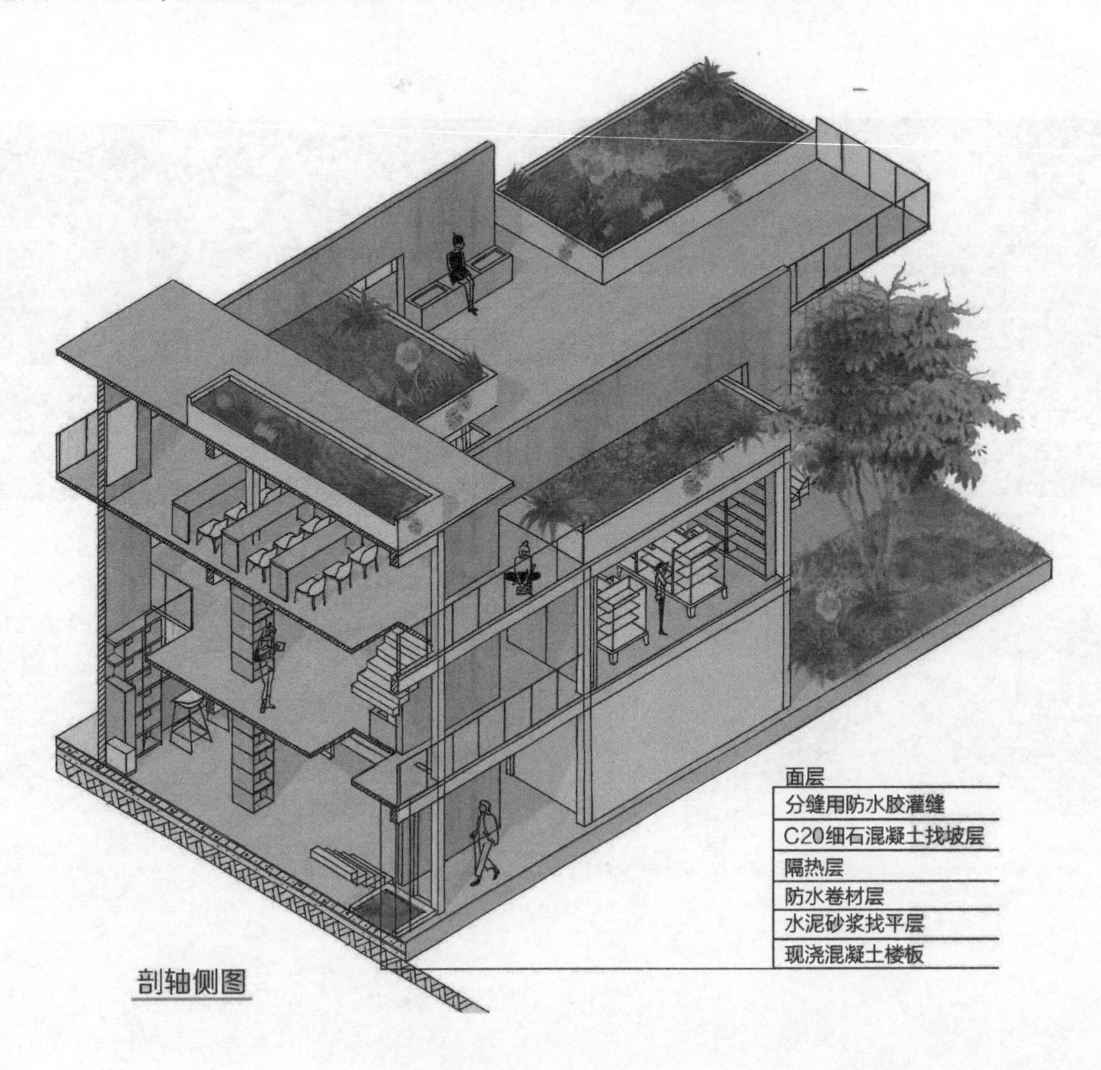

剖轴侧图

友好的街道界面
剖立面墙身大样 1:30

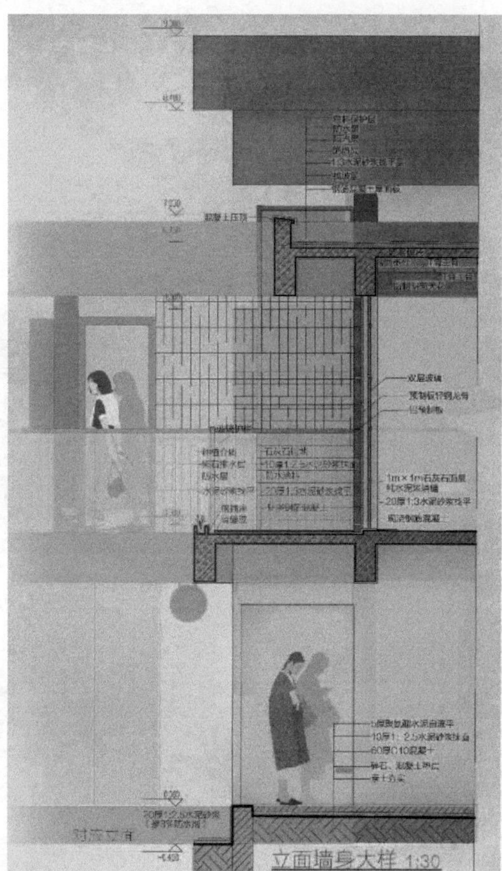
双层玻璃
立面墙身大样 1:30

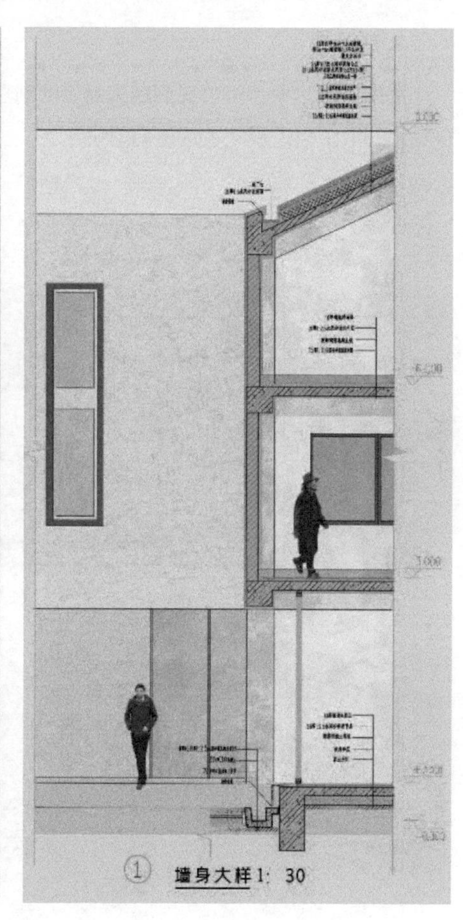
①
墙身大样 1: 30

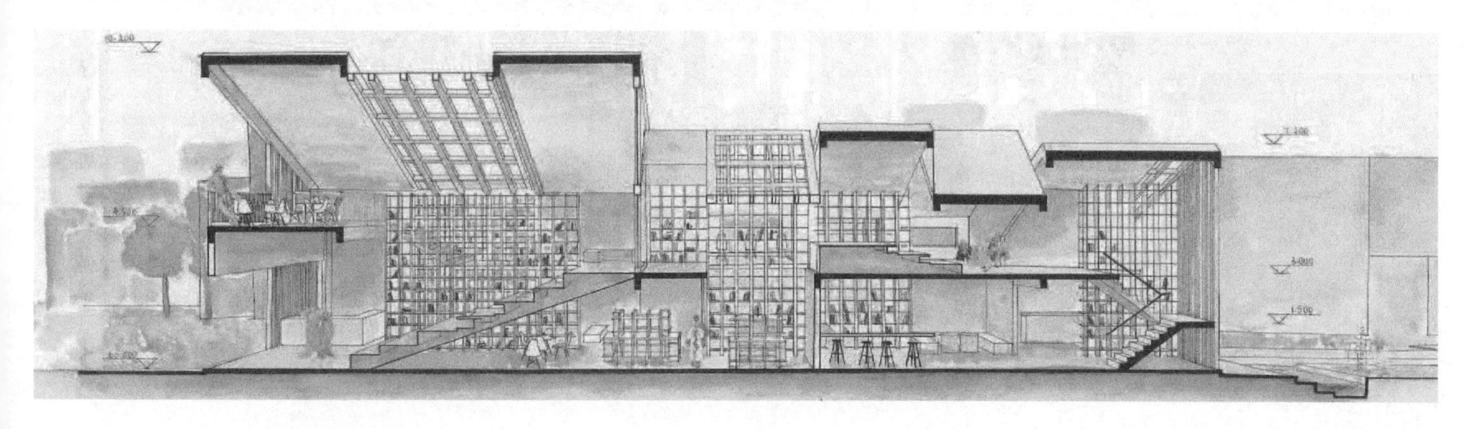

3. 剖透视

从图纸表达中，可以找到越来越多的剖透视图，学生认为这是表达建筑，特别是室内外一体化设计的小型建筑的很好的手段，他们很自觉地选取了剖透视来表达他们的设计。

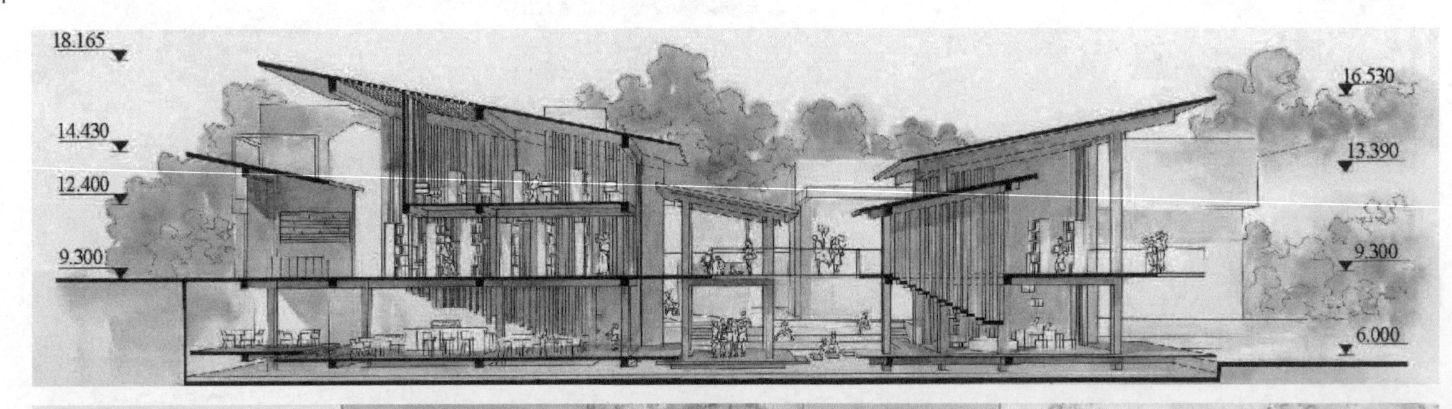

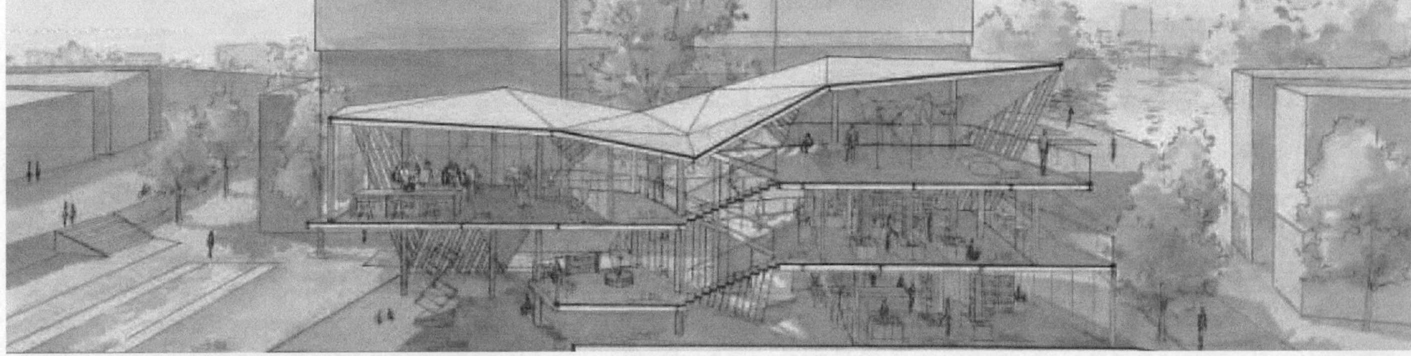

4. 模型表达

模型已成为设计表达的重要组成部分。学生对做模型的兴趣很大，因为像模拟了一次建造的过程。在指导老师的鼓励下，学生尝试越来越多的模型材料来表达设计中的空间材质。并且，学生也学会怎么拍摄好的模型照片。每一个设计阶段都规定了模型的比例和要求，这里选取了一些模型照片，可以看到每年的模型质量都在进步。

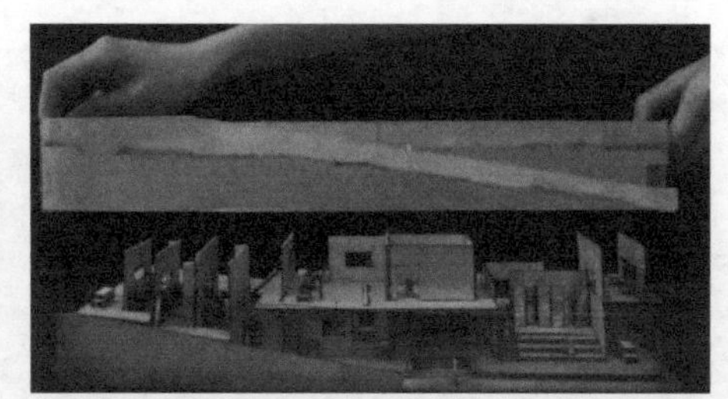

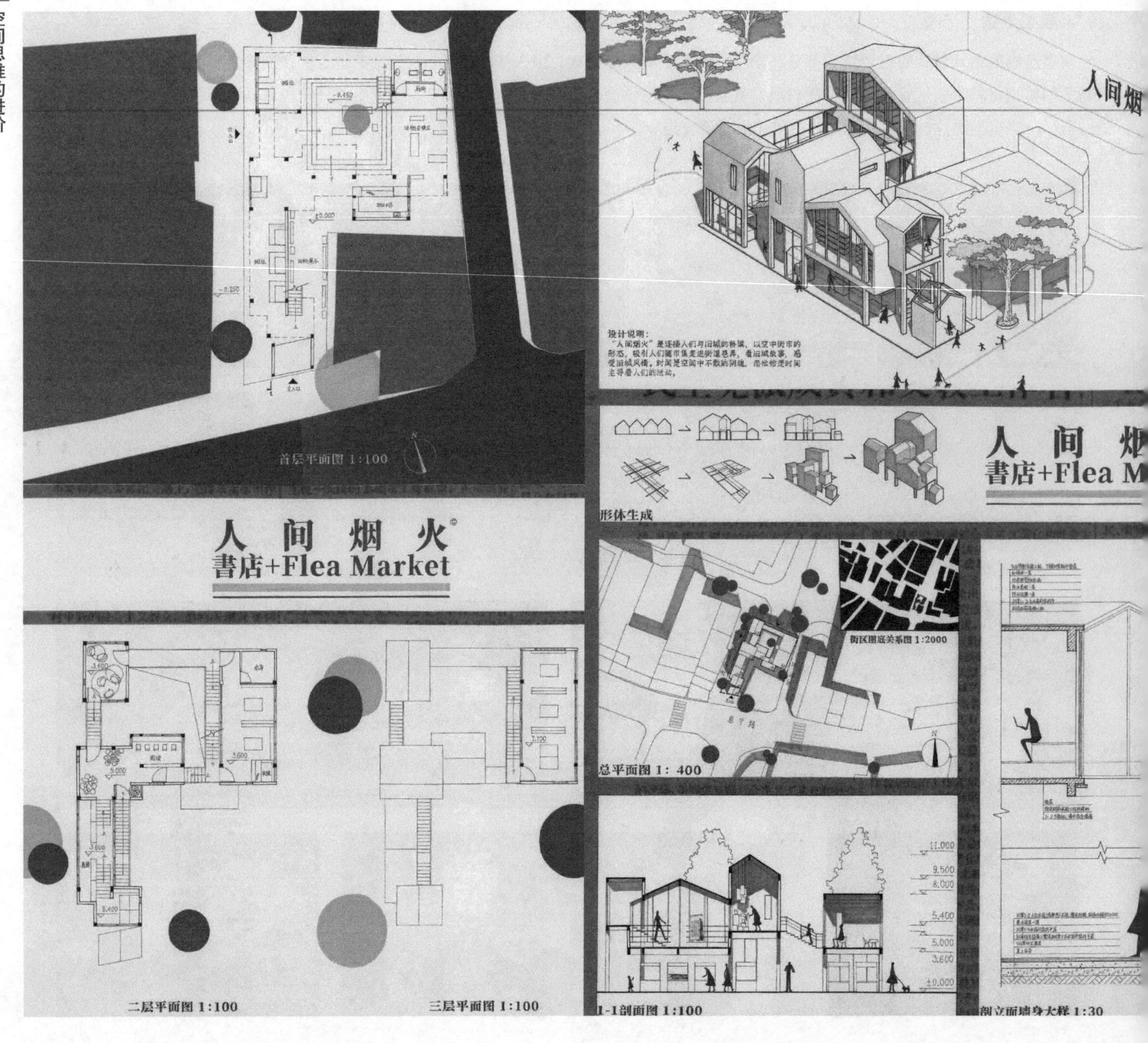
人间烟
首层平面图 1:100
设计说明：
"人间烟火"是连接人们与旧城的桥梁，以空中街市的形态，吸引人们随市集走进街道巷弄，看旧城故事，感受旧城风情，时间是空间中不散的阴魂，而恰恰是时间主导着人们的活动。
人间烟
書店+Flea M
形体生成
人间烟火
書店+Flea Market
街区图底关系图 1:2000
总平面图 1：400
二层平面图 1:100
三层平面图 1:100
1-1剖面图 1:100
剖立面墙身大样 1:30

5. 书店优秀作业赏析（一）

《人间烟火》

作者：吴婧琳

班级：2017 级建筑学 1 班

指导老师：陈昌勇

点评：该方案造型活泼多变，整体布局与场地契合，在平面布局及立面观感的设计中充分考虑场地及周边环境的关系，建筑错落有致，结构清晰明确。功能贴合当地人的日常生活。表达用色大胆，拼贴较为成功，不足在于建筑内部层高变化过多不利于公共场合大量人流的走动。

6. 书店优秀作业赏析（二）

《弦书坊》

作者：赵明嫣

班级：2017 级建筑学 1 班

指导老师：莫浙娟

点评：方案构思从建筑与城市、街区的关系出发，设计对概念的完成度很高。图纸表现整体性很好，贴图效果整体把握较佳。在主立面上的立面分割线可以更加明显，材料的考虑以及立面细部构造设计可以更加深入。

场地设计整体比较完整，需加强室内外空间的呼应，建筑略显封闭河涌水景的改造思考不足。

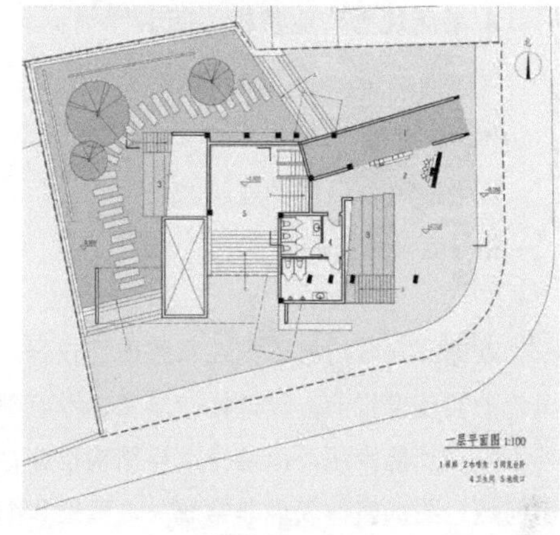

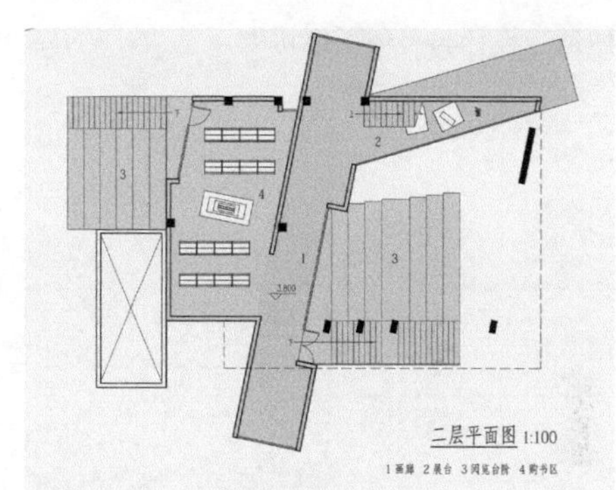

7. 书店优秀作业赏析（三）

《东风穿巷》

作者：黄翊琳

班级：2018 级建筑学 1 班

指导老师：陈建华

点评：整体造型及生成逻辑清晰，交通流线组织顺畅，空间主次鲜明；利用画廊空间穿插于整个建筑体块之中，并兼顾了风亭不同高差的关系进行处理；底层架空且设置大台阶，考虑到了街角交通与人流问题，具有很强的视觉引导作用；美中不足在于对悬挑结构处理尚未妥当，且局部空间无法使用。

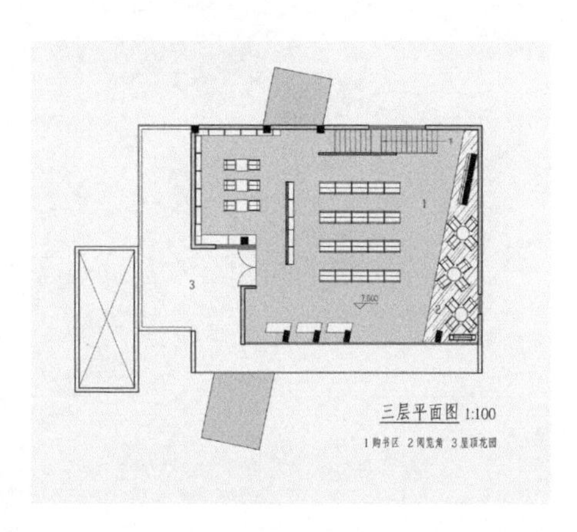

8. 书店优秀作业赏析（四）

《绿波汇涌》

作者：陈然

班级：2019 级城乡规划 1 班

指导老师：田瑞丰

点评：方案构思逻辑性和整体性较强，设计对概念的实现度很高。设计比较丰富，考虑到了室内外不同的功能流线，但墙身大样结构设计存在一些小问题。图纸整体表现非常统一，渲染和细节表达比较好，技术作图较为规范；可以考虑对标题样式做适当设计与整体图纸协调。

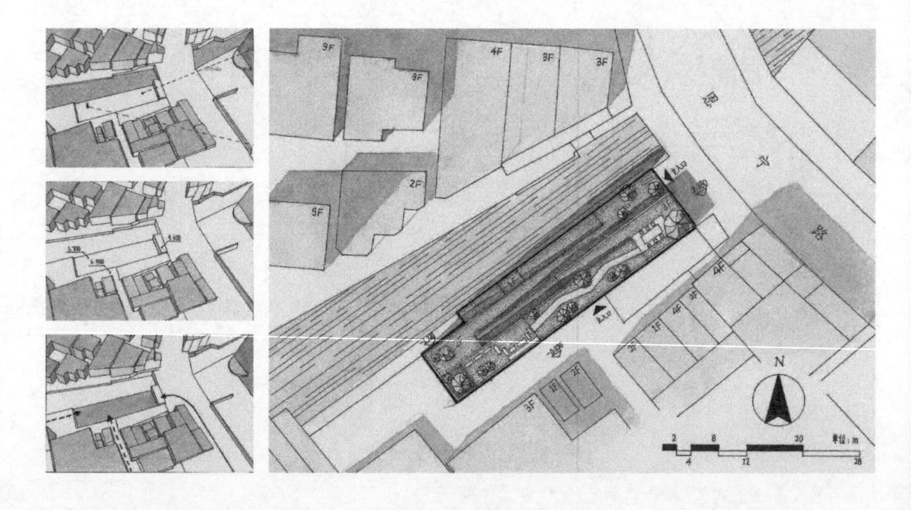

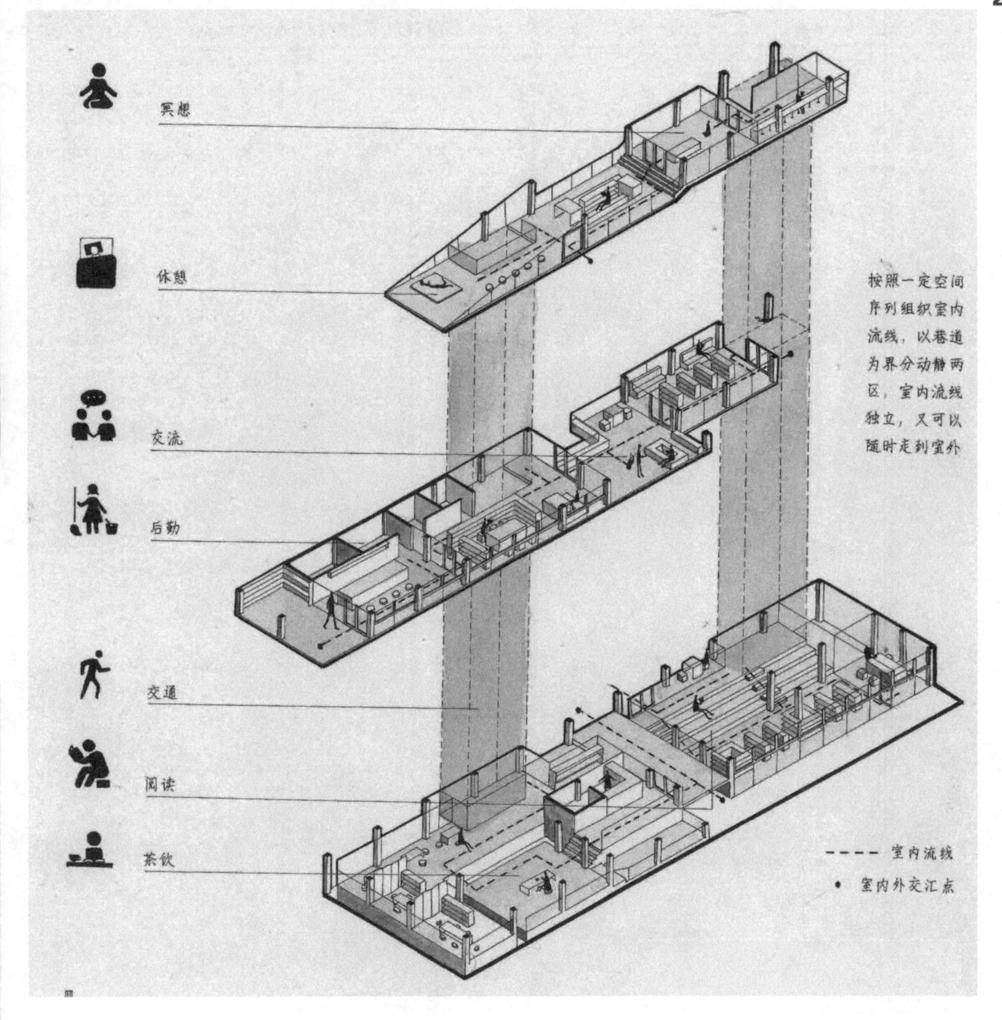
冥想
休憩
交流
后勤
交通
阅读
茶饮
按照一定空间序列组织室内流线，以巷道为界分动静两区，室内流线独立，又可以随时走到室外
室内流线
室内外交汇点

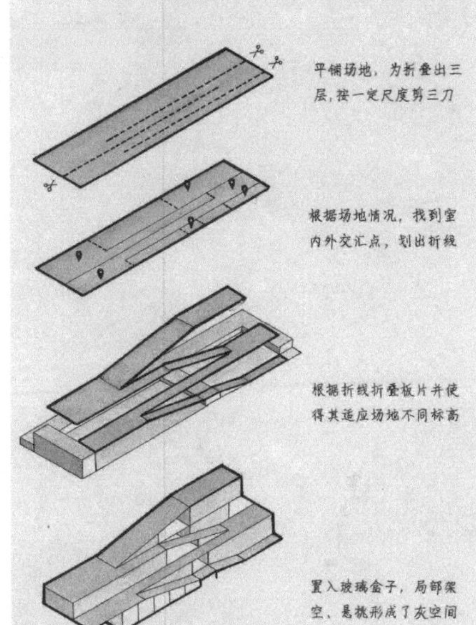
平铺场地，为折叠出三层，按一定尺度剪三刀
根据场地情况，找到室内外交汇点，划出折线
根据折线折叠板片并使得其适应场地不同标高
置入玻璃盒子，局部架空、悬挑形成了灰空间

2020年4月15日 华南理工大学·建筑学院出版社出版 第一期 第一页

華工日報

SCUT DAILY

華工網：WWW.SCUT.EDU.CN 華南理工大學·建築學院出版社

2020年4月
15
三月初四
辛丑年 牛
壬辰月 癸巳日

树之书屋

祝賀！華工建築學院中標恩寧路書店項目

設計說明

书店，最本质的功能需求是为了传播知识而存在的。而最早传播知识的场所，便是在树下。如路易斯康说的："最早到学习是两个人坐在树下交流思想。"树是最早的公共交流场所，也可能是最早的思想发源地，思想起源于人们在树下的交谈。故本方案试图提取树下空间的特性，以树为主题，营造一个可以让人们从身体与心灵上进行交流的场所，一个传播现代人所需要的精神粮食的场所，一个现代意义的书店。

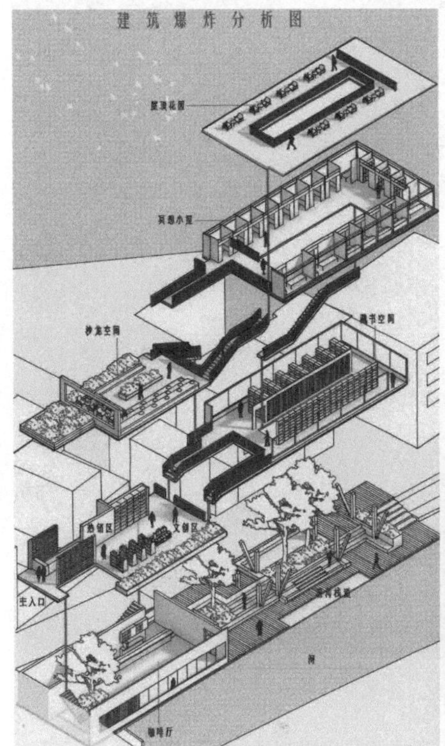

9. 书店优秀作业赏析（五）

《树之书屋》

作者：温健

班级：2019 级建筑学 1 班

指导老师：王国光

点评：前期分析、访谈细致。建构逻辑清晰，比例协调，空间及材质变化丰富得当，一层的架空空间和景观设计贴合社区场地，完成度较高。图纸内容丰富，形式统一，整体有很好的表达效果。

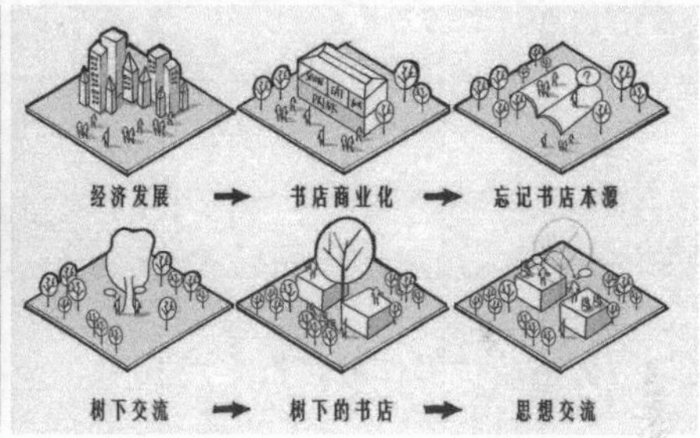

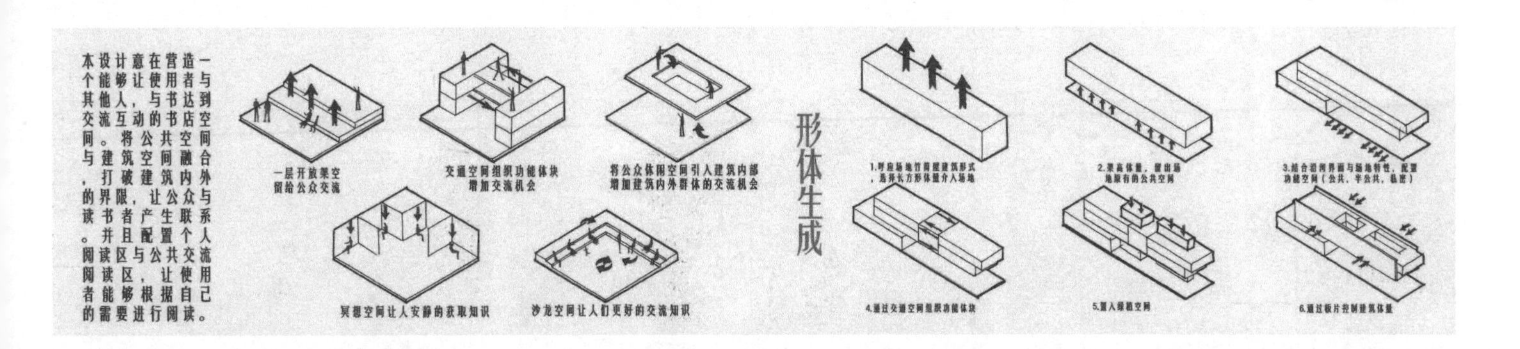

10. 书店优秀作业赏析（六）

《金属浪潮》

作者：米骁来

班级：2019 级建筑学 2 班

指导老师：王南希

点评：建筑采用较为大胆的形式，与周边环境形成了较为强烈的对比。建筑图纸内容丰富，有较多的分析图，能体现出设计理念，但是建筑的上人屋面考虑不够细致，应该把坡度标出来。建筑模型表达得较好，有一定的空间感，整体结构合理。

11. 书店优秀作业赏析（七）

《园游会》

作者：庄霖

班级：2019 级建筑学 1 班

指导老师：王璐

点评：采用院落式布局，手法较为纯熟、干练，体量错动与街区相呼应，室内外空间营造感受良好，整体感较强，空间较为丰富，有主有次，显现出一定的秩序感，结构设计合理，有一定深度，表达有特色，排版有新意，图量丰富。

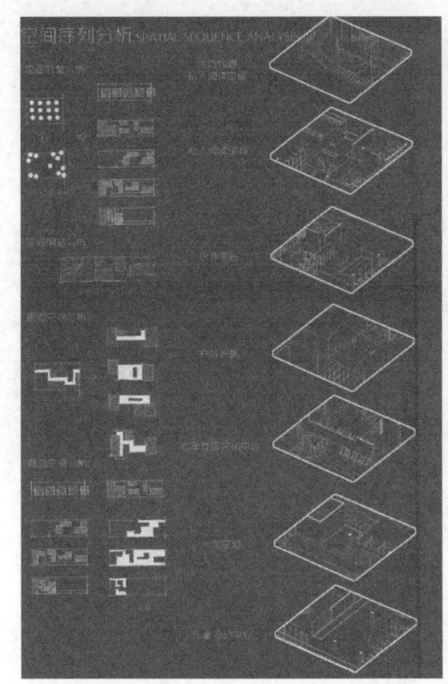

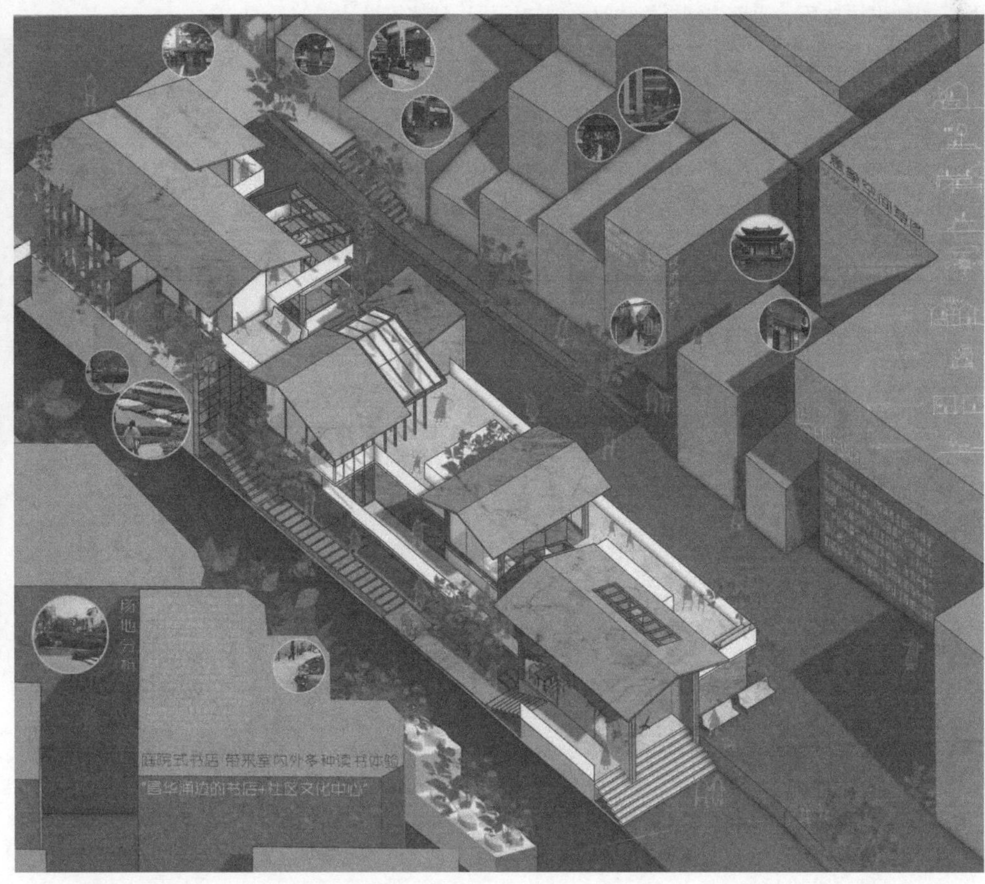

4.3.5 课题总结

新型书店具有一定的先锋精神，具有融合多种业态的可能性，材料上可以丰富且有特色，空间上可与环境互动，产生许多有趣的效果，作为训练学生场所建构能力的专题十分合适。这一阶段训练了学生空间设计思维中场所建构的思维，为空间赋予更多的氛围与质感。学生的作业普遍具有个性化的创意，融入自身喜好与想法，能够结合环境场地因素，从空间设计的角度营造适合该空间功能与活动的场所。如公共空间结合灵活的楼梯，用内凹的玻璃面与场地中保留的大树形成对景，在老城区静谧雅的氛围中，构建出传统空间难以出现的阅读场所。技术方面，初步了解了墙身构造设计及其图纸表达技巧，初步达到了将建筑基础知识运用到建筑设计中的目的。

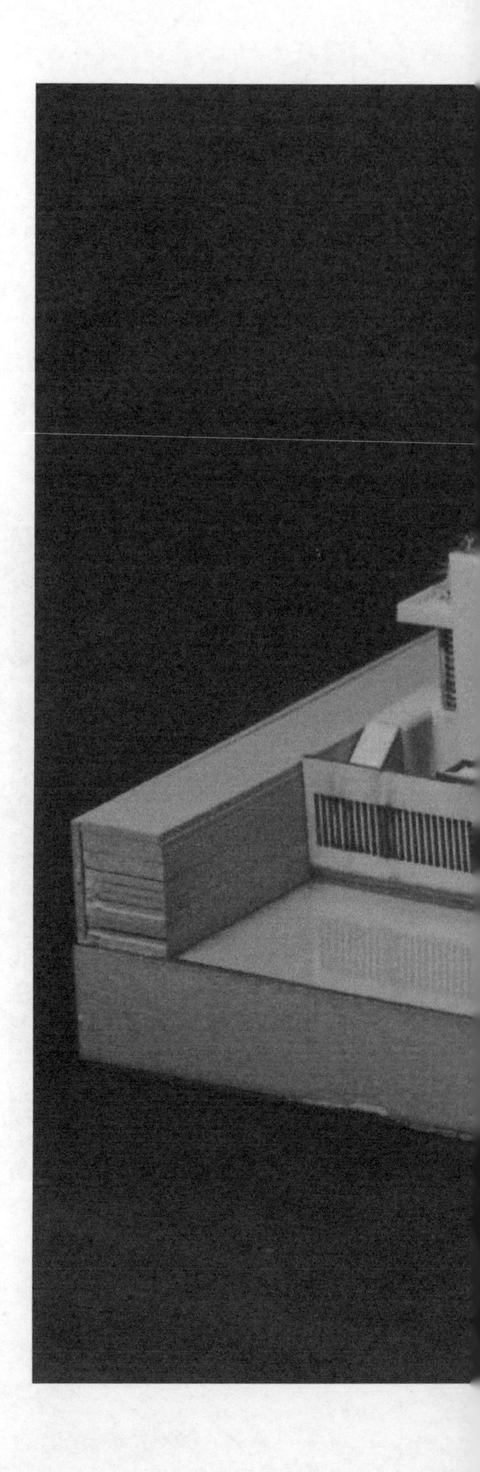

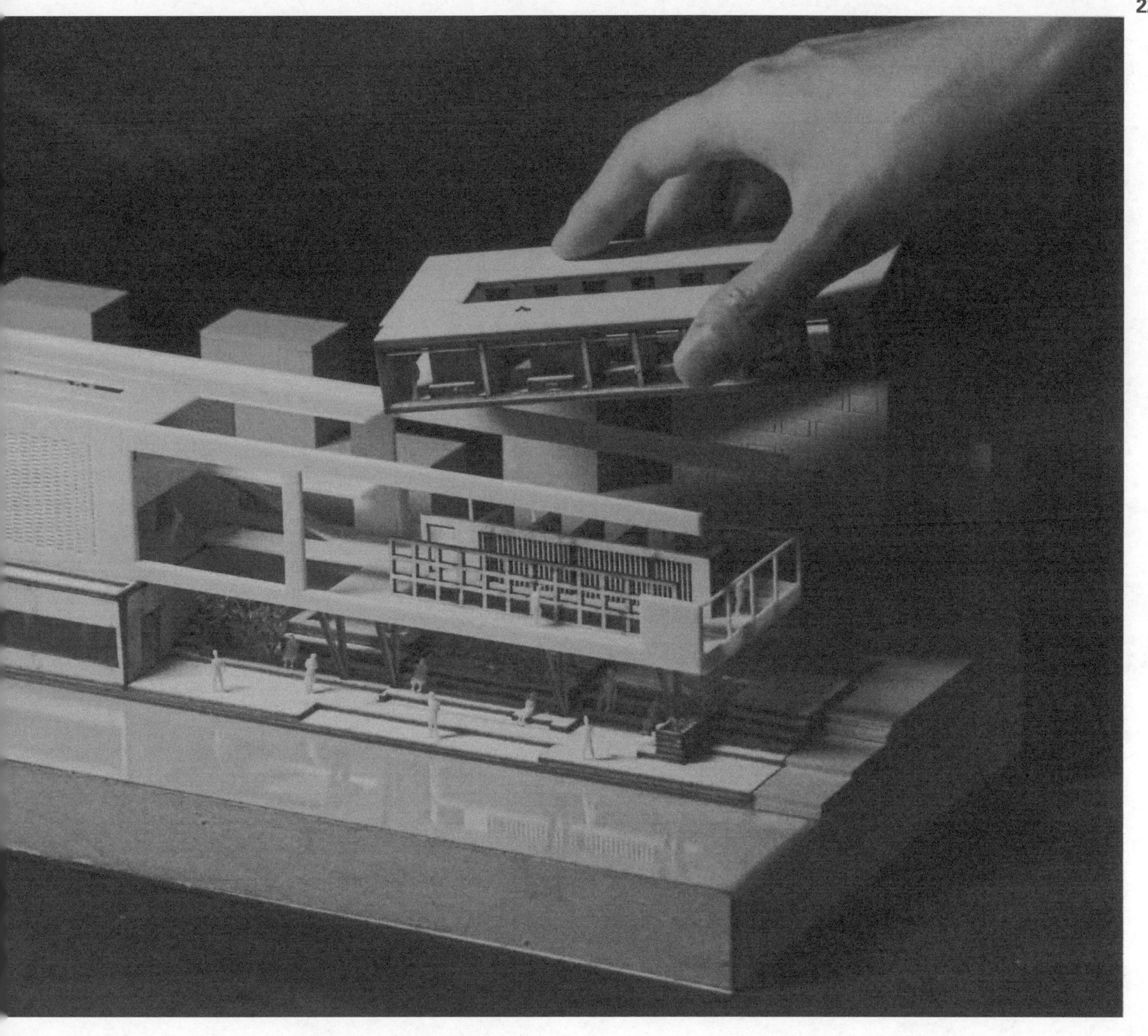

4.4 空间综合训练

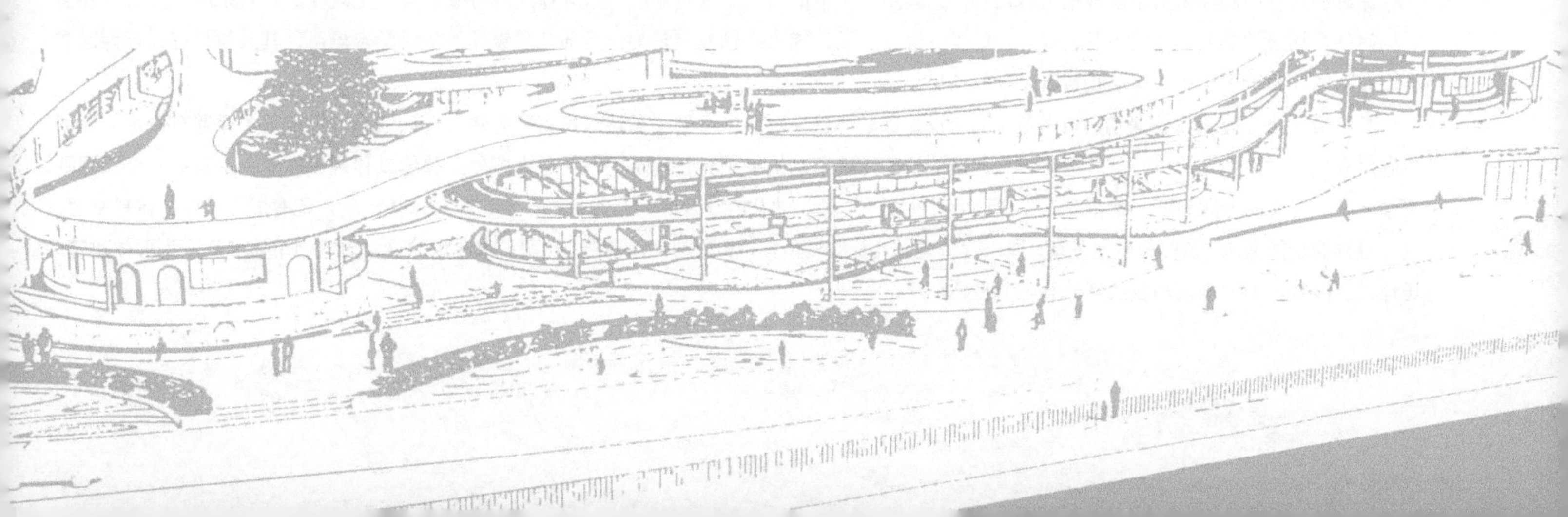

4.4.1 专题设置

“空间综合训练”是本系列课程的最后一个课题，也是“进阶式”建筑空间设计思维训练的最后的综合训练阶段。这不意味着空间设计思维的培养就此结束，而是指学生完成了“进阶式”地构建“建筑空间设计思维”，即完成了基础入门阶段，之后进入三年级更深入与专业化的建筑空间设计思维训练。这一阶段是对学生四个学期培养的建筑空间设计思维能力的综合运用训练，也是对两年内所学的建筑设计技能的总结与融会贯通。

三四学期建筑设计课题内容对比

训练专题	行为尺度	功能组织	场所建构	空间综合训练
建筑类型	艺术家创作室	青年公寓	“书店+”	幼儿园
侧重专项	行为与空间 建筑与环境 功能与形式	流线组织 功能分区 建筑结构	建筑构造 建筑材料 建筑策划	综合所有
地块选址	校园教工区	校园内	老城区	校园内
建筑面积	≤200 m^2	1500 m^2	500～600 m^2	2800 m^2
功能要求	工作空间 个性空间 辅助空间	公寓单元 公共活动空间 管理室 设备房等	书籍空间 阅读空间 活动交流/展览空间 Cafe 或茶空间 卫生间等	校舍部分 室外场地 其他部分

课题的内容应涵盖前五个阶段的训练内容，尤其是二年级的前三个专题，故选取人体尺度特殊、有一定规模、较复杂的功能组织并需要构建活泼场所的幼儿园作为设计内容，训练学生综合的设计能力。幼儿园是为学龄前儿童设计的生活学习场所，其人体尺度、行为习惯与成人不同，建筑设计需考虑幼儿与成人两种尺度。

二年级共四个建筑设计课题，右表是对四个设计课题的总结对比。可见，虽然都是完整的建筑设计训练，但前三个课题有侧重的训练专题，有训练学生特定思维方式和解决特定问题的目的，除了功能组织专题建筑面积稍微大些外，整体设计规模都较小。最后一个课题则不强调某一方面的专题训练，希望学生综合运用多种设计思维。幼儿园涉及到幼儿的睡眠、餐饮和室内外活动，还有成人工作、休息空间，具有多样的功能需求，流线较也更复杂，要求营造适合儿童的场所，并和周边环境衔接。可见，本课题的设计内容由单体建筑变为群体建筑，场地设计内容增加，规模与复杂度较前三个明显提升。

4.4.2 课题内容

1. 教学目标

综合四个学期涉及的空间及技术问题展开系统性的训练，进一步巩固“行为与空间”“建筑与环境”“功能与形式”等建筑要求，巩固调研与分析能力，培养发现问题、分析问题、解决问题的能力，发展完善基于理性的空间设计思维。巩固建筑设计工作模式和方法习惯，巩固建筑设计的规范表达方法，培养学生用模型与图纸精准表达设计概念和设计意图。

2. 教学过程

1）开题

在给定的两个地块中选择其一，设计一个9班幼儿园，每班20人左右，男女比例1∶1。建筑面积2800 m^2左右，要求功能分区、流线合理，满足幼儿园建筑的使用需求。幼儿使用的房间注意朝向、通风、采光，划分大、中、小班级，大小班之间相对独立。要有良好的室外环境设计，绿地率35%以上，并预留发展用地。注意幼儿园与校园环境的衔接，既考虑家长接送孩子方便，又不能干扰交通，考虑开车接送孩子的情况。

设计包含三部分：校舍部分、室外场地和其他部分。校舍部分中具体的房间和面积要求如下表所示。室外场地应有面积适中的入口广场（不小于180 m^2，每生1 m^2），结合流线设置自行车、机动车临时停车区；设置全园共用的室外游戏场地（约600 m^2，每生3 m^2），可包含30 m直跑道、沙坑、秋千、爬梯、蹦床、洗手池和贮水深度不超过0.3 m的戏水池；还应有各班专用的室外游戏场（每班不小于90 m^2），可按年级划分为组团，各游戏场之间宜采取分割措施。其他部分有带独立出入口的后勤杂物院、植物园、动物园、气象观测场地等区域；还有自行选择设定部分，如入口处多功能展览活动区，橱窗、黑板报、旗杆、花坛等环境小品。

校舍部分房间和面积要求

项目	每间使用面积/㎡	间数/个	合计/㎡
生活用房区域			**1455**
活动室	60	9	540
幼儿寝室	50	9	450
衣帽贮藏室	10	9	90
卫生间	15	9	135
音体活动室	150	1	150
多功能室	90	1	90
服务用房区域			**370**
晨检室、值班	20	1	20
医务保健室	20	1	20
隔离室	20	1	20
家长接待室	40	1	40
园长室/会议	40	2	80
教师办公室	20	3	60
教具室	20	3	60
总务库	20	2	40
教工卫生间	15	2	30
供应用房区域			**130**
厨房（加工、库房）	100	1	100
消毒间	10	1	10
洗衣间	20	1	20
合计			**1955**

周次	教学内容	阶段
第四学期 第八周	开题与讲座	开题与调研
	场地调研	
	小组基地分析汇报，选定场地	
	案例调研	
第九周	抽查专题调研汇报 分组指导	
	提出设计概念	一草阶段
	分组研讨课程设计	
	深化概念、绘制草图	
第十周	分组研讨课程设计	
	深化概念、绘制草图	
	一草评图	
	根据一草意见深化设计	
第十一周	分组研讨课程设计	二草阶段
	深化设计、绘制草图	
	分组研讨课程设计	
	深化设计、绘制草图	
第十二周	分组研讨课程设计	
	深化设计、绘制草图	
	二草评图	
	根据二草意见深化设计	修正图（三草）阶段
第十三周	设计问题汇总胶往届优秀作业点评 讲座：幼儿园设计规范、资料集 讲座：外部环境 深化设计、绘制修正图	
	分组研讨课程设计	
	深化设计、绘制草图	
第十四周	分组研讨课程设计	
	深化设计、绘制草图	
	修正图评图	
	按评图意见完善方案	正图阶段
第十五周	正图制作	
	正图制作	
	正图制作	
	正图、正模制作	
第十六周	正图、正模制作	
	交正图、正模（课程前一天）	评优结题
	答辩及评优	

2）设计过程与成果要求

设计过程与前三个建筑设计相同，是注重过程把控的完整建筑设计过程，开题后进行场地调研与案例分析，然后是一草、二草与修正图，最后提交正图正模并进行答辩评优。

正图要求 A1 规格，必须具备的图纸内容有：总平面图（比例为 1 ∶ 500），各层平面图（比例为 1 ∶ 200，首层表达场地环境，标注主要房间的开间与进深尺寸），立面图和剖面图至少各一个（比例为 1 ∶ 200），教室班级放大平面图（比例为 1 ∶ 50，放置桌椅等家具，包含室外专用活动场地），鸟瞰图（不小于 A3 图幅），局部透视图（至少一个），模型照片（至少 4 张），设计构思、设计过程分析图以及简要设计说明与经济技术指标。

本课程课可采用电脑制图，图纸中大鸟瞰效果图要求手绘，允许局部拼贴，技术图纸可以手绘或者电脑制图打印。这也是基础训练向更高级训练过渡的表现，给学生更少的限制和更大的发挥空间。

答辩时除了展示最终成果，还应展示过程草图与草模，汇报方案形成过程。本课题成绩更加看重最终的图纸成果，相对降低了过程的强制性要求。这样设置是因为学生前三个课题的训练后，基本掌握了适合自己的设计过程与习惯，故给学生更多的自主性。

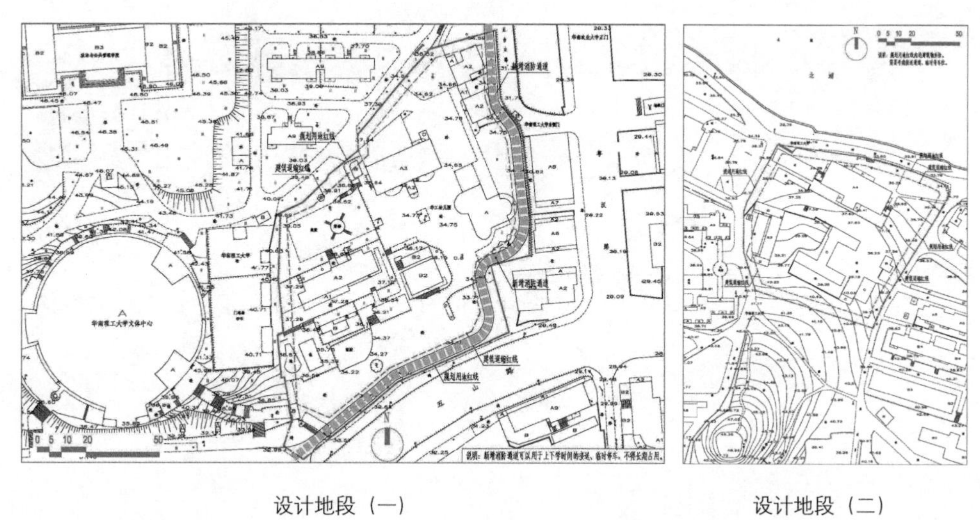

设计地段（一）　　设计地段（二）

4.4.3 教学要点

本课题的教学要点为综合整体、单元设计、功能流线、趣味空间。

1. 综合整体

综合整体指设计要结合场地地形、日照条件、行为尺度、功能组织、场所建构等方面进行整体设计，综合考虑各种要素，同时建筑形式整体统一。

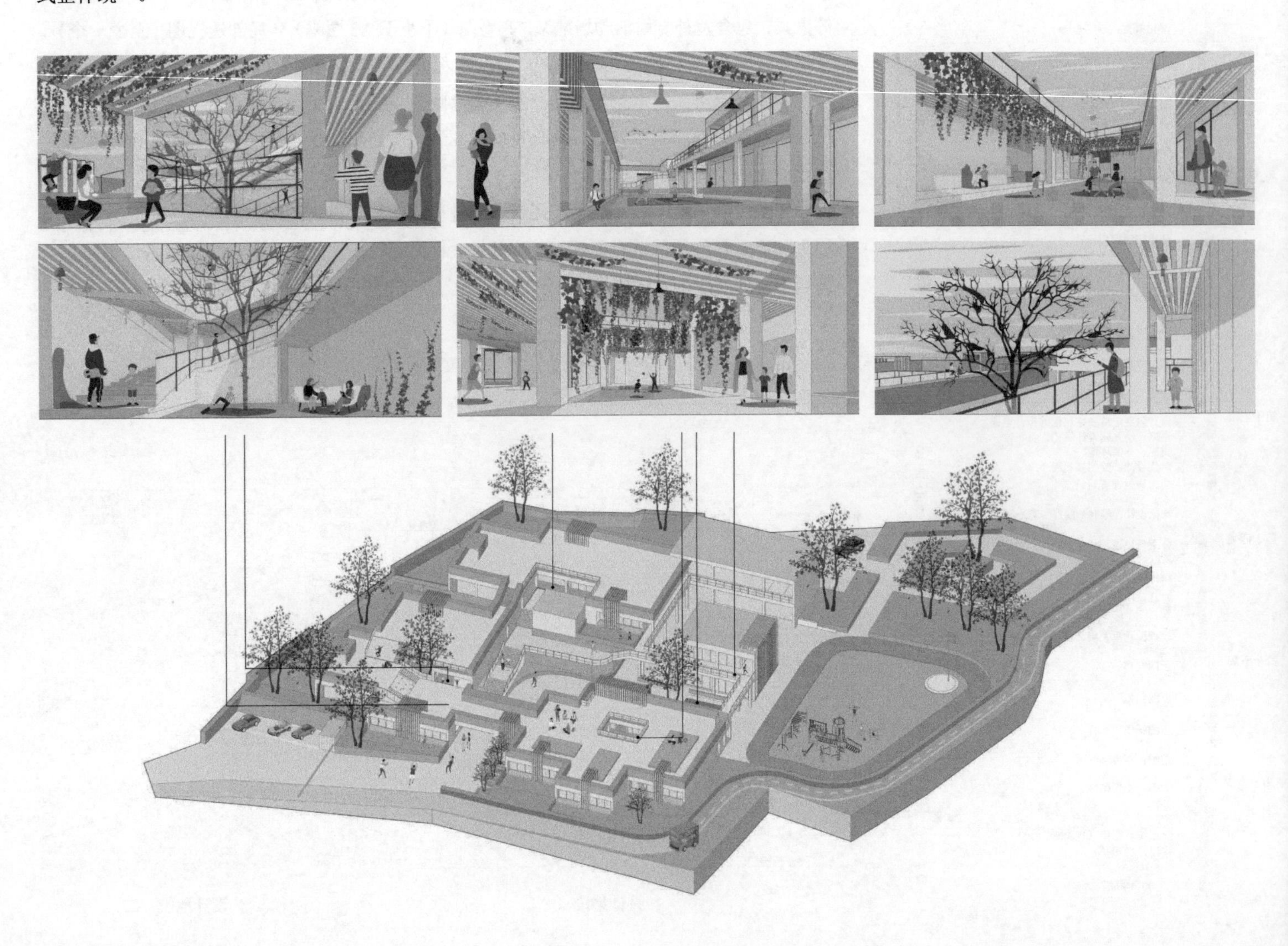

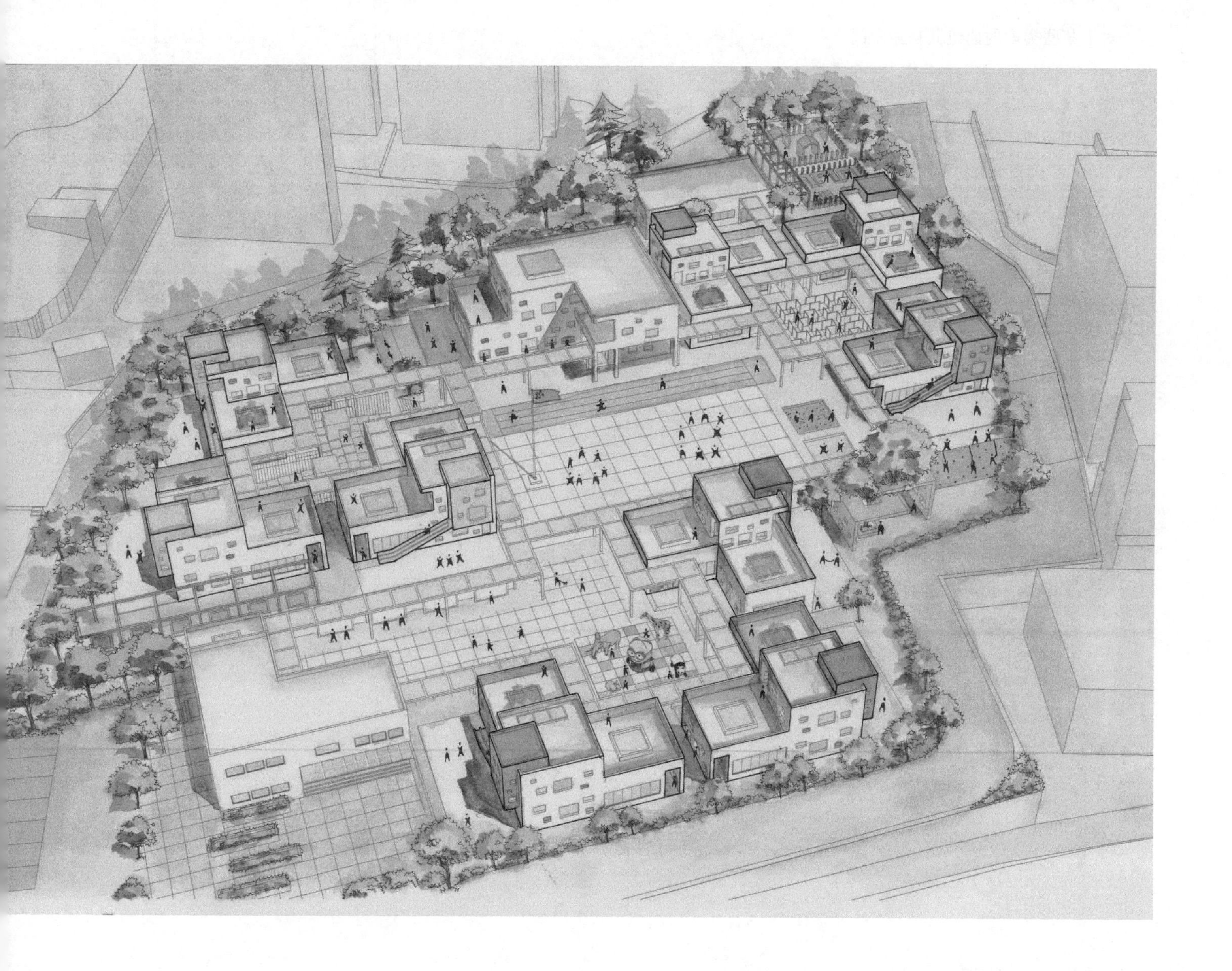

2. 单元设计

对于某些类型的建筑其功能空间具有单一、重复的特点，可以将其作为一个“单元”进行复制组合，如教室单元、宿舍单元等。课题要求对幼儿园的课室、起居室等基本单元空间研究并进行深化设计。

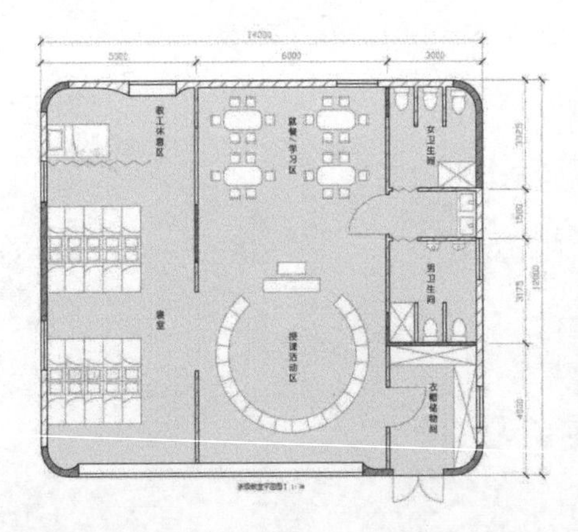

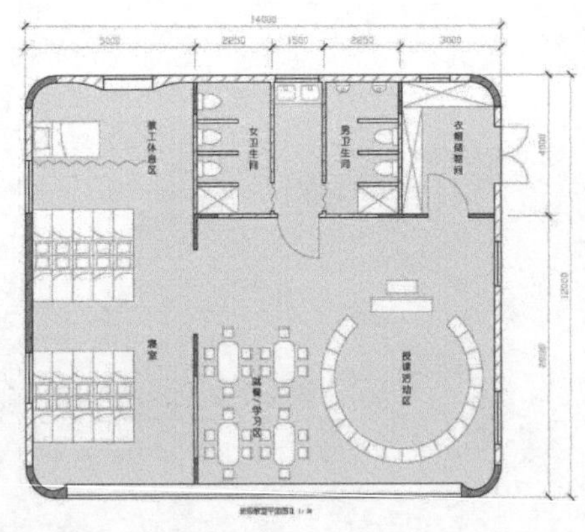

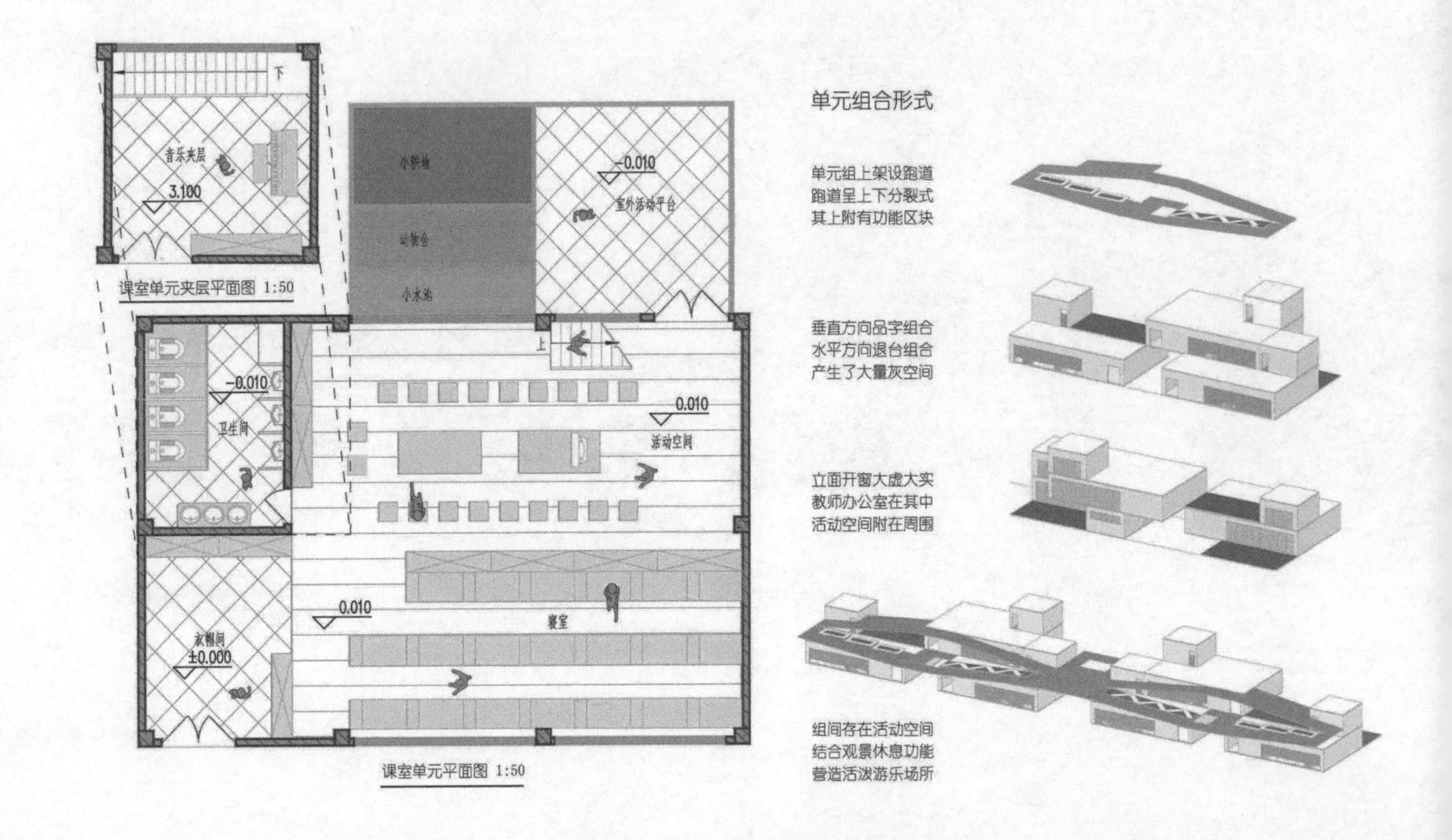

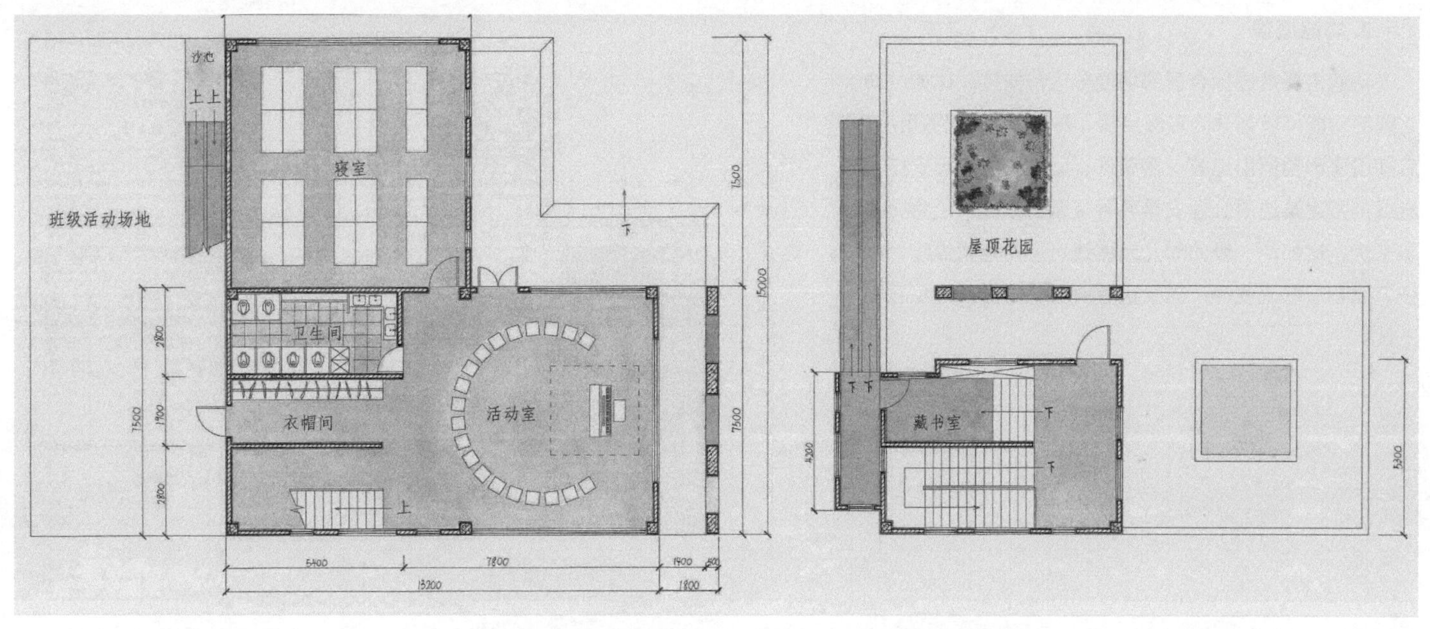
沙池
上 上
寝室
班级活动场地
下
7500
15000
卫生间
2800
衣帽间
活动室
1900
7500
上
5400
7800
1900
13200
1800
屋顶花园
下 下
藏书室
下
5300

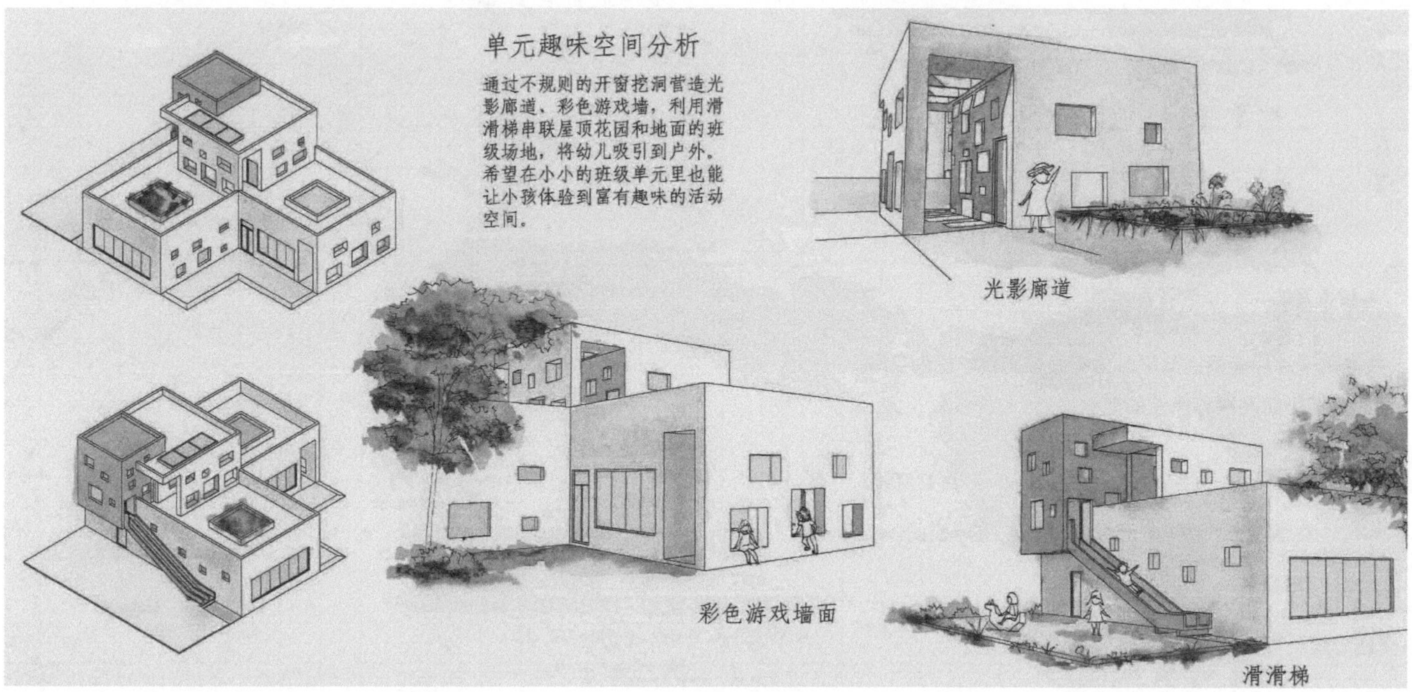
单元趣味空间分析
通过不规则的开窗挖洞营造光影廊道、彩色游戏墙，利用滑滑梯串联屋顶花园和地面的班级场地，将幼儿吸引到户外。希望在小小的班级单元里也能让小孩体验到富有趣味的活动空间。
光影廊道
彩色游戏墙面
滑滑梯

3. 功能流线

功能主要是进行合理的功能分区与安排。比如，幼儿园的功能可以划分为班级用房、办公用房、服务用房、后勤用房和预留用地等，需要进行动静分区合理安排。流线是指建筑选用合理安排各种复杂的流线，避免交叉和干扰。比如，一般的幼儿园流线可分为儿童流线、办公流线和后勤流线等，需要进行合理的安排，避免互相干扰。

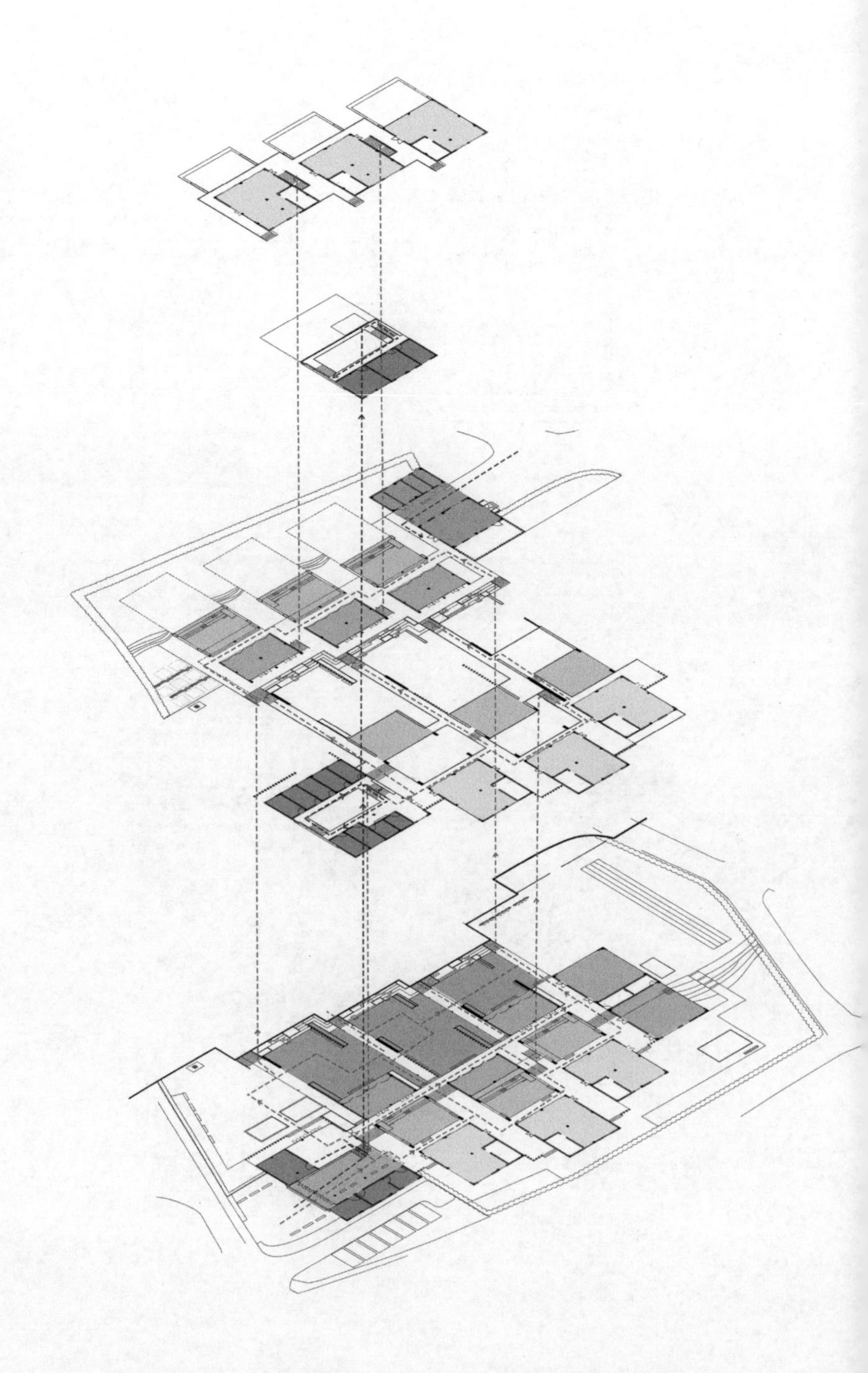

作业示例：

共享院子片墙与廊道分隔，为年级公共教学提供空间，同时给予小朋友探寻迷宫的感觉

图例：

------- 儿童流线 ------- 办公流线 ------ 后勤流线

共享院子　班级　共享空间

办公区　后勤区

交通流线及功能分析图

作业示例：

将各个体块布置好后，用廊道将体块连通，置入交通核，为了廊道能更加通达防雨，设置廊盖方便使用；考虑到幼儿的好奇心，增设片墙和栅栏，形成不同的窥视效果和光影变化。

首层的活动空间由大大小小的庭院构成，庭院内置入不同的游戏功能，满足不同年龄的儿童成长需求。

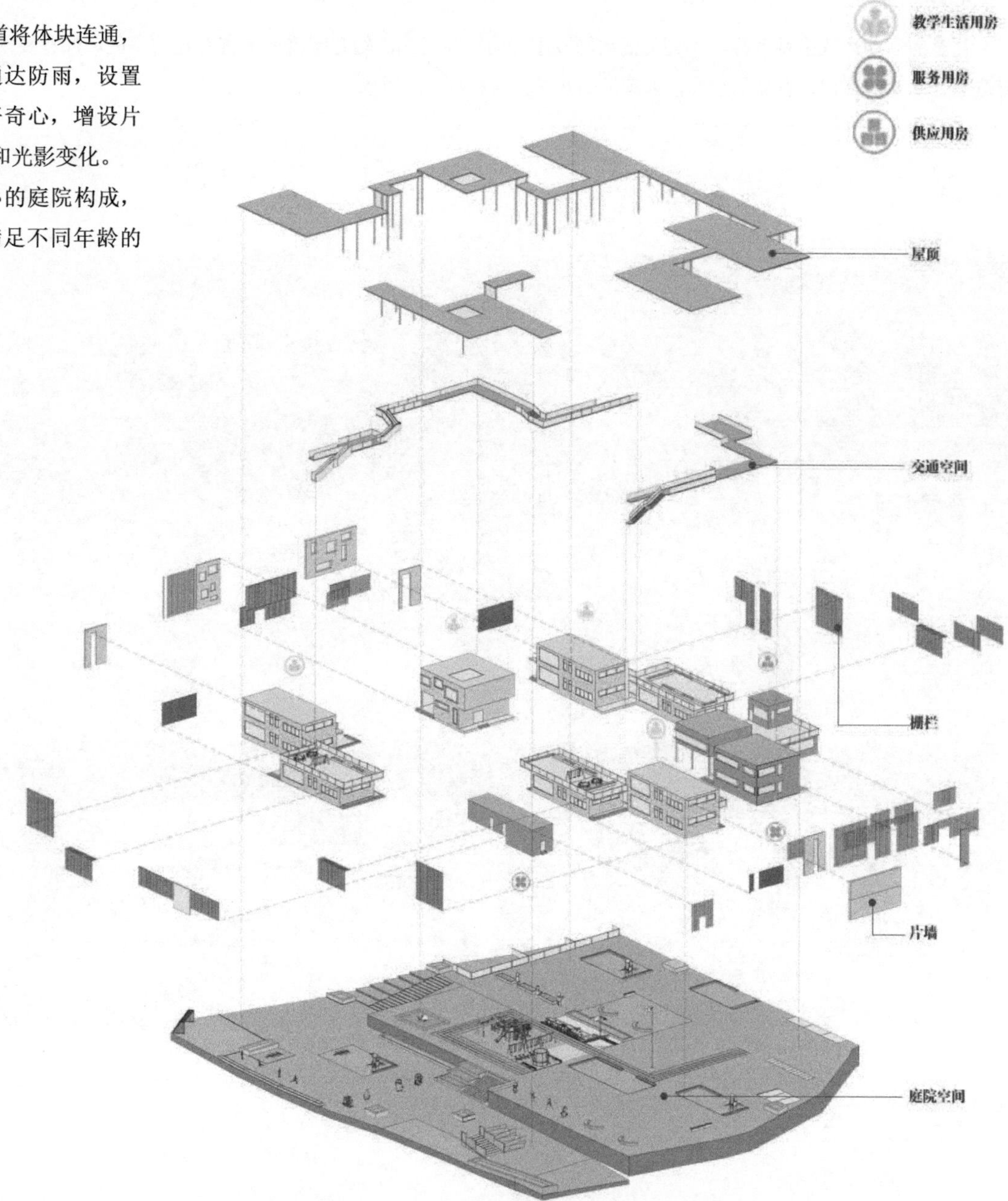

4. 趣味空间

儿童的活动形式多种多样，不同的活动需要不同的空间形式，幼儿园需要丰富有趣的空间。课程要求分析儿童的心理和活动的特点，营造适合幼儿的多样、有趣的空间，以满足幼儿的生活和心理的需求。

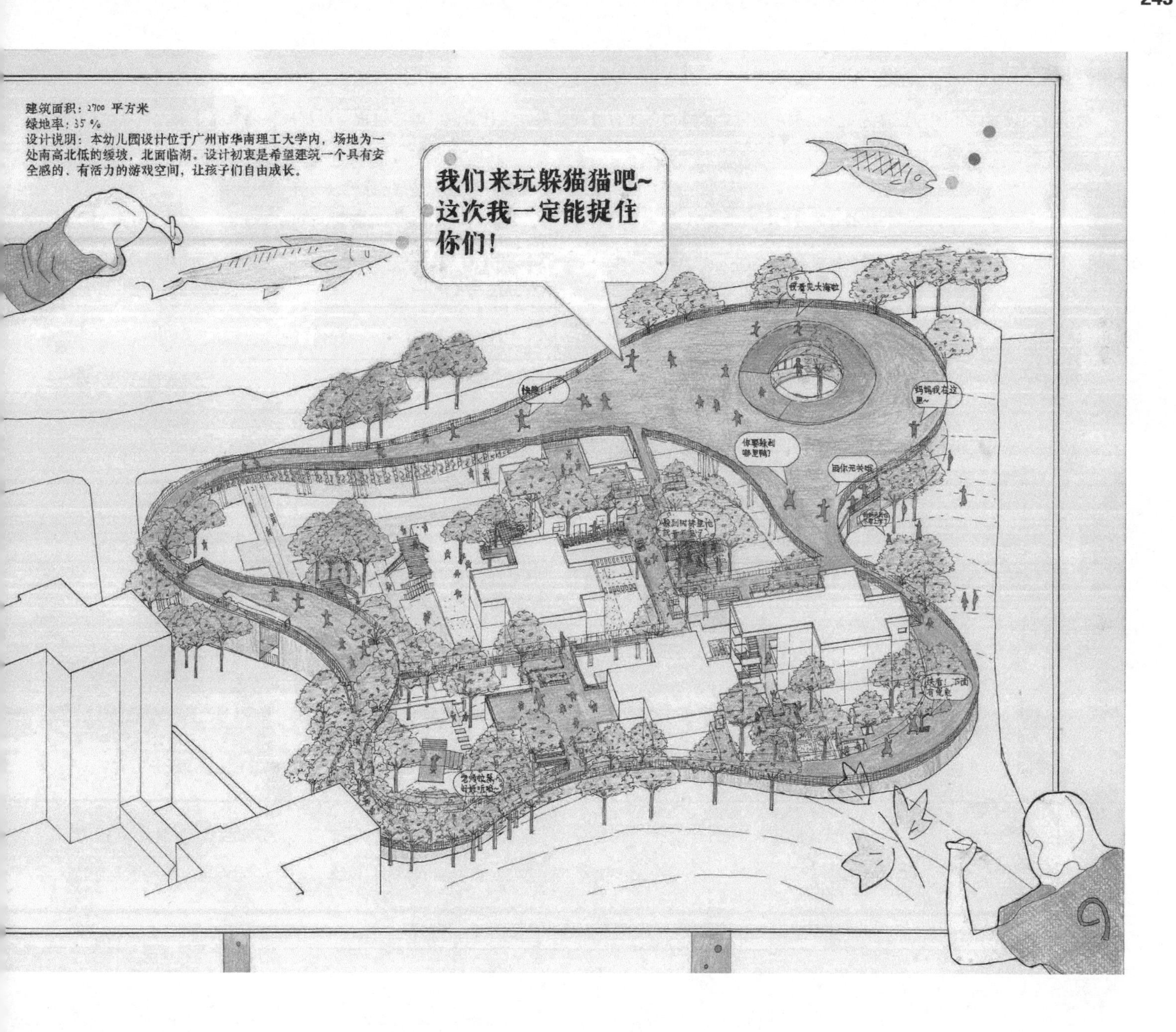
建筑面积：2700 平方米
绿地率：35 %
设计说明：本幼儿园设计位于广州市华南理工大学内，场地为一处南高北低的缓坡，北面临湖。设计初衷是希望建筑一个具有安全感的、有活力的游戏空间，让孩子们自由成长。
我们来玩躲猫猫吧~这次我一定能捉住你们！
我看见大海啦
妈妈我在这里~
你要躲到哪里鸭?

4.4.4 教学成果

教学成果以最终正图与正模为主要成果，但每个阶段都需要有过程成果。设计阶段、教学过程与过程成果要求见下表。

设计阶段	教学过程	过程成果要求
第一阶段设计 （ 内容和概念设计）	开题与前期	① 调研报告
	一草	② 标准单元设计，含各班活动场地 ③ 一草
第二阶段设计 （建筑空间设计）	二草	④ 二草
第三阶段修正图设计 （技术综合研究）	修正图	⑤ 修正图
第四阶段正图设计 （最终成果及评图）	正图正模	⑥ 最终图纸 ⑦ 正式模型
	评图推优	

[百 鳥 樂 園]
南 方 九 班 幼 儿 园 设 计

启秀山房
南方高校九班幼儿园设计

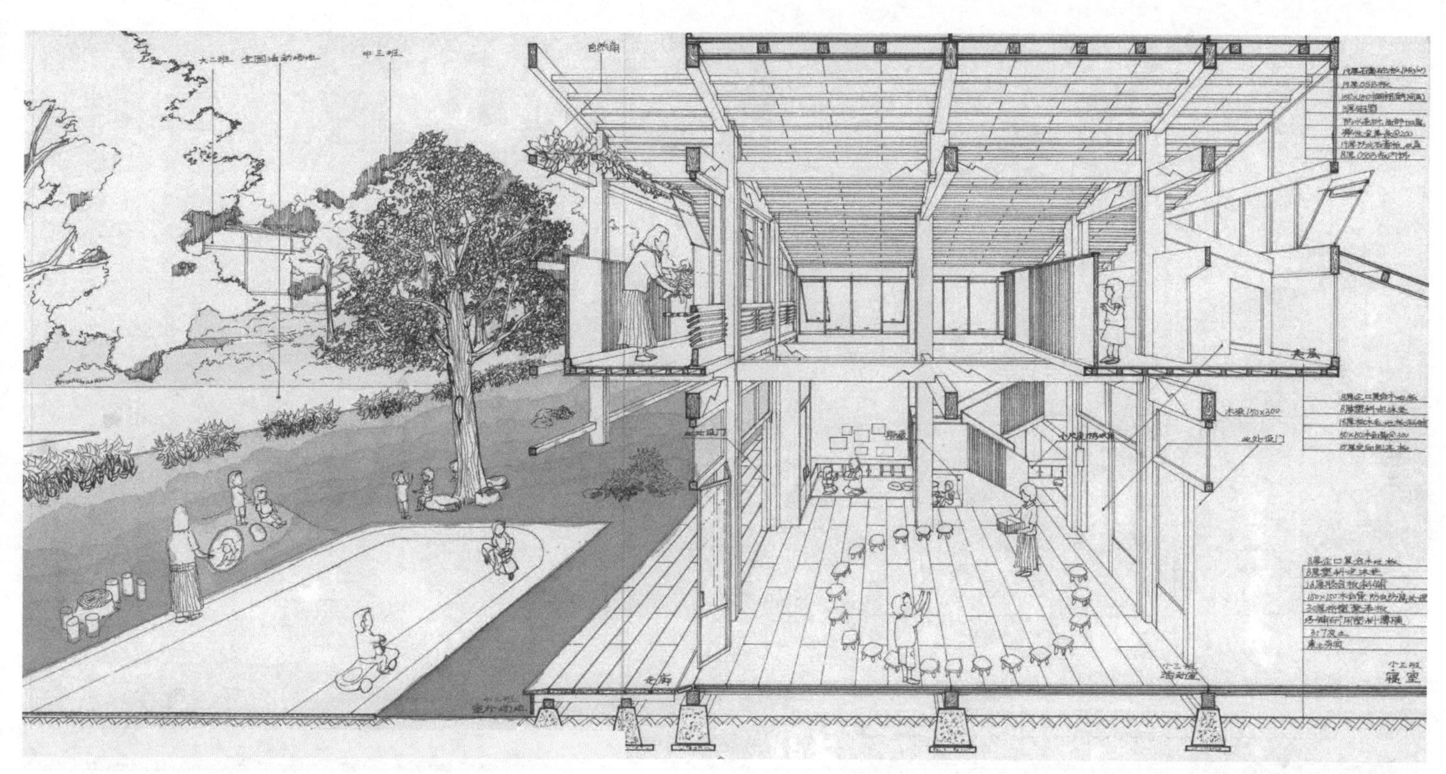

1. 幼儿园优秀作业赏析（一）

《启秀山房》

作者：郭文轩

班级：2019 级建筑学 1 班

指导老师：方小山

点评：该幼儿园设计采用教学单元分散式布局，充分利用场地条件，将幼儿园体量平摊在首层空间，体块布局错落有致，但北侧空间稍显局促。教学单元采用木结构，具有灵活轻盈的特点，加强了室内外的互动。但教学单元内二层疏散存在问题；屋顶和夹层走廊的结构做法需要进一步推敲。模型制作精良，节点放大模型很好地表达了构造关系。技术图纸表达清晰准确，图面效果采用墨线渲染的形式，线稿表达富有灵气，色彩表达清新淡雅，明暗关系明确，体现了设计者良好的制图功底。

恩物園 KINDER+GARDEN=kindergarden
發揮幼兒活動本能

核心设计概念：kinder+garden
建造一个花园式的幼儿园。
KINDER
GARDEN
KINDERGARTEN
1.抽离必要功能空间，通过自然空间组织交通
2.让自然成为主体，而建筑只是客体
3.消除门与楼的概念，让孩子觉得来到一个公园
4.曲线形态激发孩子想象，更好地融入自然

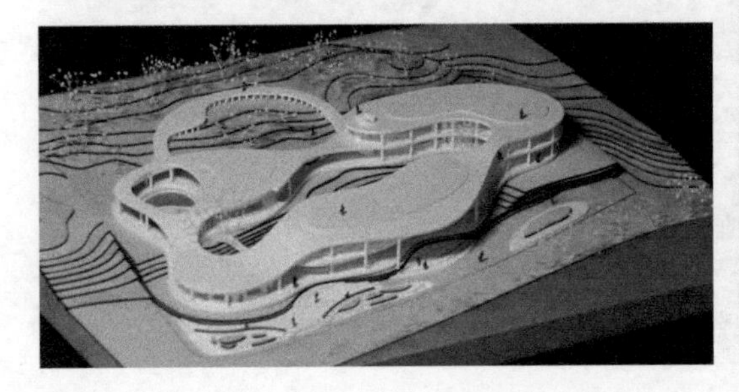

恩物園 KINDER+GARDEN=kindergarden
發揮幼兒活動本能

1

2. 幼儿园优秀作业赏析（二）

《恩物园》

作者：温健

班级：2019 级建筑学 1 班

指导老师：钟冠球

点评：该幼儿园方案设计理念较好，概念立意新颖，前期分析调研充实。方案设计结合场地高差置入功能体块，形态变形融合自然，同时增设自由步道增加与自然接触。图纸表达清晰，图面效果较好，为竞赛风格。模型制作精致，表达效果较好。

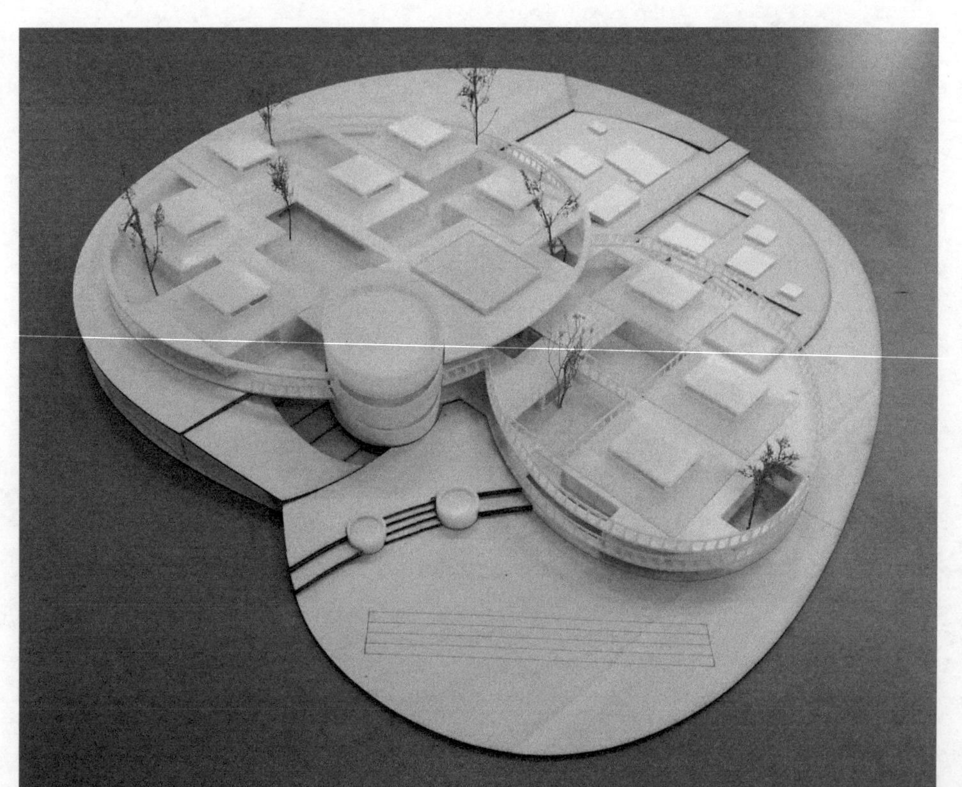

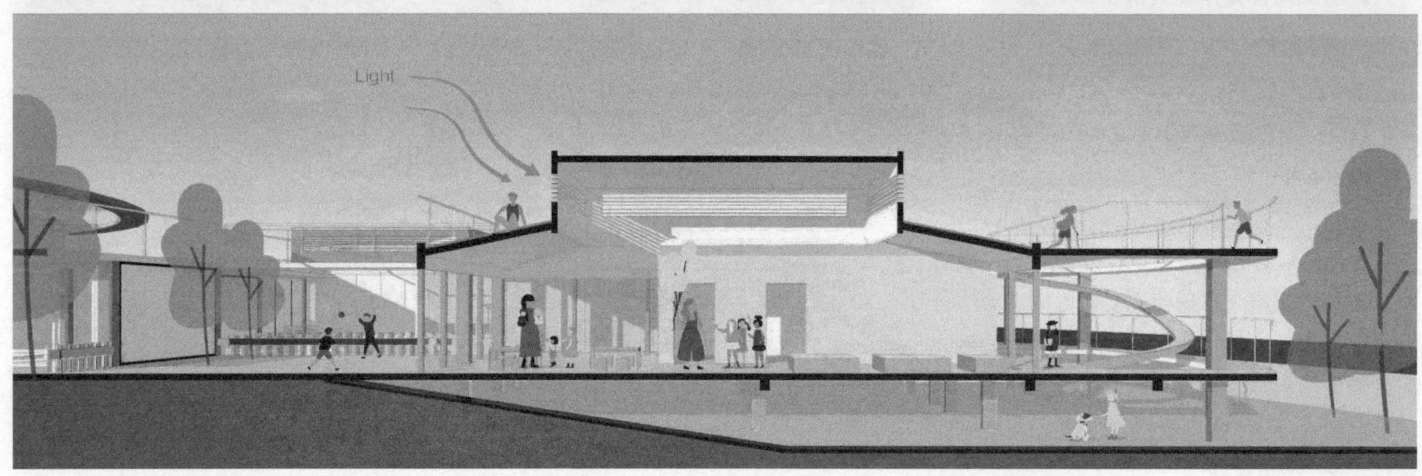
Light

3. 幼儿园优秀作业赏析（三）

《梦幻岛》

作者：郭伟杰

班级：2019 级城乡规划 1 班

指导老师：郭祥

点评：方案概念有趣，对应的形体也有很大的特色。对于场地关系的处理比较到位，室外活动丰富，功能合理。流线多元有趣，创造了一些有趣空间。图面表达较好，内容丰富，但模型可增加场地的表达，增加方案完整度。

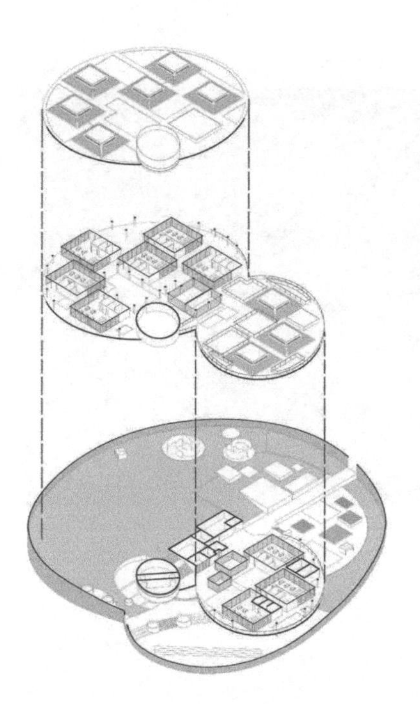

4.4.5 课题总结

此课题作为目前为止课程设计中规模最大，最复杂的建筑。学生需综合运用空间设计思维进行建筑创作，并处理比较复杂的建筑问题。课题达到了训练学生综合统筹设计能力的目的，为“建筑设计基础与入门”课程做了总结性的训练。幼儿园设计有幼儿教室的空间单元，有室内室外活动空间的组合单元，还有不同年级的组团关系，与公共空间、后勤等空间的关系，还涉及场地入口设计等，提升复杂度的同时提供了更多的可能性。

作业成果呈现多样化的特征，学生能够较好地运用空间设计思维，结合诸多因素处理建筑问题。学生经过四次完整的建筑设计训练，已经熟悉了建筑设计的基本流程：前期调研与案例分析，草图生成概念，草模推敲方案，空间设计与造型设计，修正图落实综合训练问题以及最终成果的表达。学生还形成了小组协作、方案讨论、答辩汇报等工作模式，初步形成了建筑空间设计思维，顺利实现了高考新生向建筑专业学生的过渡，为未来学生专业化学习发展打下良好的基础。

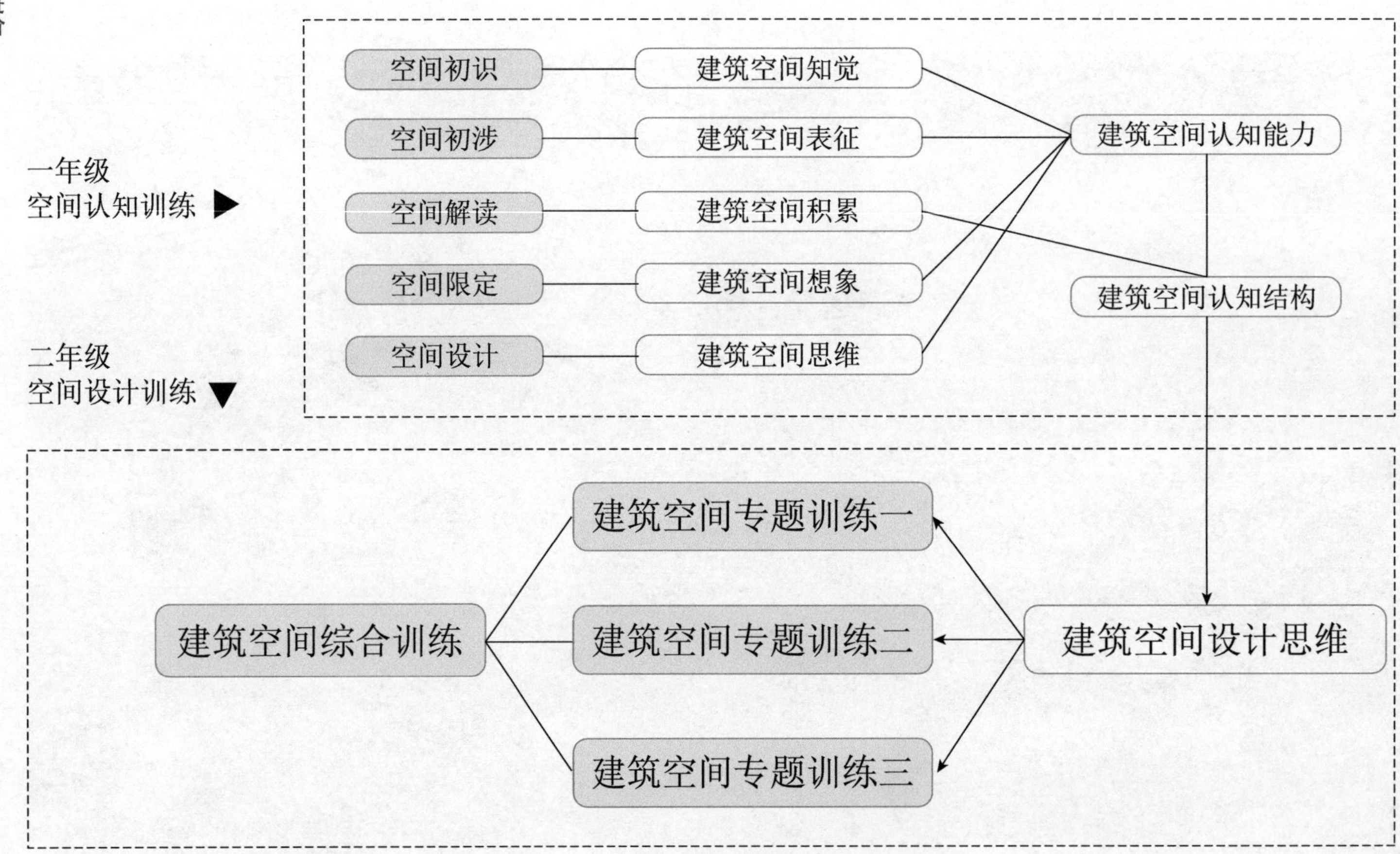

空间设计思维训练的逻辑框架

4.5　本章小结

本章详细阐述了空间设计思维入门训练的思维培养与课题内容。建筑设计基础课程的后两个学期是建筑入门训练阶段，也是空间设计思维的入门训练，即开始培养空间设计思维的实际应用。先围绕建筑空间专题训练展开，再进行建筑空间综合训练。“空间专题训练”通过三个专题的建筑设计：“行为尺度专题：艺术家创作室设计”“功能组织专题：青年公寓设计”“场所建构专题：‘书店+’设计”，分别对“行为尺度”“功能组织”“场所建构”三个专题进行了重点训练，结合建筑环境、结构与构造、材料与策划等命题，培养学生从建筑空间处理的角度处理建筑问题的能力，包括建筑空间与行为尺度、功能流线、场所环境、结构、构造、材料等问题的关系。最后“空间综合训练”阶段，“南方九班幼儿园”课题设计是学生综合运用建筑空间设计思维进行建筑设计的训练与检验。

但建筑设计是复杂且综合的过程，不是单一专项训练的叠加即可组合成完整的设计思维。需要具体问题具体分析，量变的积累逐渐到质变的领悟，所以每个课题都采用完整的建筑设计来实现，建筑设计训练的全过程包括调研分析、理念构思、设计创作、问题解决、汇报表达等。通过多次重复的设计过程，让学生在反复巩固与反复思考中，依次理解和运用专题导向的设计思维。逐步培养学生用空间思维解决各类建筑问题、进行不同类型建筑的创作的能力。

此课程教学目的在于，学生在未来无论发展为什么样的建筑师，拥有什么建筑理念，他们都会从建筑空间的角度思考问题和解决问题，他们的设计都是在创造更加优秀的空间作品。

学生在前两个学期经过建筑空间的空间知觉、空间表征、空间想象和空间思维训练，同时掌握了一定的优秀建筑空间的学习与分析方法，基本构建起建筑空间认知结构。在此基础上，后两个学期进行空间设计训练，先进行三个空间专题训练，再进行空间综合训练，初步形成空间设计思维，为未来三年级建筑设计整合和四年级的建筑专业发展打下基础。空间设计思维是建筑设计中最为基本的思维，学生可以在未来的设计道路中不断融入新的理解和理念，逐渐形成自己更主观的建筑观和设计理念。

第五章

Chapter V

教学过程与技能训练

建筑设计基础一般是在一年级的课程里面完成，主要传授学生的建筑设计的基础知识，包括：建筑的基本概念、建筑制图、模型制作、人体尺度、空间构成和单一功能的建筑设计。本课程比较强调基本功的训练，课程设置大量的草图、模型、正图等作业。课程最基本的目标是传授基本知识和技能，激发学生对专业的热情。近年来，随着专业的多元化的发展，这部分内容也在调整，在已有的严谨的基本功训练的基础上，也融入了很多建筑设计及其思维的训练的内容。

阶段与课程内容 / 设计过程与技能			空间初识	空间初涉		空间解读	空间限定	空间设计	空间设计训练
			初看建筑	教室楼梯测绘	教室营造	名作分析	空间限定	微美术馆设计	建筑设计
设计前期	调研	场地调研			●			○	●
		实地案例调研	●		○			○	○
		资料案例调研			○	●		○	●
		访问/问卷调研			●				○
	任务书策划/研究				●				●
	前期分析				●				●
设计中期	草图推敲	一草阶段			●			○	●
		二草阶段		○	●			○	●
		修草阶段			●			○	●
	草模推敲						●	●	○
	讨论交流	小组合作	●	●	●	○			●
		换组互评			●			○	●
设计表达	语言/多媒体表达	视频	●						
		ppt				●		○	○
		答辩			○	○	○	●	●
		汇报			○	●	○	○	●
	图纸表达	图纸规范表达		●	○	○		○	●
		分析图表达		○	●	●		○	●
		渲染技能							○
		效果图表达			○	○			●
		排版技能		○	○	●		○	●
		电脑绘图表达						○	○
	模型表达					○	●	●	●

5.1 教学过程

教学过程与设计过程存在一定的对应关系，教学过程可以体现教学对设计步骤与程序的培养，完整的建筑设计课题的教学过程如图教学过程。

空间设计思维通过课程体系的七个阶段（“空间初识”“空间初涉”“空间解读”“空间限定”“空间设计”“空间专题训练”和“空间综合训练”）进行“进阶式”培养，每个课题都有一系列教学过程来配合实施。从二年级开始建筑设计训练开始，教学过程基本稳定且成体系，通常包括开题和讲座、场地调研与前期分析、一草、二草、修正图、正图、公开答辩评优、结题等一系列过程。恰当的教学过程可以更好地实现对空间设计思维的培养，对教学质量的把控，还可以培养学生正确的设计方法，有逻辑地设计步骤与程序。

5.1.1 开题

每个课题训练的起始都是开题，通常为年级大课，由本课题的负责教师主讲，所有学生和教师都在场。课程内容包括课题的背景或历史、训练目的、训练内容、训练要求、时间安排等，如建筑设计开题时对项目用地的简要介绍。除了课题基本信息，通常还会包括与课题相关的知识讲解，目的是在学生开始作业前，提供基本的知识框架，随后进入到课题训练。如“建筑测绘”课题的开题会讲解测绘这项技能的背景与应用范围，让学生有概念上的理解，再讲解工具使用方法与测绘技巧。又如，“场所建构专题”课题需要设计新型书店，开题时主讲教师会讲解一些关于书店的新理念和建筑作品，分析这些作品设计的特点、与环境的呼应或其背后的故事等，并提供可调研的建筑名单。开题内容包括：建筑设计方法与程序；项目需求与条件；设计目的；任务计划书；成果要求等。

5.1.2 讲座

专题讲座是针对某一方面问题进行专门讲解的课程，授课教师可能是本校有此方面经验的教师，也有可能是校外此领域的专家。讲座紧密配合课程需求而设置，有些安排在课题的前期，如开题之后，学生往往难以立刻开始训练，会有一段迷茫和消化任务的时间，讲座可以帮助学生快速按照要求进行训练，及时解决遇到的各种问题。这类讲座通常是基础知识的系统介绍，

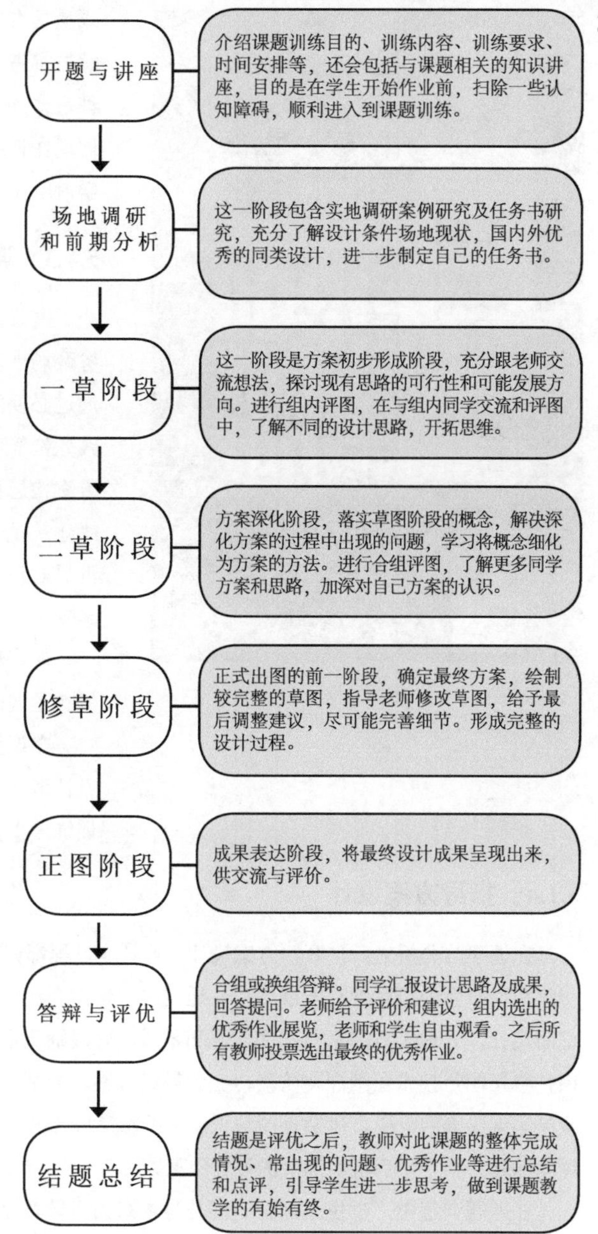

教学过程

讲座海报

或是具有启发学生思维的作用知识拓展。还有些讲座安排在课题过程中，及时提供知识讲解与参考。讲座的目的有两种，一种是服务于课程的讲座，为学生提供知识基础。还有一种是课外补充型讲座，是课程涉及到的拓展内容，但不作为主要训练内容的要点，不强调体现在训练的其他环节。这些配合课题需求而设置的讲座，培养了学生在设计过程中及时学习所需知识的习惯。

5.1.3 调研与分析

调研是设计开始前必不可少的环节，被认为是方案设计的第一步。调研对象有设计任务及场地环境条件、相关规范、实地案例与资料案例。《建筑初步》中写道：“其目的是通过必要的调查、研究和资料搜集，系统掌握与设计相关的各种需求、条件、限定及其实践先例等信息资料，以便更全面地把握设计题目，确立设计依据，为下一步的设计理念和方案构思提供丰富而翔实的素材。”可见调研的重要性。一组学生曾在调研报告中总结道：“建筑是一种不能在办公环境中创造的艺术。” 可见学生已经认识到，走出室内面向现实世界对设计具有重要意义。教师在调研中对学生的要求与引导十分重要，引导学生观察、感受、思考、分析建筑的空间，才能让学生在设计中更好地发挥空间思维。

调研相关的训练也是逐步发展完善的，建筑设计基础课程从第一个课题“解读建筑”就有了调研的任务，学生在每个课题训练的调研中，逐渐体会到调研对方案设计的作用。

在理解设计需求后，需要掌握场地信息，了解相关设计案例，搜集相关资料，是建筑设计调研重要的内容。调研的步骤包括：学生去主观地感受；通过调研发现并分析问题；训练搜集资料；场地条件调研与分析；运用在后面建筑设计中。

5.1.4 指导方案设计

在调研与分析之后，开始方案设计，设计全过程都在教师的指导下进行。 在一草阶段形成初步的概念，可以采用多方案比较，跟老师交流探讨概念的可行性与发展方向，通过组内评图交流，了解不同同学的思路，开拓思维。二草是方案深化阶段，一草的空间概念落实到空间设计，处理多方因素引起的问题和矛盾，开展细化设计。评图采用合组形式，学生了解其他组同学的方案思路，加深对自己方案的认识。修正图是技术图纸深化阶段，完善最终方案，绘制完整草图供指导教师进行修改，主要是更正存在的各种问题。正图阶段则是将设计成果呈现出来的阶段，包括正图与正模，供答辩与展出交流。这种指导方案设计的教学过程，培养了由草图开始构思概念设计，配合模型，逐步深化方案，最后落实细节的设计步骤。

在课题训练中，学生大部分时间是与本组的指导教师交流与学习，他对课题的理解与作业改进的方向都与当时课题的指导教师有密切关系。指导教师在前两个学期的基础训练阶段，鼓励引导学生多尝试，多思考，多接触。鼓励学生努力拓展边界，发掘无数潜能。在学院派建筑教育时期，美国宾夕法尼亚大学教授保罗·菲利普·克瑞明确指出，学生在草图提交后的设计中，必须延续最初草图的概念和基本构思。教师在指导方案应该强调理念的连贯性，在草图阶段可以通过发散思维进行多方案比较，但方案理念一旦定下来，学生需要全过程贯彻，学生应该花更多精力在解决问题和改善设计上，而不是尝试各种可能性或逐渐与其他学生趋同。

5.1.5 答辩、评图与评优

学生几乎在每项课题提交成果时都需要完成答辩环节，答辩时应表达清晰流畅，逻辑合理地阐述设计意图或理念，培养学生在限定时间内用语言文字来表达设计理念。课程中答辩环节让学生认识到，在完成方案设计之后，需要具备通过语言来表达与汇报的能力，这也是建筑师基本技能。汇报与答辩不仅体现学生的个人素质，也是空间思维的培养的重要环节。

评图分为阶段评图与最终评图，阶段评图是在设计过程中，阶段性地对草图、草模进行组内或联合两个小组讲评，给学生建议与指导。学生的规模较小，起到交流互动的作用，有助于思维碰撞与方案推进。最终评图规模较大，是年级范围内的总评。通常会邀请实践经验丰富的校外建筑师与校内老师共同评图指导，并给学生最终成果打分。本课程教育的对象是刚进入大学不久的学生，注重训练时思维过程与操作过程的把控，这样的评图安排让学生更加重视过程，而不是只关注结果。

所以本课程的成绩组成几乎都包含“过程分”，如建筑空间专题训练中课题都要求学生保留过程成果，并制作成 A4 的文本在最终提交，并且过程表现成绩占总成绩的 10% ～ 20%。有的课题要求学生答辩时讲述自己的设计过程，放置过程成果照片，而答辩成绩占总成绩的一定比例，这也间接体现了过程在总成绩中的占有一定分量。

评优是在为学生作业打分的基础上评出一定比例的优秀作业，评图与评优流程在上一章有详细论述。评图和评优过程中，对于建筑空间处理良好，能够从空间角度进行分析与思考，具有理性逻辑，满足课题要求的设计应得到肯定，这是一种评价机制，更是一种激励与促进的机制，同时它也代表着教学鼓励的方向。

5.1.6 课程总结

课程总结是学生提交训练成果并完成答辩与评优之后，教师对此课题的整体完成情况、常出现的问题、优秀作业等进行总结和点评，并邀请优秀的同学讲述自己设计过程、困惑和经验，引导学生对自己作业的不足和优点进行思考。结题总结可以让学生从自己的思路中解放出来，了解其他人作业的思路、优点与不足，也让学生对自身学习过程进行回顾总结，这对学生能力的提高和思维的拓展都十分有利。课程总结的教学环节培养学生反思总结的习惯，有助于建筑设计能力的提高。

5.2 技能训练

课程中训练的技能是辅助建筑设计顺利进行所运用的媒介，在建筑设计基础课程中主要对图纸、模型、语言三个方面的技能进行训练。

汇报、答辩与展览

5.2.1 草图推敲与图纸表达

关于图纸的相关训练，也是由基础到高级、由部分到整体、层层递进的训练过程。“空间初识”阶段是通过视频来表达观点，并未对图纸有任何要求，但鼓励学生手绘平面图、分析图等配合视频表达。“空间初涉”阶段首先是通过抄绘作业，让学生初步了解图纸通用的规范表达方法；然后通过测绘作业，让学生按实际数据来完成图纸的绘制，更加深入理解了图纸的规范表达方法；教室营造课题，结合调研训练现状分析图的绘制，初步尝试草图表达营造方案构思，最终成果要求规范制图。“空间解读”除了规范制图的要求外，加入了大量的方案分析图，如空间形式分析、形态生成分析、视线采光分析等，同时学习了排版的相关技巧。一年级这三个阶段侧重于图纸表达，一年级后阶段的空间限定和微型美术馆的设计侧重模型操作训练。到了二年级的小建筑设计训练（“空间专题训练”与“空间综合训练”），共设置三轮需要提交成果的草图，一草、二草、三草（修正图 / 修草图），分别对应方案的概念设计阶段、空间设计阶段、技术综合研究阶段。一草时间通常为汇报调研报告的一周之内，形式不限，表达概念即可。二草通常一周半到两周时间，功能空间较完善，按一定比例制图。修正草图是正图前的准备阶段，要求进行细部设计，技术图纸要求与正图基本一致。最终正图都包含技术图纸、分析图与建筑表现图三部分，并且要求排版完整。配合学生的基础手绘训练，学生在图纸表达方面渐进地完成了完整学习过程。

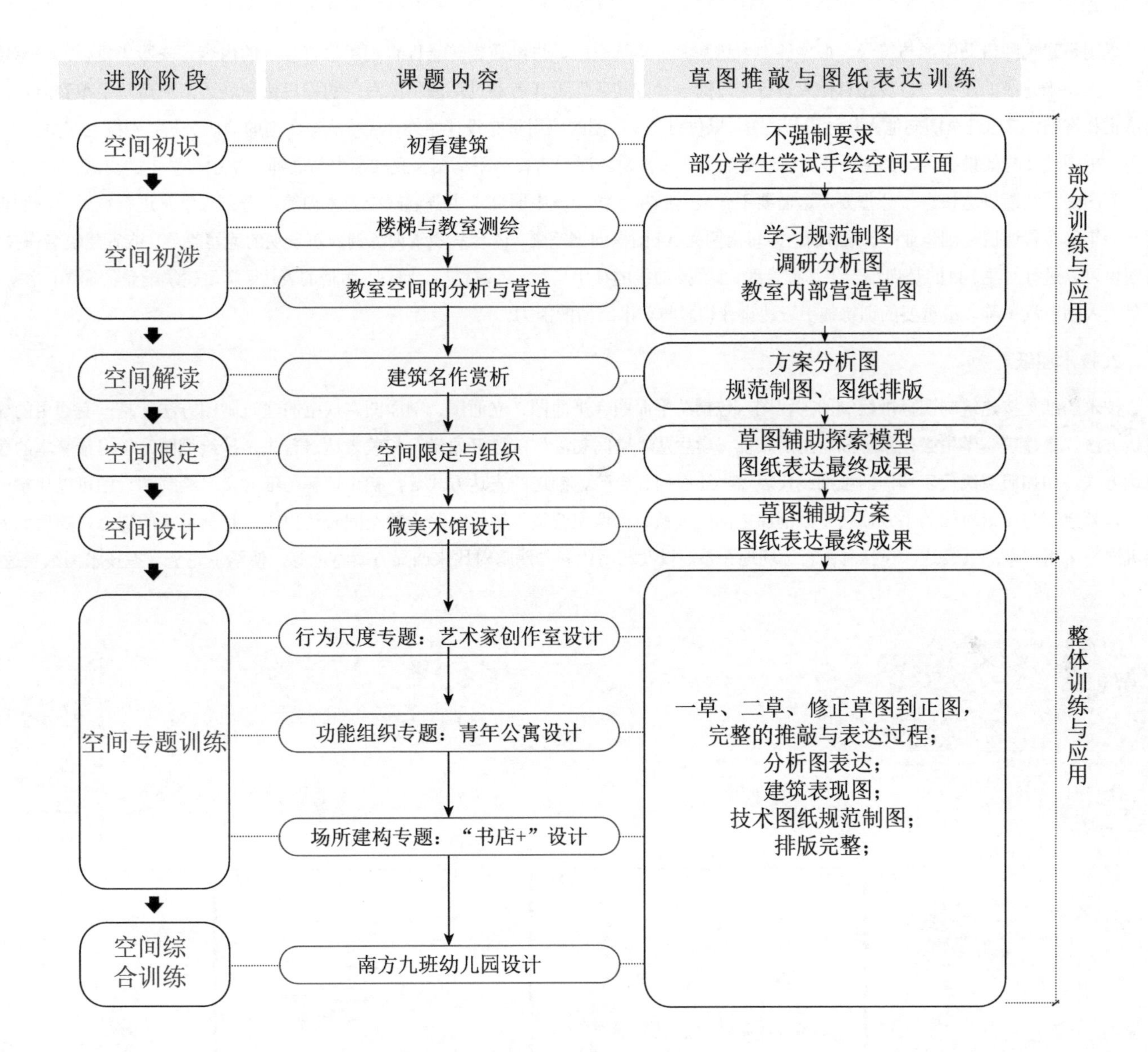
进阶阶段
课题内容
草图推敲与图纸表达训练
空间初识
初看建筑
不强制要求
部分学生尝试手绘空间平面
空间初涉
楼梯与教室测绘
教室空间的分析与营造
学习规范制图
调研分析图
教室内部营造草图
空间解读
建筑名作赏析
方案分析图
规范制图、图纸排版
空间限定
空间限定与组织
草图辅助探索模型
图纸表达最终成果
空间设计
微美术馆设计
草图辅助方案
图纸表达最终成果
部分训练与应用
空间专题训练
行为尺度专题：艺术家创作室设计
功能组织专题：青年公寓设计
场所建构专题：“书店+”设计
空间综合训练
南方九班幼儿园设计
一草、二草、修正草图到正图，
完整的推敲与表达过程；
分析图表达；
建筑表现图；
技术图纸规范制图；
排版完整；
整体训练与应用

草图推敲与图纸表达训练与应用进阶过程

1. 草图

草图是建筑师借助图形与符号，形象性地表达脑海中建筑空间、思维逻辑等难以直观用语言表达的内容。安藤忠雄说：“草图是建筑师就一座还未建成的建筑与自我还有他人进行交流的一种方式。”设计者通过草图将脑海中的构思快速表达，然后从中得到启示，再一遍遍修正和推敲，或通过草图向他人传达设计内容，以供讨论。草图的应用贯穿设计始终，从场地与案例的调研分析，到概念产生和方案深化，再到分析图设计与效果表达，都离不开直观便捷的草图来协助。课程需要运用草图来完成学生与老师、学生与学生的交流。

草图是否清晰表达概念十分重要，这需要手—眼—脑相互协调。中国高考生普遍缺少艺术训练，需在入学时进行徒手绘画的训练。课程在一年级布置课后基础作业：手绘训练，即每周两张 A4 图幅的钢笔画，内容从线条训练到建筑景观的速写临摹，或者建筑名作技术图纸，后期也可以进行写生。目的是训练学生掌握直线、斜线、曲线的徒手表达，练习材质、肌理、明暗的表达、学习建筑配景的简单画法，如树木、花草、人物、汽车等，最重要的训练徒手表达设计构思与艺术感情的能力。

2. 技术图纸

技术图纸是按建筑制图标准绘制的工程图，包括总平面图、平面图、立面图、剖面图。规范的建筑制图方法就是一套通用的建筑空间表达方法，是建筑学学生必须掌握和运用的技能。学生从“空间初涉”阶段开始学习相关表达，首先是抄绘描图，学习最基本的建筑构件表达方式，如加粗双线代表墙，四根细线代表窗，还有门、台阶、铺地的表达方式等，初步理解图纸含义。绘制测绘图可以让学生更深入思考理解建筑与图纸对应关系，以及平立剖面之间的关系。“课室营造”则将头脑中的空间表达出来，是渐进式的训练，随后的课题不断地巩固与运用技术图纸表达，包括总图表达场地关系，以及利用色彩与明暗对比来凸显方案特色等，使学生完全掌握技术图纸表达技巧。

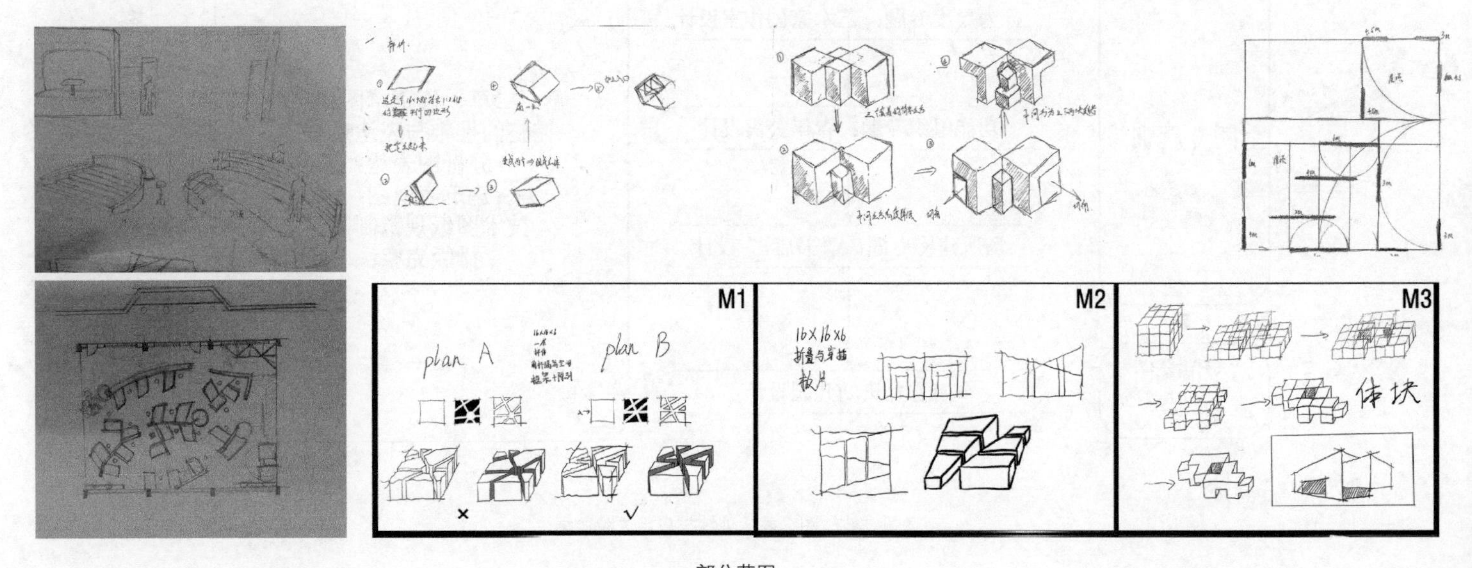

部分草图

3. 分析图

通过分析图表达出建筑理念与设计者观点，是建筑师十分重要的能力。分析图是通过抽象、简化、夸张、符号化等图解的表达方式，分析各因素对建筑空间的影响。分析图种类多样，甚至可以设计者自创，只要能准确清晰地表达其观点和意图即可。

本课程从“空间初识”就鼓励学生手绘分析图来表达观点，“空间初涉”培养学生用分析图在调研报告中表达现状问题，并配合设置了分析图表达的讲座，让学生初步了解图示语言表达的方法。“空间解读”课题，学生开始使用大量的分析图种类与画法，尝试用分析图表达建筑设计理念，包括比例、构成、功能、虚实、流线、分区、视线、材料等，并再一次安排分析图绘制讲座，提高了学生对分析图的理解与应用水平。二年级的建筑设计训练中，学生基本可以恰当熟练地应用分析图表达设计意图，课程也会补充完善建筑空间分析方法方面的知识。

4. 建筑表现

建筑表现是最直观展示建筑设计的效果，大致分为轴测图、人视图、鸟瞰图、剖透视。轴测图是现实中实物无法呈现的一种无透视状态，可以更好地展现建筑比例关系，在传统建筑教育中应用广泛。人视图是模拟从人视高度看建筑的透视效果，最为接近真实观察效果，可以展现建筑方案最常被人看到的界面，真实场所感强。鸟瞰图是从半空俯视建筑的透视图，可以更好地看到建筑整体关系及全貌。剖透视也是一种常用的表现形式，通过剖面图与透视表现结合，更形象地表现出方案的空间、功能、结构、环境的关系。图纸的表达形式多种

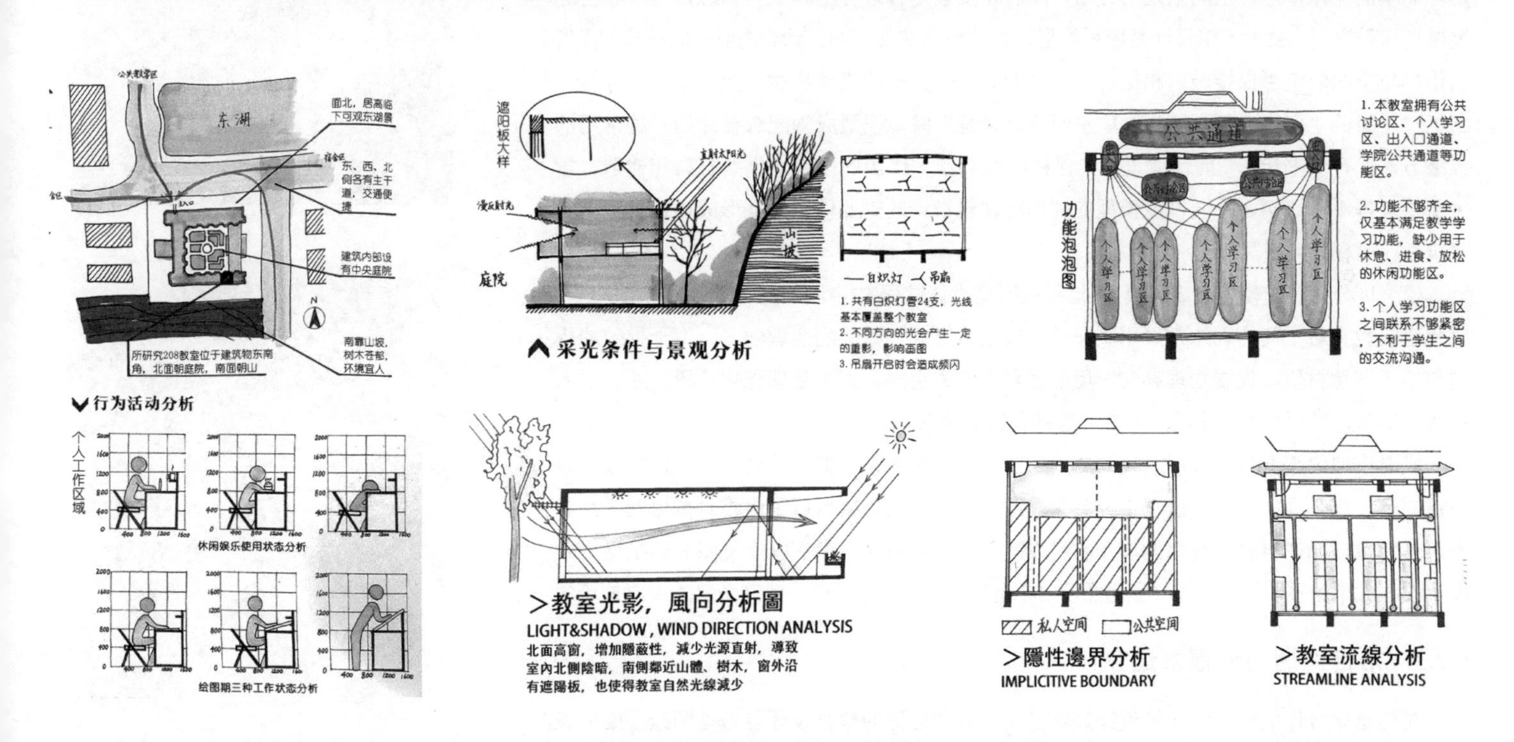

空间初涉调研报告中部分分析图

多样，建筑表现的要求从墨线开始，然后使用彩铅上色，后来要求手工渲染，到“书店＋”设计时可以采用拼贴手法表现，最后幼儿园的作业可以使用计算机出图。

5.2.2 草模推敲与模型表达

模型按一定比例缩小或放大制作出的建筑的实体空间，可以直观地展示建筑实物的特性，便于设计的推敲与观察。模型制作的过程也是学生了解影响空间因素与空间变化的过程，对建立学生建筑空间认知体系有较大的帮助。

本课程中前两个阶段都未强调模型操作，但教室空间营造可自愿制作模型来辅助观察设计。到了“空间解读”阶段，课题最后要求制作建筑名作的模型，主要训练了学生制作模型的方法与技能，不涉及空间推敲的过程。“空间限定”和“空间设计”是重要的模型训练阶段，对模型推敲设计与模型表达进行了系统的训练，主要目的是让学生学会如何用模型去思考和推敲空间的设计。首先“空间限定”要求学生对杆件、板片、体块单一要素进行简单的操作，熟悉空间限定的方法，然后将要素结合进行空间组合训练，逐步学会通过模型推敲空间。微美术馆设计是应用模型进行建筑真实的空间设计，之前空间解读的“仅制作”与空间限定“仅推敲”相结合，最终形成一个完整的成果模型，包含场地与环境。到了二年级的“空间专题训练”与“空间综合训练”时，模型成为配合设计的一种常用的推敲方法，在“书店＋”的作业里面，课程需要制作大比例的模型才推敲材料和建造，学生需要理解不同比例、不同精度模型的制作对建筑设计的重要作用，并形成通过模型进行建筑设计的良好习惯。

模型可分为过程模型和成果模型，过程模型是设计过程中用于观察、分析和推敲的模型，现代建筑教育对空间的训练常采用制作过程模型来实现，如装配式教学法。用于推敲的模型前期不在意材质，仅看物理存在，用于观察体块和空间，到了后期深化阶段，才会加入材质与细节，模型呈现一定的序列性和递进、发展关系。

成果模型的主要目的是展示设计成果。课程训练的成果模型不等同于商业地产模型，不需要为了反映真实情况而做得十分具象。课程设计的成果模型可采用相对抽象的手法突出设计特点，如在材料上简化为单一材料或两种材料的对比。最后，模型照片的拍摄也是展示设计成果的重要环节，需要注重角度、灯光等设置的方法，也是建筑表现的重要技巧。

5.2.3 语言沟通与汇报表达

在信息化合作的时代，建筑设计师除了需要具备良好的建筑设计能力与图纸、模型表达能力外，沟通与表达能力也十分重要。合作是建筑设计必不可少的工作模式，建筑从业

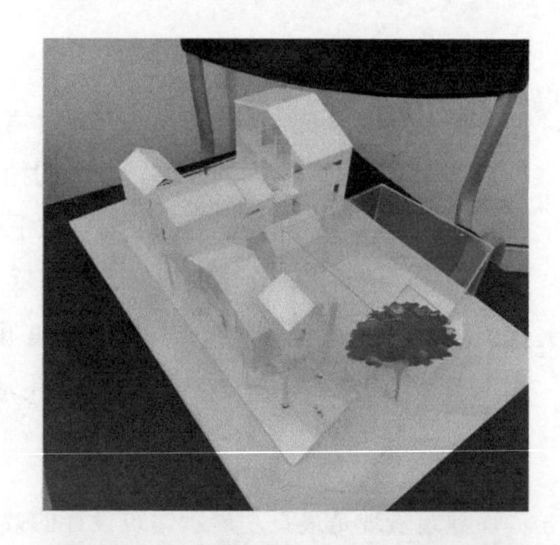

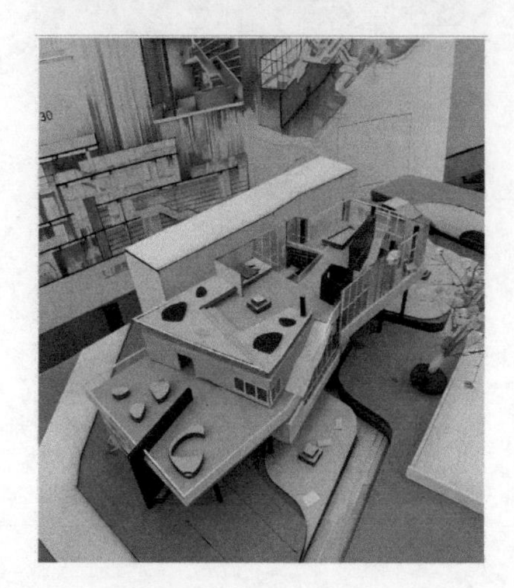

过程模型

成果模型照片

者要能够清晰准确地表达内心的想法，善于与其他人交流讨论，才能保障合作的顺利进行。从基础教育阶段起，教学就注重培养学生的善于交流和表达的工作习惯与个人素质，并体现在课程的全过程包括评价体系中。

首先，课题中有大量的小组作业，如“初看建筑”课题、“解读建筑”中建筑流派与建筑师的了解与介绍，以及所有调研任务。同一个小组的学生成绩彼此联系，相互影响。这需要学生学会与他人交流沟通，学会表达自己的看法与听取别人的观点，在磨合中学会团队合作。其次，教学过程中需要与老师交流，每个课题都需要跟指导教师汇报方案概念、讲解思路，讨论方案可行性与发展方向，既要听取老师建议，又要阐述自己的想法，才能将概念落实到方案上。最后，课程中给学生提供了大量的汇报与答辩机会。“空间初识”阶段，学生要用语言配合镜头，来表达自己对建筑与场所的感受，这是较为简单的语言训练，学生可以先写好稿子，再按照稿子给视频配音。在年级点评时，每个小组派一名代表到讲台上，简要介绍小组情况与视频主题，并回答老师的问题，让部分同学尝试了在年级同学前汇报。“空间初涉”阶段，学生需要进行一次中期的合组汇报评图，以及最终的答辩，形式与二年级建筑方案答辩相似。“空间解读”阶段，学生要讲解小组合作的演示文件，将了解的建筑流派与建筑师相关内容讲述出来，锻炼表达与思维逻辑。“空间限定”没有答辩环节，在“空间设计”的最后将9个模型一起汇报答辩。到了二年级，课题教学过程基本稳定，设计过程中有一草组内评图、二草或修正图合组评图、正图答辩等固定的需要语言表达的环节，并且会有校外的建筑师参与，答辩时语言是否有逻辑，简洁明了，关系到最终成绩。“书店+”课题还在校外进行展览，优秀作业的同学需要面向社会进行讲解汇报，再次提升对语言表达能力的锻炼。

5.3 本章小结

本章将课程中除思维训练以外的内容进行论述，包括教学过程与技能训练。进阶式的课程设置不仅体现在对空间设计思维的培养，对设计过程与技能的训练也是由基础到复杂，由单一到综合的进阶过程。每个课题的教学过程分解为一系列科学有序的步骤，保障空间思维训练在每个课题中的落实，对学生的训练效果进行把控，培养了学生建筑设计的步骤与习惯。教学过程体现出建筑设计的步骤与程序，即设计方法。课程还需要对相关技能进行训练，在学生基础入门时期，课程主要对草图推敲、图纸表达、草模推敲、模型表达、语言沟通、汇报表达等技能进行重点训练，贯穿于整个课程。

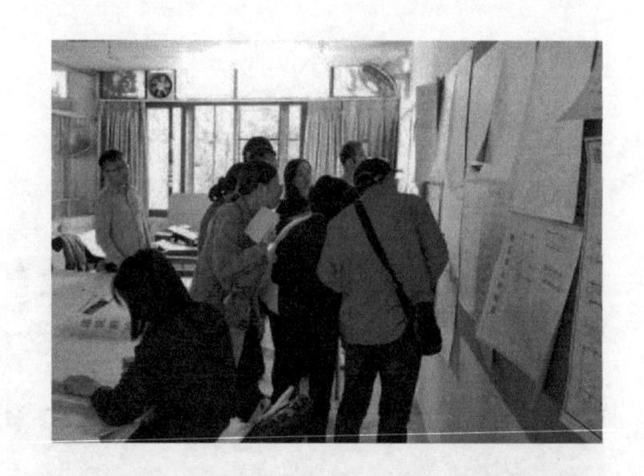

汇报、答辩与展览

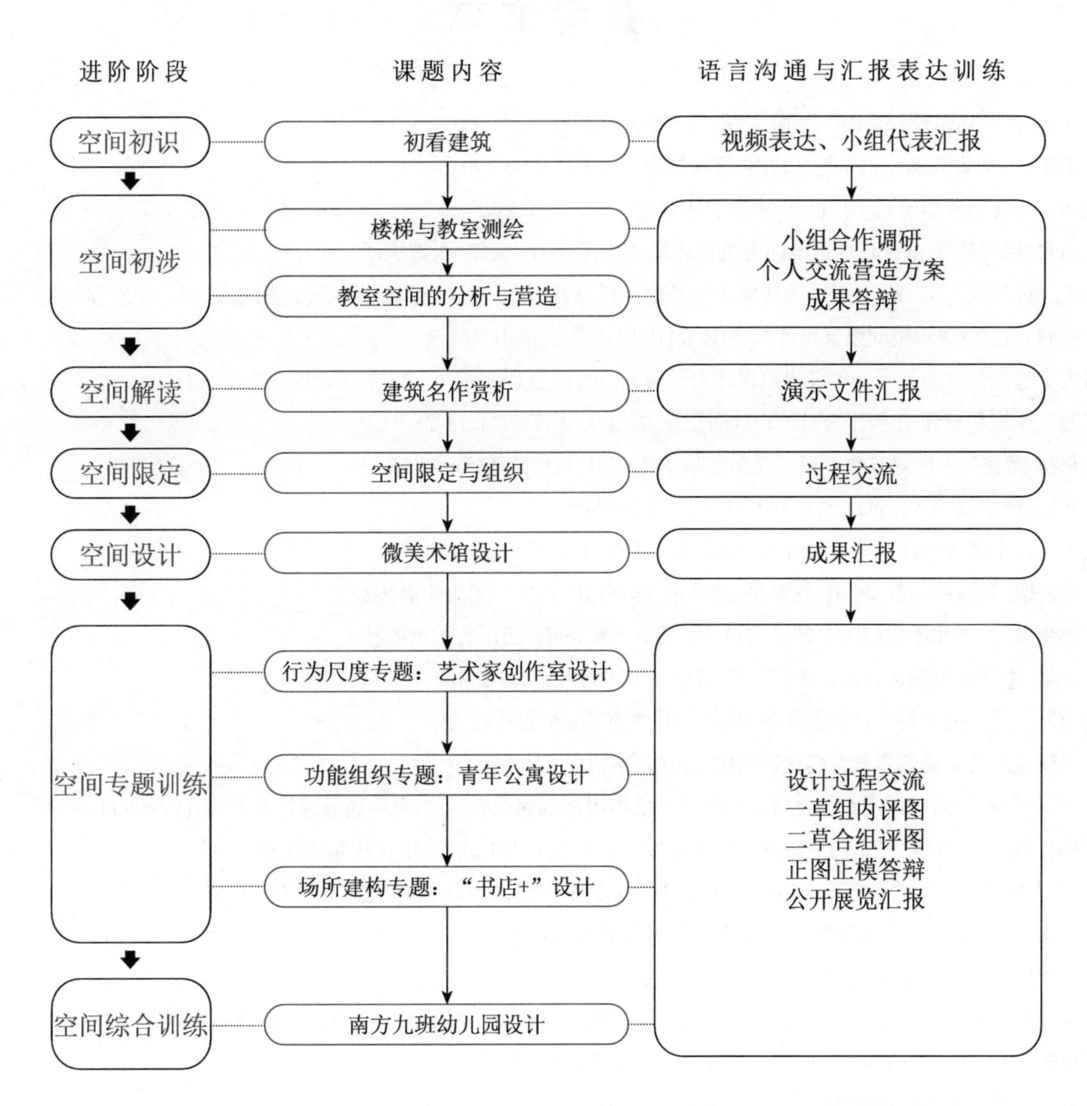
进阶阶段
课题内容
语言沟通与汇报表达训练
空间初识
初看建筑
视频表达、小组代表汇报
空间初涉
楼梯与教室测绘
教室空间的分析与营造
小组合作调研
个人交流营造方案
成果答辩
空间解读
建筑名作赏析
演示文件汇报
空间限定
空间限定与组织
过程交流
空间设计
微美术馆设计
成果汇报
空间专题训练
行为尺度专题：艺术家创作室设计
功能组织专题：青年公寓设计
场所建构专题：“书店+”设计
设计过程交流
一草组内评图
二草合组评图
正图正模答辩
公开展览汇报
空间综合训练
南方九班幼儿园设计

语言沟通与汇报表达训练与应用进阶过程

参考文献

鲍家声, 杜顺宝, 1986. 公共建筑设计基础[M]. 南京: 南京工学院出版社.

陈永昌, 2005.建筑设计基础课程教学改革初探[J].高等建筑教育, 14(3): 31-33, 48.

崔鹏飞, 2010. 空间设计基础教学研究[D]. 北京: 中央美术学院.

崔轶, 2016. 因材施教, 因材施评:基于理性思维的建筑设计教学与评价[D]. 天津: 天津大学.

戴明琪, 2021. 基于“进阶式”空间设计思维的建筑设计基础课程设置研究：以华南理工大学为例[D]. 广州：华南理工大学.

冯纪忠, 1978. “空间原理”(建筑空间组合设计原理)述要[J]. 同济大学学报(2): 1-9.

龚恺, 2007. 东南大学建筑学院建筑系一年级建筑设计教学研究: 设计的启蒙[M]. 北京: 中国建筑工业出版社.

顾大庆, 2006. 空间、建构和设计:建构作为一种设计的工作方法[J]. 建筑师(1): 13-21.

顾大庆, 2015. “布扎-摩登”中国建筑教育现代转型之基本特征[J]. 时代建筑(5): 48-55.

顾大庆, 柏庭卫, 2010. 建筑设计入门[M]. 北京: 中国建筑工业出版社.

郭兰, 2017. 现代主义以来西方先锋性建筑教育的起源与发展研究[D]. 南京: 东南大学.

海杜克, 1998. 库伯联盟: 建筑师的教育[M]. 林尹星, 薛皓东, 译. 台北: 圣文书局股份有限公司.

惠特福德, 2003. 包豪斯: 大师和学生们[M]. 艺术与设计杂志社, 译. 成都: 四川美术出版社.

李洪玉, 林崇德, 2005. 中学生空间认知能力结构的研究[J]. 心理科学(2): 269-271.

李佳, 2015. 面向内涵式发展的参与式建筑设计教育研究[D]. 哈尔滨: 东北林业大学.

李显秋, 2008. 非主流建筑院系建筑学教育模式研究[D]. 昆明: 昆明理工大学.

吕元, 刘悦, 熊瑛, 等, 2014. 面向创新实践能力培养的建筑学低年级基础课程教学改革[J].高等建筑教育, 23(1): 68-71.

闵晶, 2017. 中国现代建筑“空间”话语历史研究（20世纪20—80年代）[M]. 北京: 中国建筑出版社.

缪军, 田瑞丰, 2017.建筑形式认知教育课程结构探索:基于关联主义学习理论的启示[J]. 建筑与文化(7): 65-66.

潘莹, 施瑛, 郭祥, 2017.初看建筑课程教学改革探索[J].高等建筑教育, 26(1): 103-107.

彭一刚, 1998. 建筑空间组合论[M]. 北京: 中国建筑工业出版社.

彭长歆, 2010. 中国近代建筑教育一个非“鲍扎”个案的形成: 勷勤大学建筑工程学系的现代主义教育与探索[J]. 建筑师(2): 89-96.

钱锋, 2006. 现代建筑教育在中国（1920s—1980s）[D]. 上海: 同济大学.

单踊, 2012. 西方学院派建筑教育史研究[M]. 南京: 东南大学出版社.

施瑛, 2014. 华南建筑教育早期发展历程研究（1932—1966）[D]. 广州: 华南理工大学.

唐可, 2018. 重庆大学建筑教育阶段性研究（1952—1966）[D]. 重庆: 重庆大学.

唐云, 2017. 浅谈认知策略训练在建筑设计教学中的运用[J]. 教育教学论坛(31): 197-198.

田唯佳, 万琦睿, 张映乐, 2019. 回归本质:西班牙建筑学本科设计基础教学[J]. 建筑师(3): 41-50.

田学哲, 1999. 建筑初步[M]. 北京: 中国建筑工业出版社.

田勇, 2014. 基于有效目标的中国建筑教育培养模式的研究[D]. 天津: 天津大学.

同济大学建筑与城市规划学院建筑系, 2015. 同济建筑设计教案[M]. 上海: 同济大学出版社.

王璐, 施瑛, 刘虹, 2011. 基于建筑学的平面构成教学探索:华南理工大学建筑设计基础之形态构成系列课程研究[J]. 南方建筑(5):44-47.

王启瑞, 2007. 包豪斯基础教育解析[D]. 天津: 天津大学.

王旭, 2015. 从包豪斯到AA建筑联盟[D]. 天津: 天津大学.

吴佳维, 2019. 以空间为核心的“设计化”构造教学之形成:苏黎世联邦理工学院建筑系1961—1983年的一年级构造课[J]. 建筑学报(4): 116-122.

徐甘, 2010. 建筑设计基础教学体系在同济大学的发展研究（1952—2007）[D]. 上海: 同济大学.

徐亮, 2014. 空间感知与操作: 建筑基础教育中的装配部件教学方法研究[D]. 深圳: 深圳大学.

徐贇, 2006. 包豪斯设计基础教育的启示:包豪斯与中国现代设计基础教育的比较分析[D]. 上海: 同济大学.

袁振国, 2018. 脑科学与教育创新[R]. 上海：华东师范大学.

曾思颖, 2017. “认知理论”视角下数字技术手段在建筑教育中的应用探析:以广州中职建筑教育为例[D].广州: 华南理工大学.

张嵩, 2015. 东南大学建筑设计基础课程中的“设计—建造”练习[J]. 中国建筑教育(1): 101-103.

赵斌, 侯世荣, 仝晖, 2016. 基于“空间•建构”理念的建筑设计基础教学探讨:山东建筑大学“建筑设计基础”课程教学实践[J]. 中国建筑教育(4): 13 -18.

周春艳, 2020. 基于认知规律的建筑设计基础课程框架构建探索[J]. 吉林广播电视大学学报(8): 13-14.

周瑾茹, 2006. 空间建构理论方法在我国建筑教学中的探索实践[D]. 西安: 西安建筑科技大学.

朱雷, 2010. 空间操作: 现代建筑空间设计及教学研究的基础与反思[M]. 南京: 东南大学出版社.

朱文一, 2010. 当代中国建筑教育考察[J]. 建筑学报(10):1-4.

朱文一, 郭逊, 2006. 清华大学建筑学院设计系列课教案与学生作业选：一年级建筑设计[M]. 北京: 清华大学出版社.

附录　教材引用的优秀作业信息清单

章节	作品名称	作者姓名	班级	指导老师
第一章	微社区	刘玥	2019 级建筑学 1 班	张颖
	无界书屋	梁悦怡	2018 级建筑学 1 班	袁粤
	折乐・书屋	刘雨洋	2018 级建筑学 1 班	施瑛
	回院	陈彤	2019 级城乡规划 1 班	王南希
	云朵奶酪	钟婧	2019 级建筑学 1 班	陈昌勇
	城市岛屿	秦倩琳	2019 级建筑学 1 班	刘虹
	折叠	肖羽林	2019 级建筑学 2 班	田瑞丰
第二章	恩物园	温健	2019 级建筑学 1 班	钟冠球
	读书人	邹海宇	2019 级城乡规划 2 班	刘虹
	游心书屋	佟劲燃	2019 级建筑学 1 班	郭祥
	乘荫	刘悦	2019 级建筑学 1 班	方小山
3.1　空间初识	悬挑	张楚妍	2021 级风景园林班	王璐
	居	海亦婷、何沁珏、花雨田、黄炜庭、刘乐轩、李佳仡	2019 级建筑学 2 班	田瑞丰
	东山之口	邹雨恩、钟婧、佟劲燃、蒯浩然、周辰	2019 级建筑学 1 班	陶金
	东山口	陈楚贤、陈杰、陈敏而、陈思琦、陈亦忆、陈奕彤、邓瑶	2019 级建筑学 1 班	王朔
	老广・新城	秦倩琳、谭盛林、温健、孟凡宇、王欣璇、杨菁蕊	2019 级建筑学 1 班	王璐
	南华西街——市井生活	李园园、卢思航、林希、陆银秀、费雪阳、潘卓仪	2019 级风景园林班	王国光
	追	陈萌椿、陈昊、程雨深、戴泽群、中原清子	2019 级建筑学 1 班	刘虹
	新生	夏婧、邢雪薇、杨铭恒、张诗影、张正琦、周心悦	2019 级风景园林班	钟冠球
	小鸡和小绿的骑楼奇遇	吴映茜、王云潇、吕健、宋积昕、马学朋	2019 级建筑学 2 班	苏平
	安能城市复山林——走近沙面堂	孙正昕、王思文、王雅博、马昊、沈齐、庞博	2019 级建筑学 1 班	王璐
	漫画天环	刘圭铠、刘涵今、马晨曦、穆淑娴、阮澤澎	2019 级风景园林班	王国光
	听不见的声音	庄海涛、邹海宇、白若水、钟可、阳滨屿、陈邦治、刘轩	2019 级城乡规划 1、2 班	张颖
	浅谈建筑环境与人	闫春晓、植庆怡、朱颖露、岑劲衡、张仕中	2019 级建筑学 2 班	王朔

续表

章节	作品名称	作者姓名	班级	指导老师
3.2 空间初涉	初识建筑——建筑测绘与认知	张羽	2019 级建筑学 2 班	陈昌勇
		温健	2019 级建筑学 1 班	王璐
		邹思雨	2019 级建筑学 1 班	陶金
		谭盛林	2019 级建筑学 1 班	
		吴雨欣	2021 级建筑学 2 班	刘虹
		陈欣波	2021 级建筑学 1 班	田瑞丰
	206 教室调研报告	杨靖蕊、谭盛、林孟凡宇、温健	2019 级建筑学 1 班	王璐、陈泓宇
	教室单元调研报告	沈齐、马昊、王欣璇、秦倩琳	2019 级建筑学 1 班	王璐
	扎哈之光	温健	2019 级建筑学 1 班	王璐
	初涉空间	雷蕙玮	2019 级建筑学 1 班	方小山
	生息	陈嘉仪	2021 级建筑学 1 班	方小山
	雁归	曾帅	2021 级建筑学 2 班	田瑞丰
	穿插・流动	陈柯璇	2021 级建筑学 1 班	王璐
	回・初涉空间	董馨月	2021 级建筑学 2 班	陶金
3.3 空间解读	范斯沃斯住宅	李沛霖	2019 级建筑学 1 班	刘虹
	玛利亚别墅	周心悦	2019 级风景园林班	王国光
	水御堂	马昊	2019 级风景园林班	陶金
	树生	张诗影	2019 级风景园林班	王国光
	解读空间——库鲁切特住宅	陈欣波	2021 级建筑学 1 班	陈昌勇
	解读空间——范斯沃斯住宅	牛一菲	2021 级风景园林班	郭祥
	解读建筑之加歇别墅	罗怡辉	2021 级建筑学 1 班	方小山
	范斯沃斯住宅	陈思琦	2019 级风景园林班	魏开
	徽派民居	刘心宇	2019 级城乡规划 1 班	郭祥
	Fisher House	倪立巧	2019 级城乡规划 1 班	王擎
	库鲁切特医生住宅	王书悦	2019 级城乡规划 1 班	王擎
	萨伏伊别墅	刘悦	2019 级建筑学 1 班	刘虹

续表

章节	作品名称	作者姓名	班级	指导老师
3.3 空间解读	路易斯·康作品解析	罗张韬、温尔雅、倪立巧、唐绯	2019 级城乡规划 1 班	王擎
	水之教堂	谭淋雯	2021 级风景园林班	魏开
	道格拉斯住宅	陈彤	2019 级城乡规划 1 班	郭祥
3.4 空间限定	无界	陈然	2019 级城乡规划 1 班	郭祥
	叠嶂	钟可	2019 级城乡规划 1 班	吕瑶
	触及美术馆	佟劲燃	2019 级建筑学 1 班	王璐
	十字形发展史	张羽	2019 级建筑学 2 班	苏平
	可见不可及的空间	温健	2019 级建筑学 1 班	陶金
	环绕	庄青悦	2021 级建筑学 1 班	刘虹
	盒中花园	王奕丹	2021 级建筑学 1 班	刘虹
	扣·融	林正豪	2021 级建筑学 1 班	占瑶
	森林·峡谷	张泽宏	2021 级城乡规划 1 班	王璐
3.5 空间设计	蛇行	陈彤	2019 级城乡规划 1 班	郭祥
	木美术馆	邹海宇	2019 级城乡规划 2 班	吕瑶
	丛·舞台	郭文轩	2019 级建筑学 2 班	方小山
	树息	马昊	2019 级建筑学 2 班	陶金
	触及美术馆	佟劲燃	2019 级建筑学 1 班	王璐
	可见不可及的空间	温健	2019 级建筑学 1 班	陶金
	俯仰之间	段书轩	2019 级建筑学 1 班	方小山
	立方和美术馆	侯欣娴	2021 级建筑学 2 班	魏开
	街上流年	刘芯瑚	2021 级城乡规划 2 班	林正豪
	PARASTIC——美术馆	张泽宏	2021 级建筑学 1 班	刘虹
	斗折	罗怡晖	2021 级建筑学 1 班	刘虹
	悬眺美术馆	张楚研	2021 级建筑学 1 班	王璐
	盒美术馆	王奕丹	2021 级建筑学 1 班	刘虹

续表

章节	作品名称	作者姓名	班级	指导老师
4.1 行为尺度	森林小屋	梁靖	2019 级城乡规划 1 班	王璐
	建筑师工作室	佟劲燃	2019 级建筑学 1 班	田瑞丰
	云朵奶酪	钟婧	2019 级建筑学 1 班	陈昌勇
	白岭	罗怡晖	2021 级建筑学 1 班	魏成
	穹顶之下	温健	2019 级建筑学 1 班	方小山
	邻里	郭文轩	2019 级建筑学 1 班	王璐
	棱镜	刘玥	2019 级建筑学 1 班	魏开
	建筑师工作室	邹雨恩	2019 级建筑学 1 班	钟冠球
4.2 功能组织	街道漫步	钟婧	2019 级建筑学 1 班	钟冠球
	功能组织	梁婧	2019 级城乡规划 1 班	陶金
	绿・岛	梁婧	2019 级城乡规划 1 班	陶金
	有熊	邹雨恩	2019 级建筑学 1 班	陈昌勇
	城市露台	李沛霖	2019 级建筑学 1 班	张颖
	风车村落	马昊	2019 级建筑学 1 班	苏平
	街道	郭文轩	2019 级建筑学 1 班	陶金
	微社区	刘玥	2019 级建筑学 1 班	张颖
	城市岛屿	秦倩琳	2019 级建筑学 1 班	刘虹
	阡陌之间	温健	2019 级建筑学 1 班	王朔
	攀趣	张羽	2019 级建筑学 2 班	–
	梯山栈谷	陈杰	2019 级风景园林班	王国光
	悦享	刁宇龙	2019 级城乡规划 1 班	黄翼
4.3 场所建构	人间烟火	吴婧琳	2017 级建筑学 1 班	陈昌勇
	弦书坊	赵明嫣	2017 级建筑学 1 班	莫浙娟
	东风穿巷	黄翊琳	2018 级建筑学 1 班	陈建华
	绿波汇涌	陈然	2019 级城乡规划 1 班	田瑞丰
	树之书屋	温健	2019 级建筑学 1 班	王国光

续表

章节	作品名称	作者姓名	班级	指导老师
4.3 场所建构	金属浪潮	米骁来	2019 级建筑学 2 班	王南希
	园游会	庄霖	2019 级建筑学 1 班	王璐
	德兰书	杨铭恒	2019 级风景园林班	张颖
	游心书屋	佟劲燃	2019 级建筑学 1 班	郭祥
	七间书屋	马怡宁	2017 级建筑学 2 班	庄少庞
	乘荫	刘玥	2019 级建筑学 1 班	方小山
	阅乐书屋	张海	2019 级建筑学 2 班	钟冠球
4.4 空间综合训练	启秀山房	郭文轩	2019 级建筑学 1 班	方小山
	恩物园	温健	2019 级建筑学 1 班	钟冠球
	PLAY BETWEEN WALLS	陈然	2019 级城乡规划 1 班	陈昌勇
	梦幻岛	郭伟杰	2019 级城乡规划 1 班	郭祥
	Kids' Blocks	赖坤锐	2017 级建筑学 1 班	陈昌勇
	花木童话	张羽	2019 级建筑学 2 班	王国光
	草木生幼儿园	陈佳语	2018 级建筑学 2 班	周毅刚
	南方 9 班幼儿园设计	陈舜杰	2018 级建筑学 2 班	袁粤
	宽窄记忆	古心悦	2018 级城乡规划 2 班	张小星
	徊	龚翼	2018 级城乡规划 2 班	张小星
	百鸟乐园	黄翊琳	2018 级建筑学 1 班	林佳
第四章	有熊	邹雨恩	2019 级建筑学 1 班	陈昌勇
第五章	芳华书社	肖铭淇	2018 级城乡规划 2 班	熊璐

后　　记

现代主义建筑流行之前，“布扎”是对古典主义建筑行之有效的教育模式，其影响力遍及全球，对我国建筑教育也产生深远影响。当现代主义建筑逐渐取代古典主义建筑成为社会主要需求后，建筑教育的目标随之转变，建筑教育领域开始不断地探索如何实现现代建筑的“可教”，其中“空间”教学始终占据现代建筑教育的核心地位。我国教育模式主要从西方传入，后结合国情进行本土化，同时也对“空间”训练有自己的探索发展，到21世纪，建筑教育也在不断发展，教学改革的大趋势已经形成。

本教材总结了空间设计思维的内涵以及国内外建筑设计基础课程概况，包括建筑教育溯源及“空间”教学的发展、建筑基础相关教育发展概述，阐述了华南理工大学建筑教育的工科学术背景，从建校之初就主张的“技术理性”的现代主义建筑，注重结构、构造、材料等建筑技术，具有现代主义建筑精神精神。本教材总结论述了建筑设计基础与入门的教学定位、教学组织和“进阶式”的空间设计思维课程框架，重点分析如何通过一系列课题实现“进阶式”的空间设计思维，并总结了课程的教学过程，提出需要开展的技能训练，主要有以下几点结论：

（1）空间设计思维是建筑设计基础和入门重要的授课内容，学生需要从空间的角度去认知与思考建筑，并完成建筑创作的思维过程。空间设计思维需要建立“空间”为核心的建筑设计的价值观，采用“空间”设计方法，并具备空间设计相关的知识和各种表达的技法和技能。

（2）建筑设计是基于建筑空间认知的创作行为，教案设计应符合空间认知的发展规律。建筑设计基础课程要构建学生的空间认知体系，然后才是对创造思维的训练。所以，教案设计应从建筑空间的感知开始训练，感知能力是建筑空间设计思维形成的起始步骤。然后进一步培养学生建筑空间想象能力，最后才培养学生综合建筑空间思维。

（3）华南理工大学建筑设计基础课程对“进阶式”空间设计思维的培养可分为“空间初识”“空间初涉”“空间解读”“空间限定”“空间设计”“行为尺度”“功能组织”“场所建构”“空间综合训练”九个阶段。一年级包含前五个阶段，侧重建筑设计的基础，包括初步的建筑空间思维，如建筑空间的感知、观察、记忆、表达、分析、学习、积累、想象和设计。二年级包括后四个阶段，是基于一年级构建的空间认知结构，结合建筑类型进行空间设计训练。通过选取建筑类型，对特定的专题进行训练，最后进行空间综合训练。课程的设置基本符合人的思维发展规律，较为科学合理，有利于学生培养建筑设计能力和正确的设计方法。

（4） 本教材的教学过程完善有序，对设计过程与技能的训练也是由基础到复杂、由单一到综合的进阶过程。每个课题的教学过程分解为一系列科学有序的步骤，强调“分解动作”，培养了学生建筑设计的分解步骤与思维习惯。本教材对基础技能的训练主要为草图推敲与图纸表达、草模推敲与模型表达、语言沟通与汇报表达技巧，目的是夯实学生的基本功。

（5）本教材的基础课程具有“宽基础、大通识”的教学特点，将一、二年级视为整体的建筑设计基础教学，进行连贯一体化的课题设计，打通专业界限，对建筑学、城乡规划、风景园林三个专业进行大通识教育。在课堂形式与教师管理架构上围绕着空间和思维展开。

整体来说，本教材将建筑空间的逻辑思维与建筑教学进行了结合，总结一套较为完善的基础设计课程教案和教学方法。本教材设置的系列课题符合学生思维发展，有利于培养建筑设计能力和正确的设计方法。另外，本教材所研究的近 2 ～ 3 年课程作为教学改革发展的阶段性成果，还存在诸多可以商榷的问题与改进的地方，在空间设计思维训练与传统建筑设计训练的结合上，也有待进一步地研究探索，这需要长期的努力。

实际上，在这次教材完成之际，新的教学改革已经开展。新的课程已经引入了新锐实践建筑师参与课程的改革和调整。二年级的建筑设计入门课程将会改变目前以类型作为载体的教学模式，提出以行为和空间为载体的新教案。二年级的建筑设计课题内容会更加开放、多元和弹性。二年级的四个作业将会从人的日常行为出发，变成“住 +”“食 +”“阅 +”“社 +”，这将是全新的教案和尝试，希望未来有机会进一步总结。

备 注

本教材是历年参与教学的所有老师的共同成果，戴明琪的硕士论文曾以此作为研究对象进行了资料性的记录，部分内容归纳到其毕业论文中。本教材的作业图片来自近几年的优秀作业，考虑阅读的简便，未能逐一注明，上述附录表格已列出教材内使用的优秀作业的作者与指导老师的信息，特此鸣谢！

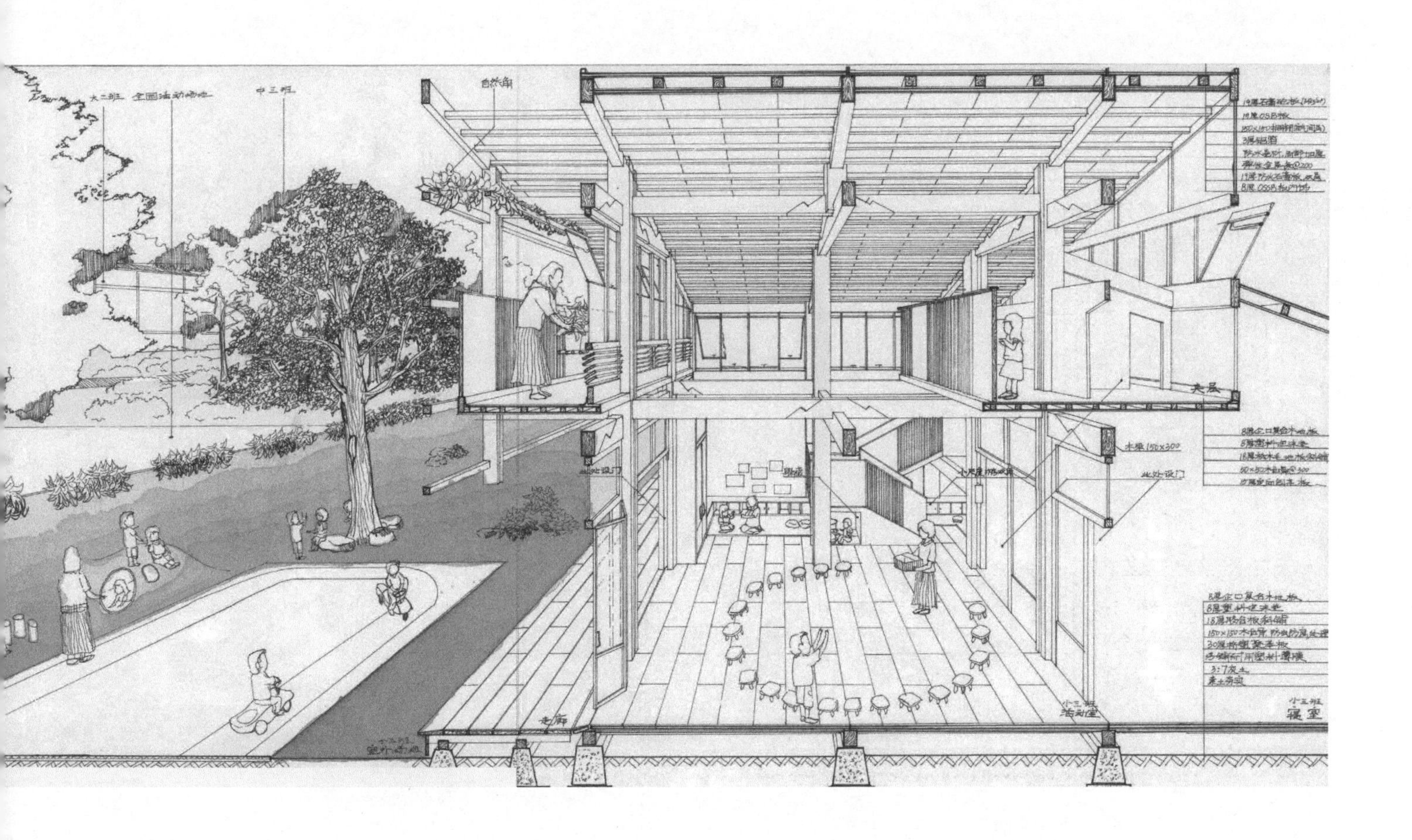